中国应急管理学会蓝皮书系列

中国应急教育与校园安全发展报告 2018

Annual Report on Education for Emergency and Campus Safety 2018

主　编　高　山

副主编　张桂蓉　沙勇忠　张海波

U0272763

科学出版社
北　京

内 容 简 介

本书是对 2017 年中国应急教育与校园安全现状的回顾与总结，旨在提高中国应急教育与校园安全管理理论研究水平与实践工作能力，为开展相关领域的交流合作提供参考素材。在对 2017 年校园安全发展概况及校园安全公共政策总体分析的基础上，聚焦 2017 年有关校园安全的关键事件，如虐童、校园暴力、校园公共卫生、校园设施安全、校园贷、校园欺凌等。有针对性地剖析校园安全存在风险的深层次原因，结合实践经验，提出完善校园安全政策的建议和探索应急管理实践的途径。

本书读者对象为从事应急管理理论研究的专家学者、科研人员、高校教师和从事教育系统应急管理实务工作的政府公务员，中小学、幼儿园教育工作者等。

图书在版编目（CIP）数据

中国应急教育与校园安全发展报告 2018 / 高山主编. —北京：科学出版社，2019.2

（中国应急管理学会蓝皮书系列）

ISBN 978-7-03-057858-7

Ⅰ．①中…　Ⅱ．①高…　Ⅲ．①安全教育–研究报告–中国–2018
Ⅳ．①X925

中国版本图书馆 CIP 数据核字（2018）第 125029 号

责任编辑：徐　倩 / 责任校对：贾娜娜
责任印制：张　伟 / 封面设计：无极书装

科 学 出 版 社 出版

北京东黄城根北街 16 号
邮政编码：100717
http://www.sciencep.com

北京虎彩文化传播有限公司印刷
科学出版社发行　各地新华书店经销

*

2019 年 2 月第　一　版　开本：B5（720×1000）
2019 年 2 月第一次印刷　印张：12 1/4
字数：247 000

定价：92.00 元
（如有印装质量问题，我社负责调换）

中国应急管理学会蓝皮书系列编写指导委员会

前　言

随着教育领域综合改革的不断推进，教育事业多项指标稳步增长，中国正逐步向教育强国迈进，但是，教育事业发展态势向好的同时，中国校园安全问题日益成为社会关注的焦点。由于缺乏完善的校园安全风险防控机制，校园欺凌、校园暴力、校园火灾、校园传染病聚集性疫情等事件频现，对师生的人身安全和心理健康构成严重威胁。为此，国务院和教育部等相关部门多次发文，强调要妥善处理各种校园风险隐患，以安全稳定的教育生态安亿万心、稳千万家。教育部部长陈宝生提出，各地要完善校园安全风险防控机制，健全学生意外伤害保险制度和校园周边治安综合治理机制，加大对重点场所、重点环节、重点部位隐患排查整治力度；要完善重大安全事故通报机制，及时做好信息研判、议事协调、应急处置和善后恢复工作；重视和加强对学生的安全教育，有针对性地开展校园欺凌、校园暴力、校园贷、交通安全等的专项治理，提高学生安全意识和自我防范能力。面对校园安全应急机制与长效管控机制亟待完善的迫切要求，校园安全教育如何落实，依法治理如何在校园安全事件的处理中得到有效践行，校园风险防控体系如何建立，都成为事关校园规范化建设和青少年健康成长的重要议题。

中国应急管理学会校园安全专业委员会自 2016 年成立以来，致力于校园安全领域的研究，第三次发布《中国应急教育与校园安全发展报告》，旨在发现校园安全事件发生的规律和发展变化的趋势，提出校园安全风险防控方案，为开展相关领域的交流合作提供参考素材。本书作为中国应急管理学会的智库研究成果，力图为政府在该领域的决策提供参考；同时也为社会公众了解中国应急教育与校园安全发展的状况、提高风险防范意识提供学习的资料。

本书由 10 章组成：第 1 章为校园安全发展概况，结合 2017 年校园安全治理的实践，重点梳理新时期校园安全管理面临的挑战，对比分析新时期校园安全事件的特点，尝试归纳新时期校园安全治理的趋势；第 2 章为校园安全公共政策分析，在宏观把握过去 30 年校园安全政策文本历史演变特征的基础上，聚焦 2017 年中国校园安全公共政策文本的数量与结构特征，提出政策调整建议；第 3 章为中小学安全风险防控体系建构，从学生安全事故的类型、现状、原因、学校管理者和教师岗位履职等不同视角梳理各种安全风险，明确绘制学校安全风险地图的路径和要点，提出建构学校安全风险体系的框架和要点；第 4 章为虐童事件与幼儿安全风险防控，在对 2017 年虐童事件概况和典型案例进行分析的基础上，提出幼儿安全风险防控的建议；第 5 章为校园暴力事件及其预防与处置，总结 2017 年校园暴力事件的特征，从学生个体、家庭、学校和社会四个层面分析校园暴力事件的成因，提出应对措施；第 6 章为校园公共卫生安全及其风险防控，介绍中国校园公共卫生安全事件的基本特征，总结国外校园卫生预警与卫生监督经验并提出校园公共卫生安全与风险防控的途径；第 7 章为校园设施安全及其风险防控，对中国校园设施安全的现状进行讨论，提出校园设施安全风险评估模型及风险防控对策措施；第 8 章为校园贷及其风险防控，通过对大学生校园贷使用情况的调查以及校园贷问题典型案例的分析，探讨如何防范和化解校园金融风险以及提高大学生风险意识；第 9 章为校园食品安全教育调查，对当前校园食品安全教育现状以及存在的问题进行调查分析，结合实际情况提出食品安全教育实施的优化路径；第 10 章为校园欺凌、学生应对策略与身心健康调查，利用统计数据重点探讨校园欺凌中的民族差异、中小学生的应对策略、校园欺凌与学生生活质量的相互关系。

　　本书是对 2017 年中国应急教育与校园安全管理的回顾与总结。总的来看，校园安全事故仍表现出强突发性、强敏感性和强社会危害性，中国的校园安全政策和应急管理实践还有待完善与探索，需要逐步从实践中汲取经验，应急教育与校园安全的学术研究尚存可持续的发展空间，我们将及时关注国内外与该领域相关的研究成果，并与同行一起努力共同推进中国应急教育与校园安全的发展。

高　山

2018 年 4 月

目　　录

第1章　校园安全发展概况

人民网的统计数据显示，我国近年来每年约有 1.6 万名中小学生非正常死亡[①]。教育部、公安部、中国少年儿童新闻出版总社等单位对北京、天津、上海等 10 个省市的调查显示，平均每天约有 40 名学生非正常死亡，其中约 80%的非正常死亡是可以通过预防措施和应急处理避免的[②]。例如，2017 年河南省濮阳县"3·22"校园踩踏事件中，濮阳县第三实验小学的学生在上厕所时发生踩踏事故，共造成 22 名学生伤亡，其中 1 人死亡，5 人重伤[③]。一个幼小生命猝然而逝，20 多名学生不同程度受伤，让社会关注的目光再一次聚焦校园安全。

如何让校园成为社会的净土，值得我们警醒、深思。党的十九大报告深刻指出：统筹安全和发展，增强忧患意识，做到居安思危，是我们党治国理政的一个重大原则。校园作为最为特殊的社会有机组成部分，在社会治理全面创新的背景下，新时期的校园安全治理得到长足发展，但亦呈现出诸多安全挑战、新型问题。令人可喜的是，校园安全研究在我国兴起不久，学术界就给予了极大的关怀，提出了很多有效的治理之策。本章将结合 2017 年校园安全治理的实践，重点梳理新时期校园安全面临的挑战，对比分析新时期校园安全事件的特点，总结新时期校园安全工作的进展，尝试归纳新时期校园治理的趋势。

1.1　新时期校园安全面临的挑战

校园安全是顺利开展学校教育活动的基础，也是教育改革的基本保障。在新的时代背景和发展时期，校园安全管理实践面临以下四个方面的变化和挑战。

1.1.1　教育规模迅速扩张

伴随着教育事业的发展，多种办学形式并存给校园安全带来挑战。在教育大众化和大发展过程中，各类学校不断扩大办学规模以及增加办学形式，导致在校学生数量增加、层次复杂，校园人流密度增大，教学资源和设备短缺。

第一，在基础教育层面，中小学和幼儿园学校数量急剧增加，尤其是民办学校发展

---

① 人民网. 2015-11-24. 筑起孩子们的生命防护网[EB/OL]. http://cpc.people.com.cn/pinglun/BIG5/n/2015/1124/c78779-27848224.html。

② 人民网. 2014-03-30. 十个省市的调查显示　每天 40 名学生非正常死亡[EB/OL]. http://www.people.com.cn/GB/jiaoyu/1054/2417423.html。

③ 人民网. 2017-03-24. 濮阳县第三实验小学踩踏事件背后的数字[EB/OL]. http://henan.people.com.cn/n2/2017/0324/c351638-29907153.html。

迅速。但是，相当一部分私立学校的师资力量、办学条件、教学设施、生活设施等严重滞后，在寄宿制中小学校和幼儿园中，各种校园安全问题更为突出。教育部部长陈宝生在第十三届全国人民代表大会（简称全国人大）第一次记者会上指出，学前教育是新时期中国教育发展最快的一个部分，也是当前中国教育最大的短板之一。他说："我们现在举办着当今世界规模最大的学前教育，2017 年学前三年在园幼儿 4600 万人，这是一个中等人口国家的概念。2017 年适龄儿童的毛入园率达到 79.60%，单纯从毛入园率来看，它达到了中高收入国家的平均水平。"同时，中国在幼儿教育发展方面也面临巨大挑战，幼儿教育发展不平衡、不充分，充分反映出幼儿教育市场方面供求关系的巨大变化，人们育儿行为和观念的巨大变化，这种挑战是革命性的。除学前教育外，由于中国地域广阔，寄宿制学校一直没有解决校园欺凌的问题，如 2017 年 11 月 28 日，云南省建水县某寄宿学校 2 名三年级学生被同班 5 名同学捂头、按手、按脚后脱了裤子用开水烫，伤痕惨不忍睹[①]。

第二，在职业教育层面，社会和家庭轻视职业教育，学校各种管理制度不够健全，且职业学校的校园相对开放，人员结构相当复杂，大量外来人员在校内工作和见习。2017 年 9 月 28 日，教育部召开例行新闻发布会，从数据的角度解读了职业教育的发展和变化。数据显示，2016 年全国共有职业院校 1.23 万所，中高职在校生 2682 万人[②]。伴随着职业学校办学规模的扩大，职业教育面临一些突出困难和问题，且职业学校人员构成相对复杂，素质参差不齐。特别是很多职业学校发展成为各级各类社会性的职业培训基地，使得校园人员结构复杂多元。如果缺少有力的校园监管机制，校园内人口的流动性和复杂性问题将成为影响校园安全的重要因素。例如，2016 年 6 月 1 日，安徽省某职业技术学院发生校园食品安全事件，致使 82 名学生上吐下泻，集体入院就医[③]。

第三，在高等教育层面，函授、自考、培训、专升本等与全日制办学方式齐头并进，高校办学规模急剧增加。2017 年 9 月 28 日，教育部发布《数据看变化·高等教育情况》的数据显示，高等教育在学总规模达到 3699 万人，占世界高等教育总规模的 1/5，规模位居世界第一。普通高校招生规模已经达到 748 万人，毕业生规模突破 700 万人，高等教育毛入学率从 2012 年的 30%增长到 2016 年的 42.70%。如此庞杂的大学生群体，社会环境不可避免地影响着高校安全管理工作，特别是社交网络和自媒体应用已经深入大学生的生活，爱学贷、分期乐等高校网络分期贷款平台迅速涌入校园，校园贷手续十分简单，但在贷款到期不能及时偿还时，贷款公司通过威胁恐吓、到学校寻找学生等手段进行讨债。另外，复杂的校园人员结构决定了多元的利益关系，因利益纠葛产生诸多校园安全事件。尤其是大学生宿舍的人际关系容易导致校园安全事件，大学生多人同住一个宿舍，因为性格、生活习惯、地域性等不同，宿舍生活琐事容易产生摩擦，如 2017 年

① 人民网. 2017-12-07. 云南建水小学生遭遇校园暴力：脱开裤子 用开水烫[OB/OL]. http://yn.people.com.cn/n2/2017/1207/c372456-31006009.html。

② 教育部. 2017-09-28. 教育部介绍从数据看党的十八大以来我国教育改革发展有关情况[OB/OL]. http://www.gov.cn/xinwen/2017-09/28/content_5228177.htm#1。

③ 新华网. 2016-06-02. 安徽职业技术学院 82 名学生食物中毒 食堂吃饭后上吐下泻[OB/OL]. http://www.ah.xinhuanet.com/20160602/3180193_m.html。

6 月 16 日，陕西省某大学曝出校园欺凌事件，一名大三女生被一名舍友暴力伤害长达 4 个月[①]。

1.1.2　教育改革全面深化

当下社会对教育事业有十大期盼，其中有两大期盼事关校园安全建设。由此可见，办安全稳定的教育成为新时期教育改革的重点内容，如何响应社会期盼成为校园安全的又一挑战。

第一，如何保障每一个孩子都能上安全的幼儿园。2017 年 4 月 28 日，国务院办公厅下发《关于加强中小学幼儿园安全风险防控体系建设的意见》（国办发〔2017〕35 号）。从幼儿园安全的全局部署来看，如何提升幼儿的自我保护意识，如何培训壮大幼师队伍，如何打破多部门之间的壁垒，构建幼儿园安全管理协同机制成为亟须突破的难题。对于幼儿安全，家庭和学校给予了高度的重视，但呈现出重保护、轻教育的现象，社会重视对孩子采取全方位的保护，认为这样可减少幼儿校园安全事件的发生，但疏忽了孩子可以通过实践锻炼提高自我保护能力。因家长和幼儿园职工精力、时间都是有限的，当然对于孩子的保护也是有限的，所以教导他们必要的校园安全常识，可以增强孩子的自我保护能力。据国家卫生和计划生育委员会[②]（简称国家卫生计生委）对今后人口的预测，到 2020 年有 431 万名幼儿达到入园年龄，按照国际经验要求的教师、保育员和学生的比例换算，发现实缺 29 万名老师、14 万名保育员。未来的幼儿教育亟须努力提高幼师、保教人员的待遇，尊重他们的劳动，以期实现普惠性的幼儿教育。当前，教育行政部门、学校、家庭、社区等多部门已介入幼儿的校园安全管理，如何将地方政府、司法部门、公安部门、教育行政部门等纳入"利益相关群体"，强化制度的有效性供给、清晰性责权、合理性配置是关键问题。同时如何将风险预警深入校园安全的"毛细血管"，构建校园风险报告制度和监管机制，依法追究教育行政部门、学校、家庭、社区、地方政府的校园主体责任等成为幼儿校园安全的挑战。

第二，如何整治校园欺凌，如何使校园周边的环境更安全一点。从国务院教育督导委员会办公室向各地印发《关于开展校园欺凌专项治理的通知》（国教督办函〔2016〕22 号），到教育部等十一部门联合印发《加强中小学生欺凌综合治理方案》（教督〔2017〕10 号），校园欺凌专项治理逐步走向了制度化，极大地改变了校园安全现状。但是，2017 年校园安全事件仍频发不止，备受社会和媒体关注。来自最高人民检察院（简称最高检）的数据显示，2017 年前 11 个月，全国检察机关共批准逮捕的校园涉嫌欺凌和暴力犯罪案件 2486 件、3788 人，提起公诉 3494 件、5468 人。值得注意的是，2016 年最高检的通报数据显示，同期 1～11 月，全国检察机关共受理提请批准逮捕的校园涉嫌欺凌和暴力犯罪案件 1881 人，

---

① 中国青年网. 2017-06-16. 大三女生被舍友暴力伤害 4 个月　民警已介入调查[EB/OL]. http://news.youth.cn/sh/201706/ t20170616_10084384.htm.

② 2018 年 3 月，根据第十三届全国人民代表大会第一次会议批准的国务院机构改革方案，将国家卫生和计划生育委员会的职责整合，组建国家卫生健康委员会；将国家卫生和计划生育委员会的新型农村合作医疗职责整合，组建国家医疗保障局；不再保留国家卫生和计划生育委员会。

受理移送审查起诉 3697 人[①]。对比 2016 年和 2017 年的校园涉嫌欺凌和暴力犯罪案件数字的变化发现，2017 年前 11 个月全国检察机关共批准逮捕的校园涉嫌欺凌和暴力犯罪人数比 2016 年同期增长了 50% 以上。由此，如何推进协同防控机制建设，形成各司其职、齐抓共管的防控校园欺凌工作格局是未来校园安全的重点内容。特别是如何达到以预防为主，从苗头上减少学生欺凌事件发生的专项治理目标仍需要教育行政部门和各级各类学校持续关注并努力实现。另外，伴随着校园的逐步开放，校园周边发展起以学生为消费群体的市场和各类生活场所等。对于这些区域的治理，学校安全部门没有管理权，只能依靠校园周边的居民、城管、社区等部门的支持与配合。由上，划分各个主体的管理职责，建构一个综合的各级各类学校周边环境管理框架是时下之需。

1.1.3　虚拟社会已然形成

伴随科学技术的高速、高质发展，虚拟社会（虚拟社群和网络社会）对校园安全的影响日益深刻，不断建构校园问题空间，成为校园安全的"隐性"威胁。

第一，虚拟社群对校园安全问题具有聚焦作用。虚拟社群出现后，校园安全问题的动员结构发生巨大变化。2018 年 1 月，中国互联网信息中心（China Internet Network Information Center，CNNIC）发布《第 41 次中国互联网络发展状况统计报告》，报告显示，截至 2017[②] 年 12 月，中国网民规模达 7.72 亿人，普及率达到 55.80%[②]。值得注意的是，青少年群体互联网普及率远高于全国整体网民互联网普及率，且大多数家庭和高学段的学生都有联网的电子设备，他们可以通过微信、微博、百度贴吧等各种平台迅速关注校园安全问题，经扩散后产生社会聚焦效应。特别是在大数据时代，广播、电视、报纸、互联网等媒体优势互为整合及互为利用形成的"融媒体"能将一个简单的校园安全问题迅速推到风口浪尖。在扩散蔓延中，师生、职工利用社会化媒体平台同步对校园安全问题发挥着"放大"和"显微"作用。也就是说，新媒体重构了校园冲突议题的传播系统，使得教育行政部门与各级各类学校的校园安全管理面临更大挑战。

第二，网络社会成为校园安全问题发生的新场域。随着校园的开放，学生与校外的社会环境接触较为频繁，一些社会人员利用兼职工作、无息贷款等手段，通过互联网平台诱导学生参加不良的社会活动，学生分辨是非能力、自控能力和安全保障意识较弱，给社会人员带来可乘之机。这说明网络社会的崛起改变了校园动员结构与信息传播系统，给校园安全提出了更高要求。既然没有任何参照物的网络社会已成为校园问题衍生的新场域，那么如何运用互联网预防校园安全问题发生是解决问题的关键之处，因而教育行政部门和各级各类学校需要学会运用互联网思维，从技术与制度层面为校园编织一张密不可侵、动态化的"安全防护网"成为新时期校园安全的主题（覃红等，2017）。尤其是对于快速发展的网络社会，构建"互联网+安全"的校园安全防控体系亟须探索。

---

① 新华网. 2016-12-28. 检方前 11 个月批捕校园涉欺凌和暴力犯罪案嫌疑人 1114 人[EB/OL]. http://www.xinhuanet.com/legal/2016-12/28/c_129423621.htm.

② 中国互联网络信息中心. 2018-01-31. 第 41 次中国互联网络发展状况统计报告[EB/DL]. http://h.cnnicresearch.cn/download/report/rid/349.

1.1.4 协同共治多元发展

为了应对校园安全问题，在研究实践的基础上，兴起了校园安全协同共治这一全新思路，着重强调校园安全治理的实现是多主体共治下的协同供给，为新时期的校园安全工作提出了全新要求。

第一，源头治理要求加强校园安全风险防控工作。具体来看，快速现代化的过程往往是风险集聚的过程，校园作为社会基础单元与缩影，已经成为风险的集中爆发地带，同时风险信息经校园系统持续扩散转移，形成校园安全风险的社会放大效应。大量的校园安全问题之所以产生、发酵，很大程度是由于源头治理和风险管控关没有把握好，今后的校园安全工作中，各级各类学校如何加强源头治理、推动关口前移，建构预防校园安全事件的系统工程成为校园安全领域的新挑战。

第二，综合治理要求加强校园安全应急管理工作。在长期实践中，教育行政部门应对校园安全以事后处置的应急管理为主，随着校园安全事件发生的动态性趋势日益明显，这种模式显现出诸多不足。如何实现事前、事中、事后的应急联动和有效衔接最为前沿的校园风险管理是校园安全工作发展的新领域。

第三，系统治理要求加强校园安全协作治理工作。从当下的校园安全需要来看，教育行政部门与各类社会组织之间的合作关系必须是包容性的，所有有益合作的组织都应该被吸收进入校园安全治理中（王智军，2016），但如何发挥教育行政部门和各级各类学校"元治理"的角色，整合一个高效的协同体系等问题依然突出，这就需要未来的校园安全工作走向精细化的协同治理模式，相关职能部门将校园安全责任落实到工作中的每一个细节，让校园安全覆盖到"最后一公里"。

第四，依法治理要求加强校园法治建设工作。从整体来看，校园综合治理中安全立法和制度建设略显迟滞，经权威机构审定发布的有关法律仅有 7 部，部门规章 11 部（程天君和李永康，2016），因而在新时期出台《中华人民共和国校园安全法》，制定校园虐童等突出事件的专项治理规定是校园法治建设的首要任务。平安是最基本的公共产品，"安全第一"是最广泛的社会共识，在依法治国和国家总体安全观的指导下，加强校园安全法治建设，是新时期开展校园安全工作的重要内容。

1.2 新时期校园安全事件的特点

本节以发布于官方网站的 202 起校园安全典型事件作为基础数据库[①]，分析 2017 年校园安全事件的特征，对比 2016 年校园安全事件的发生规律，进而提出 2018 年校园安全事件的防范要点。

---

① 所选校园安全事件主要来源于新华网、人民网、光明网、中国青年网等权威媒体以及教育部、各地教育行政部门等官方网站的有关报道；另外，笔者依托中国应急管理学会校园安全专业委员会，主研校园安全管理方向，进一步扩充了案例库。库内案例涉及我国大部分疆域，具有一定的代表性。

1.2.1 时间特征：多发于新旧学期交替期

从时间分布来看，2017 年校园安全事件数量服从非均匀分布，整体上表现出平稳态势，没有特别重大的校园安全事件发生。如图 1.1 所示，峰值处于 4 月、6 月和 12 月，占比分别为 11.88%、13.86% 和 13.37%。

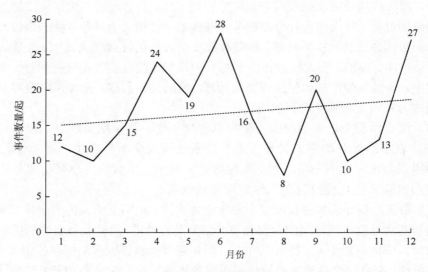

图 1.1　2017 年校园安全事件发生时间分布

相比 2016 年，2017 年的校园安全事件存在明显且相似的周期性，即事件集中发生于学期初与学期末。学期初学生处于新学期的适应期，而学期末考试繁忙、期盼长假，容易产生精神松懈与心理焦虑的现象，容易诱发校园越轨行为，产生校园安全事件。

2018 年的校园安全管理中各级各类学校和家长尤其要注意特定时段的校园安全状况，根据校园事件发生的时间规律，教育行政部门和各级各类学校要加强学期交替期的校园安全监管工作，提前预防、主动作为，开展以源头治理为基础的校园风险防控工作，确保校园的全面安全。

1.2.2 类型特征：专项治理事件尤为突出

从类型分布①来看，2017 年校园安全事件中以校园设施安全事件、校园欺凌事件、校园暴力事件最为突出，占比分别为 31.68%、24.75%、23.76%（图 1.2）。另外，校园公共卫生事件也受到有关部门及媒体的重视，意外伤害事件、个体健康事件、环境污染事件数量接近，紧跟在校园公共卫生事件之后。

---

① 此处关于校园安全事件的分类沿袭已出版的系列蓝皮书《中国应急教育与校园安全发展报告》中的有关内容。

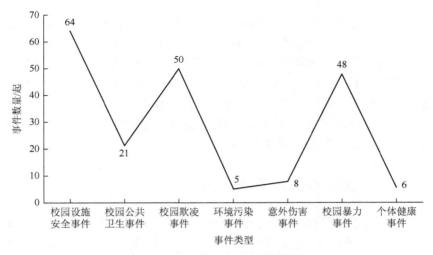

图 1.2　2017 年校园安全事件类型分布

相比 2016 年，2017 年的校园设施安全事件、校园公共卫生事件的占比一直居高不下，校园欺凌事件、校园暴力事件陡增，但是意外伤害事件明显减少。具体来看，教学楼的楼道、楼梯、高层窗户、阳台均是学生日常的活动场所，因这些场所的相关保护设施配套不及时，很容易产生校园安全事件。另外，近年来诸如校园"毒跑道"等事件多发，引起社会广泛关注以及相关媒体集成报道，故而校园设施安全事件数量增多。就校园欺凌事件而言，有关部门已发布多份校园欺凌治理的公开文件，校园欺凌已成为各地教育行政部门的政策焦点。校园暴力事件的多发，主要是由于近期校园虐童事件数量急剧增加。

2018 年的校园安全管理中要重点突出校园设施安全事件的治理，加强设施安全的检查与更换工作。加强校园欺凌专项治理，尝试建立校园欺凌的长效防治机制，还要特别加强校园虐童事件等突出事件的治理工作。当然，其他类型的校园安全事件依然存在，校园日常安全工作仍需持续加强。

1.2.3　属性特征：大多属于校园突发事件

我们将经常发生且社会影响较小的事件称为常规事件，将突然发生且造成严重后果的事件称为突发事件。从事件属性来看，2017 年校园安全事件大部分属于突发事件，只有 21.29%的校园安全事件属于常规事件（图 1.3）。

相比 2016 年，2017 年的校园突发事件急剧增加，意味着校园风险管理、校园应急管理亟须加强。突发事件数量的增多，主要是由于校园安全是社会公共安全的表征，当下全社会高度重视社会安全，校园安全问题

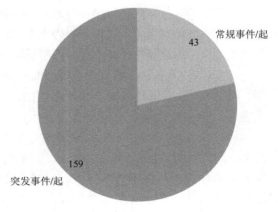

图 1.3　2017 年校园安全事件属性分布

一经发生，媒体就会很快聚焦，产生相应的社会效应，同时各级各类学校的应急管理体系仍在完善中，还不足以应付类型众多、诱因多元的校园安全事件。

2018 年校园安全工作中要拧紧校园风险转换的"安全阀"，一是针对常规事件，按照校园多发的安全事件类型，着重加强提供符合安全标准的校舍、场地、其他教育教学设施和生活设施，对在校学生进行必要的安全教育和自护自救教育；二是针对突发事件，要尽快完善校园突发事件处理程序及办法等，加强应急预案定制与修订，改进应急协同反应机制，进而逐步形成端口前移的校园安全风险防控机制。

1.2.4 空间特征：隐蔽与发达区域是重点

空间分布特征针对校园安全事件发生的场所、地区、省份三个层面，具体如下：从发生场所分布来看，2017 年校内发生的校园安全事件主要发生在教室、卫生间、宿舍、天台等主要生活和学习场所。校外发生的校园安全事件主要发生在河道、公园、街道等零散且不易控制的区域，还有幼儿园接送幼儿的园车频发校车安全事件（图 1.4）。

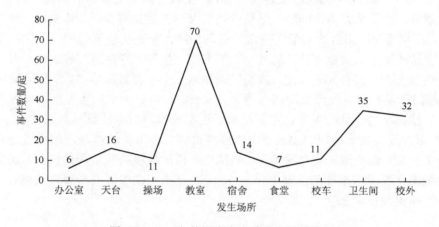

图 1.4   2017 年校园安全事件发生场所分布

从发生地区分布来看，2017 年校园安全事件集中于华东地区与华中地区（图 1.5），这些地区教育资源相对集中、人口密度较大，摩擦产生的概率高。同时社会经济基础良好，重视校园安全事件的处置与公开报道，因而校园安全事件总体数量较多。

从发生省份分布来看，2017 年校园安全事件多发生于陕西、湖南、山东、河南等省份（图 1.6），可以发现校园安全事件多发的地区都是教育大省，这些省份的各级各类学校数量庞大、学生人数众多，校园安全事件发生的风险较大。

相比 2016 年，2017 年的校园安全事件多发生于较为封闭的场所，说明各级各类学校"三防"系统还存在明显的漏洞。特别是发生于教室与校外的安全事件增多，其余场所发生的事件占比与往年基本持平。值得注意的是，在食堂发生的校园安全事件明显减少，这与近年来社会关注食品安全有很大关系。可喜的是，地区的校园安全事件分布情况与往年类似，这说明上述省份的教育行政部门注重典型事件的持续宣传教育，促进了校园的全

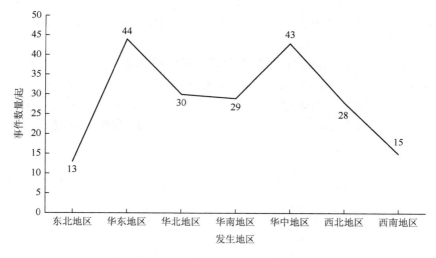

图 1.5　2017 年校园安全事件发生地区分布

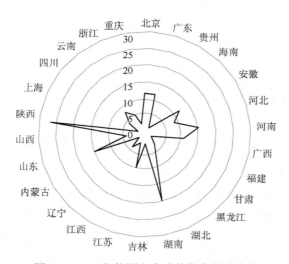

图 1.6　2017 年校园安全事件发生省份分布

面安全。唯一不同的是，欠发达地区的校园安全事件有增长之势，主要是由于城乡差别较大，伴随着农村留守儿童的增多，偏远地区的校园安全事件明显增加。

2018 年的校园安全管理中不仅要重点关注隐蔽场所的隐患排查工作，还要建立协同排查机制，力争源头消解校园安全风险。以发达地区校园安全事件处置案例为典型，及时推广经验，加强偏远地区、农村学校的校园安全建设，缩减城乡差距，特别关注留守儿童、寄宿制学校等特殊学生群体与特殊学校类型的校园安全问题。

1.2.5　主体特征：事件责任主体复杂多元

主体特征重点阐述校园安全事件的责任主体特征。按照教育部颁布的《学生伤害事故处理办法》有关规定，根据校园伤害中致害主体的不同，将校园安全事件划分为学校责任事件、学生及其监护人责任事件、第三人责任事件、受害人和第三人存在共同过错责任事件四种类型。

从责任主体分布来看，2017 年校园安全事件的责任主体以学校责任和第三人责任为主，占比分别为 44.06% 和 26.24%。受害人和第三人存在共同过错责任紧随第三人责任之后，占比为 18.32%（图 1.7），这表明校园安全事件越发复杂多元，多主体参与其中使得事件持续发酵。以学生及其监护人责任为主体的事件占比虽然最小，但最为重要也最难处置。

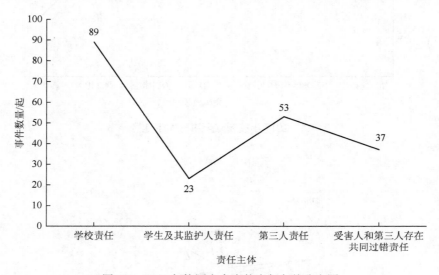

图 1.7　2017 年校园安全事件责任主体分布图

相比 2016 年，2017 年的校园安全事件中的学校责任和学生及其监护人责任的事件有增加趋势，产生这一结果的原因是伴随着校园安全事件的影响扩大，相应的责任被无限泛化，同时因为校园安全风险在本质上是一种主观风险，人的因素是风险积聚的重要动力。受害人和第三人存在共同过错责任与第三人责任事件的占比与往年基本持平，变化不大。

2018 年的校园安全管理中需要注意的是，因校园安全事件类型不同，涉及其中的责任主体不同，要根据具体情况分类处置，如校园传染病事件中，师生、学校、教育主管部门、公共卫生监管部门都有主体责任。鉴于我国学校安全方面的问责制度尚未健全，因而有必要建立校园安全事件的问责追究机制，增强责任主体的安全意识和责任心，为学生提供安全的校园环境；还可尝试建立安全责任指标，根据安全评估的结果对相关人员进行奖惩，以期建立长期的、有效的校园问责体系（陈殿兵和杨新晓，2017）。

1.2.6　客体特征：事件承受客体多为个人

从受害客体人数分布来看，2017 年校园安全事件的受害对象主要是 1 人，占比为 62.38%；受害对象为 5 人以上的次之，占比为 15.84%；受害对象为多人（具体不详）的再次之，占比为 14.36%；受害对象为 2～4 人的最少，占比为 7.43%（图 1.8）[①]。

---

① 受四舍五入影响，加和不等于 100%。

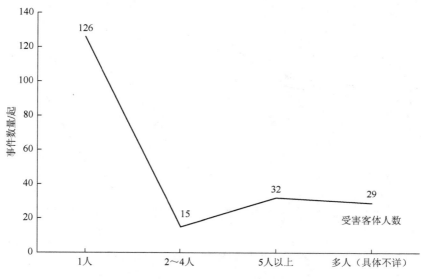

图 1.8　2017 年校园安全事件受害客体人数分布图

相比 2016 年，2017 年校园安全事件的受害对象为 1 人的事件占比增幅较大，其中幼儿学生、留守学生、残疾学生、少数民族学生等特殊学生群体是事件高发人群，而受害对象为多人的校园安全事件明显减少。从事件后果来看，造成 1 人伤亡的事件明显增多，这与受害对象大部分为 1 人相互印证。

2018 年的校园安全管理中可从关注特殊人群入手，列举特殊学生名单，防范造成个人身心伤害的校园安全事件的频发；重点培养师生的安全意识，将影响校园安全的因素扼杀在萌芽状态，如通过举办安全讲座、知识竞赛、实地演习等不同的方式，让师生亲身了解校园安全的影响因素以及应对各种类型校园安全事件的方式和策略，从而降低校园安全事件的发生概率，降低校园安全事件发生后对师生的伤害程度。

1.2.7　学段特征：基础教育阶段事件频发

从学段分布来看，2017 年校园安全事件集中发生在义务教育阶段（小学和初中）及幼儿园等基础教育学段，总占比为 61.88%；高等教育（大学）学段次之，占比为 20.30%；高中、高职学段的校园安全事件的占比相应递减，分别为 13.86%、3.96%（图 1.9）。

相比 2016 年，2017 年校园安全事件中基础教育学段成为校园安全的"重灾区"，主要是因为这些学段的学生年龄较小、安全意识不强，容易诱发各类校园安全事件，且这些学段的校园安全问题是社会关注的焦点问题，相关报道较多，如校园欺凌事件和校园虐童事件。值得关注的是，大学成为校园安全的主要衍生学段，主要是伴随着互联网的兴起，以"校园贷"为代表的网络诈骗等问题致使大学生成为校园安全事件的主要引发群体。由于社会对于高职院校（高中和高职）学段的校园安全逐渐关注起来，此学段的校园安全事件的数量相比往年下降明显。

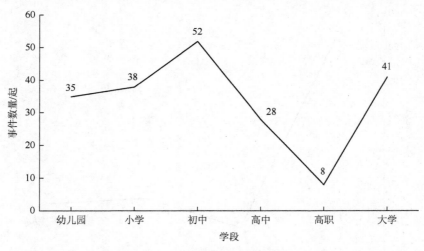

图 1.9   2017 年校园安全事件学段分布

2018 年的校园安全管理中重点加强中小学生以及幼儿园儿童的安全保护措施，面向这些群体的校园伤害已成为"不可承受的生命之重"。对于"校园贷"等新型的大学校园安全事件可进行专项治理，同时要更加重视高职院校的校园安全问题，即不仅要补齐短板，更要把各级各类学校的校园安全工作当做底板问题去抓，及时摆正态度，加强综合防护措施。

1.3   新时期校园安全工作的进展

在"风险-灾害-危机"的连续系统下，新时期的校园安全管理工作整体呈现出一个两重变奏，即校园应急管理与校园风险防控。从校园安全治理的实践来看，新时期校园安全工作须加强校园应急管理全过程的有效衔接，实现校园安全治理的端口前移，工作重心逐步偏向校园风险防控。具体来看，各级各类学校开始完善校园应急管理流程，建构校园风险防控系统，发展校园安全综合管理。

1.3.1   完善校园应急管理流程

应急管理是组织在事前、事中、事后采取的一系列连续应急活动。以往的校园应急管理注重事后的校园安全事件处置，对于应急全过程的有效衔接缺乏应有的关注。伴随应急管理工作在我国的迅速发展，校园应急管理从事前、事中、事后三个维度出发，探索出了全过程的校园应急管理模式。

第一，加强事前的应急值守与信息报告。教育行政部门与各级各类学校将预防为主、群防群治、精细化管理等理念在校园安全工作中渗透落实，在学校原有的校园保卫部门的基础上，增加校园应急值守职能，招募专门的工作人员，规范校园应急值守的章程。另外，明确校园紧急信息报告流程，在重大节庆日、大型校园活动期间实行"随时报告"制度，以制度的形式规定不同领导及部门在信息报送中的职责，极大地提高校园安全信息报送的效率。

第二，加强事中的预案执行与及时反应。校园突发事件的发生往往是检验预案有效性的重要时刻，各级各类学校根据近年来发生的校园安全事件的经验教训，对应急处置措施做了细化和改进，特别是针对不同类型的校园安全事件做了分类应对预案，对预案具体构成进一步明确了职责，通过综合演练来检验预案的成效。同时，教育行政部门根据以往处理教育系统安全问题的经验，引进最新信息技术，建立起比较完善的电子监控系统、电子门禁系统，实现监控、报警、调度应急人员、救助等职能一体化的及时反应模式（Turner，2008）。

第三，加强事后的应急协作与危机学习。校园突发事件的应急响应离不开多部门协作，近年来各级各类学校整合了现有资源，充分调动校园师生、职工和社区、社会力量共同参与校园应急管理，形成共治共建的校园应急管理工作格局。尤其是通过完善校园应急管理协作体制，维护了师生合法权益，同时极大地加强危机学习的力度。危机学习是指经历过校园突发事件的教育行政部门和各级各类学校就事件应对和处置全过程进行经验总结和经验传播的活动过程，学习内容涵盖事前、事中和事后的时间跨度和危机知识的吸收、利用和总结，通过这种危机学习极大地提高了学校应对相似校园危机的能力。

1.3.2　建构校园风险防控系统

现代校园是经不同时空文明产物建构而成，各类社会要素相互交织，校园中的人、物和事呈现复杂结构，但有规律可循。新时期的校园风险防控教育行政部门和各级各类学校抓住协同预警这个关键，从校园结构及校园风险的演化出发，把握新时期校园安全风险特点，通过风险源头的精准识别，且及时预警、有效应对危情，建立完善的校园风险防控系统。

第一，建立校园风险识别网络。风险管理源于风险识别，通过寻找引发风险的源头，对风险情景做到"知其然"的还原，就可以找到精准应对措施。校园风险一定是与师生的活动有关，风险的大小与人的认知相关，因此，抓住人的因素，就能有效识别风险源头。从校园管理到校园治理，各级各类学校应充分发动师生参与校园事务，形成无处不在的风险监控网络，并通过校园网络延长风险管理链条，提出校园风险网格化治理新思路，即通过学院网格化管理模式构筑校园风险治理的"安全阀"，重点突出师生在校园风险治理网格中的主体作用，形成发现校园风险源的"眼睛"和"触角"，实现校园风险源头的精准识别。

第二，构建校园风险分析平台。风险是潜在的危险事件，应对风险要在识别风险的基础上，进一步"知其所以然"，即通过分析潜在校园安全事件的原因、可能性和影响后果，确定校园风险等级。在大数据和人工智能的新技术背景下，由教育行政部门和专业公司建立各种校园风险分析平台，可以及时、准确研判风险等级。这样一来，学校在校园决策之前进行风险分析，了解不同利益相关者风险感知的差异性，把握不同类型的校园风险的演化链，通过平台模型预估不同利益相关群体所感知的校园风险差异，再制定补偿、改善、发展等措施，从而高效准确地化解一系列的校园安全风险。

第三，完善校园风险评估制度。风险评估是测评风险带来的影响或损失的可能程度，包括评估风险发生概率、可能带来的负面后果、确定承受体承担风险的能力，进而得出风险消解优先等级等过程。校园风险评估在本质上是"调查—分析—评价"的研究过程，在新的发展阶段，各级各类学校基于"存在风险—寻求原因—提出措施—平衡利益—化解风险"的"逆向思维"，对校园安全问题进行全程跟踪，并结合调查校园风险源、校园风险分析，最终确定化解措施，而后依据校园风险评估情况做出最终决策。

第四，确立校园风险预警机制。一个高效的信息系统是风险监测的重要前提，动态的风险监测是风险预警的基石。通过反应灵敏、渠道畅通的信息系统及时发布校园风险警示，教育行政部门和各级各类学校实现了校园信息的超前反馈，为提早部署、防危机于未然奠定了基础。特别是随着互联网的兴起与发展，为校园安全风险预警注入新动力，各级各类学校通过网络平台将各方面早期发现的校园风险预警信号整合起来。通过识别校园风险的类别、程度、原因，掌握风险演化趋势，相关各方及时联动，根据程序对校园风险问题采取针对性处理措施以及时防范，助力形成以风险预警为抓手的校园风险消解流程。

第五，储备校园风险防控政策。教育行政部门在大数据方面具有发展的优势，当下教育行政部门和各级各类学校建立起了动态的校园风险源及风险演化的数据库，各级各类学校和有关部门基于校园风险监测数据显示的安全阈值做好相关的政策储备。破坏校园秩序、危害校园安全的风险多是由经济利益、校园服务、生活学习等领域的原生风险所引发的次生风险，因此通过监测这些领域的原生风险，提前制定相关的校园安全问题应对政策。例如，有的学校根据历史经验和国际典型做法，进行相关校园安全风险应对的政策储备，能在校园原生风险演化之时及早应对，也能在次生的校园稳定风险酿成危机之时及时处置。

1.3.3　发展校园安全综合管理

安而不忘危，治而不忘乱。新时期的校园安全快速发展，整体态势良好，得益于整合应急管理与风险分析的全面校园安全管理。

第一，重新认识校园安全的含义。关于校园安全，国内相关公共政策并无具体的、明确的规定，学术研究的相关界定也极少，大家一般都约定俗成的使用"校园安全"一词。本书编写伊始我们从狭义与广义两个层面尝试界定"校园安全"的概念，在狭义层面，将"校园安全"与"校园安全事件"、"校园安全管理"区分开来，以便明确相关研究对象；在广义层面，"校园安全"包括上述后者，通常用于学校机构统一指称有关校园安全事件及其防控工作，狭义上"校园安全"是指在校园内教育教学工作及生活正常运行的状态，主要表现为三个方面：①基本安全，基本安全主要是指校园的教育教学活动、基础设施等能正常运行，不会发生造成人身危害、财产损失事件的状态。②安保安全，安保安全主要是指不发生人为破坏或攻击事件（如欺凌等）的状态，与基本安全相比，安保安全是人为的，更难以保障。③个体健康，因个体健康致死事件成为校园安全关注的新热点，如个体突发疾病导致的猝死、心理失范导致的自杀等事件[①]。

　　由上，可以发现一个规律，即各类校园风险经由各种途径转化为校园安全事件。从本质上来看，源自基本安全、安保安全、个人健康诸领域的校园风险最终可能演化成为影响校园安全的事件。那么，校园安全的重点工作就是以维护校园安全为目的，进行风险识别、风险监测和风险预警等系列风险分析活动，并且针对风险源头可能导致的校园安全事件做好应急响应准备。这一认知是新时期校园安全发展的全新认识，整合出一个全面校园安全的综合框架，将校园安全的认知从校园"短板"问题提升至校园"底板"问题。

　　第二，精准地把握全面安全视域下的校园风险演化路径。校园风险防控是校园应急管理的"先头战役"，做好风险防控工作，是全面校园安全发展的重要内容。通过校园安全的再认识，校园风险防控的重点是掌握校园风险的演化规律，进而阻断风险扩散路径。具体来看，新时期的校园安全从微观的校园主体、中观的校园政策、宏观的校园环境三个维度出发，探究了风险演化路径。

　　在校园主体方面，校园安全风险主要在于利益分配的不合法、不道德上，进而损害多数师生、职工的正当利益，从而引发校园群体维权事件，存在"利益受损—利益相关者维权"的校园风险演化路径。为了应对校园利益纠纷，避免校园主体利益受损，有关部门作为校园风险的兜底者，应出台各项管理办法、规章制度，并配备专门的工作人员以防控各种复杂的涉众型风险，如将人民调解机制引入校园矛盾纠纷解决中，进行有关风险的排查工作，力争做到"小纠纷不出班级，大纠纷不出学校"，真正做到校园矛盾不上交。

　　在校园政策方面，重点区域发展、重点领域发展、重点学科发展等校园政策导致不平衡的利益分配，部分学校的发展不充分、不协调催化了校园风险的生成与繁衍，这里呈现"校园政策—利益剥夺产生不公平感—利益诉求"的校园风险演化路径。这类校园安全事件的发生主要是由于师生群体基于利益的不断分化，校园治理的制度供给又不能及时跟上，缺乏完善的机制将矛盾和冲突控制在有序范围内。近年来，全国实施平安校园、智慧校园建设，很多学校均已出台平安校园管理条例，各级教育行政部门也已出台配套政策，特别是校园政策出台前，都要进行校园政策风险分析与评价，有效地将因个别校园政策导致的安全风险遏制于萌芽状态。

　　在校园环境方面，在某阶段产生的社会风险，往往会与部分师生的利益诉求结合起来，加大了校园风险事件的不确定程度，直接影响校园主体的风险认知，这里呈现"校园影响—风险放大—群体抗争"的校园风险演化路径。此时，校园发展与社会约束条件之间的矛盾更加突出，危及校园秩序乃至社会稳定。在这方面，教育行政部门和各级各类学校通过校内外联动，打造安全的校园周边环境、校园内部环境以及营造良好的校园文化来规避校园风险演化造成的不良影响，并取得了可观的成效。

1.4　新时期校园安全治理的趋势

　　为了维护校园安全，教育行政部门、学校、社区、非政府组织、企业等积极合作，形

[①] 具体参见《中国应急教育与校园安全发展报告 2016》的相关内容。

成新时期的校园安全共治基本格局，并且从校园综合管理的体系化、校园综合管理的法制化和校园综合管理的韧性化构建等方面促成新时期校园安全共治体系。

1.4.1　校园综合管理的体系化

在新时期，校园安全管理的体系建设要完善两个机制，即要完善校园安全风险管控机制和校园周边综合治理机制。

在校园安全风险管控机制建设方面，要从协同共防、排查预警、反社会放大着手。一是协同共防，加强校园安全风险防控的协同机制，重点完善风险防范协同规则、多元主体合作协商运行机制等（高山和李维民，2016）；二是排查预警，完善校园安全风险的排查机制，重视预防与准备、预警与监测等环节，形成职责明确、风险可控的校园安全管理格局；三是从反社会放大着手，做好校园安全风险的反放大工作，加强排查"风险源"，控制"放大站"，避免因风险社会放大产生的次生影响（珍妮·X·卡斯帕森和罗杰·E·卡斯帕森，2010）。

在校园周边综合治理机制建设方面，要从摸清校园人员结构、警校合作方面发力。一是摸清校园人员结构，随着校园的开放，人员结构复杂化程度提高，校园内出现大量不归学校管理的人员，同时伴随学校扩招、新校园的启用，校园人员结构更加复杂，摸清校园人员结构是整治周边环境的核心内容；二是从警校合作方面发力，建立学校安全区域制度，进一步健全警校合作机制，严厉打击涉及学校和学生安全的违法犯罪行为，为学校正常教育教学创造良好的外部环境，形成源头预防治理有效、内部安全管理有力、外围治安防控严密的校园安全工作格局。

1.4.2　校园综合管理的法制化

在全国学校安全工作电视电话会议上，陈宝生部长强调，要坚持提高运用法治思维和法治方式研究解决影响校园安全突出问题的能力，建立多方参与、协同配合的学校安全工作机制，强化法律在维护师生权益、化解涉校涉生矛盾纠纷中的权威性，加强校园安全综合防控体系建设法制化等方面的指导。由此，校园安全法治建设包括师生的法治思维培养与校园安全的法治管理方式两个方面的内容。

在师生的法治思维培养建设方面，师生要有法律意识是首要的。随着教育事业的蓬勃发展，学校已经成为一个开放式的教育园区，安全隐患增多也是不争的事实。在校园内发生的许多涉及学生意外伤害事件中，大多数校园安全事件当事人在意外伤害发生后没有任何法律意识，根本无法应对校园突发事件，面对伤害只能束手无策（郝淑华，2002）。建设社会主义法治国家，教育行政部门和各级各类学校承担着重要的历史使命，未来的校园安全管理要通过学校教育，让师生、职工具有更多的法律意识，让他们更多地了解法律、学习法律、应用法律。当然，在这个过程中教育行政部门的工作人员和各级各类学校的管理者的法律意识增强需要同步进行。

在校园安全的法治管理方式建设方面，推进《中华人民共和国校园安全法》立法进程，为校园安全提供法律保障已成为校园法治的主旋律。未来校园安全立法的过程中应重点加强校园设施安全、校园消防安全、校园生命财产安全、校园食品安全和医疗卫生安全、校园交通安全和其他可以预料的危及师生安全的事项、校园安全事件处置、学校安全环境治理、校园安全服务等（王智军，2016）。当然，校园立法需要酝酿的过程，就当下的校园安全工作来说，我国关于学生在校合法权益保护的相关法律规定散见于《中华人民共和国宪法》《中华人民共和国未成年人保护法》《中华人民共和国义务教育法》等之中，但没有具体关于校园安全的条款或者说明。现有的条款中，对政府、学校、家庭、社会等各主体对于校园安全的权责描述笼统不清、定位含糊不明。我国处理校园安全事件只能援引《中华人民共和国治安管理处罚法》《中华人民共和国未成年人保护法》等处理，但实际处罚很少，力度也不够。各级各类学校可以争取制定适用的校园安全管理条例，补充法律救济不足的问题，将校园安全管理的体制机制纳入学校的章程，以制度方式增进自身安全[①]。

1.4.3　校园综合治理的韧性化

韧性是当下城市研究的主要议题，校园韧性作为城市内部空间韧性的重要内容，已成为社会发展研究领域的前沿热点。韧性构建是指校园承受能力、恢复能力的提高，以期成功应对校园安全事件的过程，因而校园韧性要从承受力与抗逆力两个方面着手建设。

从承受力来看，要加强学校应对校园突发事件的能力。在排查摸底方面，加强重点人员排查，整合利用好教师、辅导员掌握的信息，确定排查的重点人员，充分重视具有高心理压力特征、反社会行为倾向特征、孤僻特征的师生和职工群体，同时加强重点场所排查，加强对可能爆发突发事件场所的例行检查；在设备配备方面，要强化安全设施配备，全面升级校园安全监控系统；在安保队伍建设方面，要打造校园安全监控队伍，建设校园安全辅导员（班主任）监控体系，建立"网格化"校园安全学生监控体系。另外，学校在应对突发事件中应尽早、主动、持续地公开相关信息，牢牢掌握信息发布的主动权，学校的回应态度是师生认同的晴雨表，尤其是群体情绪受无意识因素支配，异质性被同质性所吞并，群体情感具有传染性，容易达到传染接受的趋向（古斯塔夫·勒庞，2012），因而及时回应是应对突发事件的重要内容。

从抗逆力来看，要提高学校日常校园安全管理的水平。在组织领导方面，校园安全应该涵盖教学、后勤、管理等方方面面，必须落实安全管理责任，在各级各类学校成立安全工作领导小组；在危机教育方面，改变危机学习形式刻板、不够生动活泼的情况，要在总体国家安全观下，加强中小学国家安全教育，今后的校园安全工作要注重宣传教育，提高师生、职工的安全防范意识；在工作制度方面，要堵塞安全管理的漏洞，推进学校治安保卫制度等安全管理制度建设；在创新举措方面，要着重解决校园安全突出问题，针对频发的校园安全问题，加强校园重点时段、重点区域的动态安全监管；在优化周边环境方面，实施部门联动，加强警校联合、家校合作。

---

① 光明日报. 2011-04-18. 保障校园安全应纳入大学章程[EB/OL]. http://epaper.gmw.cn/gmrb/html/2011/04/18/nw.D110000gmrb_20110418_6-02.htm。

　　校园安全无小事，牵动着千家万户，既是系统工程，也是民心工程①。在新的校园治理发展阶段，不能再让校园安全事件"被复制"。安者，非一日而安也；危者，非一日而危也，皆以积然。从历史经验来看，校园安全问题乃多因一果，依照教育生态学的观点，校园安全治理要从宏观的社会环境与制度环境、中观的学校与家庭因素、微观的个人心理与状态等方面入手。这个工程不仅是学校、教育管理部门的责任，也离不开家长的理解和支持，更需要全社会的凝心聚力、共谋对策。特别是教育行政部门要切实加强检查督导，教学领域所有参与者不能停留在口头的自觉与重视②。教化之本，出于学校，校园作为青少年学生频繁出入的生活场所，其安全管理的重要性不言而喻。

---

　　① 人民日报. 2015-11-24. 筑起孩子们的生命防护网[EB/OL]. http://cpc.people.com.cn/pinglun/BIG5/n/2015/1124/c78779-27848224.html。

　　② 人民日报. 2017-03-24. 给校园装上"安全控件" [EB/OL]. http://paper.people.com.cn/rmrb/html/2017-03/24/nw.D110000renmrb_20170324_6-05.htm。

第 2 章　校园安全公共政策分析

2.1　校园安全公共政策概述

校园安全问题长期以来一直困扰着我国教育事业的发展。频发的校园安全事故不仅对学生的身心健康和学业发展造成不良影响，同时也严重破坏正常的教学秩序，威胁社会稳定。基于此，我国政府及相关行政部门颁布了一系列解决校园安全问题的政策，但其实施效果却不尽如人意，仍然表现出诸多问题，如政策本身可操作性不强，政策执行能力欠缺，政策监督与评估机制不完善等。面对校园安全政策发展过程中的种种困难与阻碍，有必要对校园安全政策进行系统分析。校园安全问题从属于教育问题这一大类，教育政策文本分析近年来在我国逐渐兴起，是理解教育政策的基本手段，也是促进我国教育政策研究发展的重要途径（孟宪云和罗生全，2014）。梳理与研究校园安全公共政策的发展历程和现状，可为当前及今后的政策调整提供历史经验和有关政策的建议。从公共政策文本发展历史来看，过去 30 多年我国校园安全政策文本的历史演变呈现怎样的数量与结构特征？我国教育政策对于校园安全的关注主题与关注程度发生了哪些变化？从 2017 年政策文本发布现状来看，我国颁布的校园安全政策文本的数量与结构特征又是怎样的？相比过去的政策文本，2017 年的政策文本有哪些改进之处？这些整体性的校园安全政策文本分析尚未有个人、组织进行系统整理和总结，缺乏对这些问题的基本了解和认知，将会制约我们对校园安全政策文本的理解和解释，进而影响校园安全政策文本的有效实施。基于以上判断，本章分别对 1986～2017 年时间段和 2017 年时间点国家颁布的校园安全政策文本进行系统的定量分析，力图从宏观层面把握我国校园安全政策文本发展的历史推进过程，并聚焦 2017 年我国校园安全政策文本的现状，深入分析其呈现的一些基本特点与不足，以期丰富我们对校园安全政策文本的基本认识与理解。

2.1.1　概念界定

公共政策是公共权力机关经由政治过程所选择和制定的，为解决公共问题，达成公共目标，以实现公共利益的方案，其作用是规范和指导有关机构、团体或个人的行动，其表达形式包括法律法规、行政规定或命令、国家领导人口头或书面的指示、政府规划等。我国目前还没有出台专门的校园安全法律或法规，且传统的校园安全管理基本上是一种运动式和应急性的管理模式[①]。

在文本分析前，本节主要厘清如下两个概念，即校园安全和政策文本。目前，对校园安全一词的认识和理解还存在很大争议。在政策文本中，校园安全一词往往与"学校安全"

---

① 中国教育报. 2017-03-15. 立法为校园安全"护航" [EB/OL]. http://paper.jyb.cn/zgjyb/html/2017-03/15/content_474073. htm? div=-1.

"学生人身安全"等概念同义，更普遍以校园安全事故等具体类型，如"校园欺凌""校车安全""校园故意伤害"等名词出现。关于校园安全的概念存在很多不同的观点，有的观点认为校园安全是指消除和防止对学校安全有害的一切不安全因素，有的观点认为校园安全事故是指学生在校期间，由某种偶然突发因素而导致的人为伤害事件（颜湘颖，2007）。本章中所指的校园安全概念沿用第一种观点，认为校园安全是指人、财、物、校园文化综合的安全，不仅包括在校师生生命、财产、人格等权利的保护，还包括对学校公共财物和校园文化资产的保护。政策文本是指在国家和地方层面上政府部门所颁发的，以正式书面文本为表现形式的规范性法律、法规和规章的总称（涂端午，2007）。省级所颁布的校园安全政策文本，数量较为庞大且多为对国家层面规定的执行，因此，本章仅就国家权威部门所颁布的校园安全政策文本进行分析。本章所指的校园安全政策文本是指由全国人大、中共中央、教育部等国家层面的部门所颁发的，以正式书面文本为表现形式的各种校园安全规范性法律、法规和规章的总称。

2.1.2　分析方法

政策文本分析可分为三种类型：一是比较纯粹的文本定量分析，一般表现为对政策文本的年度分布、发文单位、关键词等词频的定量统计，重在描述文本中某些规律性的现象和特点，属于传统的文本内容分析方法；二是对文本中词语进行定性分析，定性分析多从某一视角出发对政策文本进行阐释，属于话语分析的范畴；三是定量与定性相结合的综合分析方法，对政策文本进行关键词摘取，进行定量分析的同时也进行定性的话语阐释其至预测（涂端午，2009）。本节主要运用定量与定性相结合的综合分析方法对我国校园安全政策文本进行研究，既包含传统的文本内容分析，也包括定性的话语分析。

2.1.3　样本搜集

本节在选择校园安全政策文本时主要遵循三个基本原则：公开性、权威性和全面性。其中公开性是指文本是由国家相关部门以公开出版的方式对社会发布的教育政策；权威性是指文本由国家权威机关提供；全面性是指文本能够反映一定时期我国校园安全政策的整体全貌。为较为准确和方便地获取我国发布的有关校园安全政策的文件，经多方查找和比较，最终选取各个政府部门官网作为政策文本的样本来源，但用于分析 1986～2017 年历史演进的政策文本和用于研究 2017 年政策文本的政策搜集来源不同。对历史演进的政策文本的搜集过程中，考虑涉及校园安全的各类政策文本数量庞大，因此本章以教育部官网主动公开基本目录为政策样本来源进行搜集，梳理内容包括教育部年度工作要点、教育部公报、民办教育管理相关政策文件、教育改革相关政策文件、全国教育系统法制宣传教育五年规划及法治建设相关文件、教育公开相关政策文件以及教育部其他规章和规范性文件，最终梳理出 1986～2017 年教育部公布的有效政策样本 622 项。对 2017 年我国发布的政策文本的搜集过程中，在教育部官网的基础上，还详细查阅了中共中央、国务院、国家安全生产监督管理总局（简称国家安监总局）[①]、国家食品药品监督管理总局（简称食药总局）[②]、国家卫生和计划生育委员会（简称国家卫生计生委）、财政部等 20 余个网站在 2017 年发布的与校园安全相关的政策文本，最终梳理出有效政策样本 80 项，具体见表 2.1。

表 2.1　2017 年我国校园安全相关政策文本表

编号	相关政策
1	教育部、人力资源和社会保障部（简称人社部）、工商总局关于印发《营利性民办学校监督管理实施细则》的通知
2	国务院关于印发国家教育事业发展"十三五"规划的通知
3	教育部办公厅关于印发《普通高等学校消防安全工作指南》的通知
4	国务院关于鼓励社会力量兴办教育促进民办教育健康发展的若干意见
5	国务院办公厅关于印发中国遏制与防治艾滋病"十三五"行动计划的通知
6	教育部关于印发《教育部 2017 年工作要点》的通知
7	《普通高等学校学生管理规定》（2017 年修订版）
8	《全国包虫病等重点寄生虫病防治规划（2016—2020 年）》
9	国家卫生计生委关于印发"十三五"全国卫生计生监督工作规划的通知
10	国务院关于印发"十三五"国家食品安全规划和"十三五"国家药品安全规划的通知
11	教育部关于做好 2017 年普通高校招生工作的通知
12	《普通高等学校学生管理规定》
13	教育部办公厅关于加强全国青少年校园足球改革试验区、试点县（区）工作的指导意见
14	教育部基础教育一司关于做好 2017 年中小学生安全教育工作的通知
15	教育部办公厅关于加强高校教学实验室安全工作的通知
16	教育部办公厅《关于做好中小学生课后服务工作的指导意见》
17	交通运输部办公厅、教育部办公厅关于开展 2017 年水上交通安全知识进校园活动的通知
18	国家卫生计生委办公厅关于组织开展 2017 年世界防治结核病日宣传活动的通知
19	教育部办公厅关于做好学校食品安全与传染病防控工作的通知
20	教育部办公厅关于做好 2017 年全国青少年校园足球特色学校与试点县（区）遴选工作的通知
21	国务院教育督导委员会办公室关于印发《2017 年教育督导工作要点》的通知
22	国务院教育督导委员会办公室关于印发《中小学校体育工作督导评估办法》的通知
23	教育部办公厅等五部门关于开展职业学校学生实习管理联合检查的通知

---

① 2018 年 3 月，根据第十三届全国人民代表大会第一次会议批准的国务院机构改革方案，将国家安全生产监督管理总局的职业安全健康监督管理职责整合，组建国家卫生健康委员会；将国家安全生产监督管理总局的职责整合，组建应急管理部；不再保留国家安全生产监督管理总局。

② 2018 年 3 月，根据第十三届全国人民代表大会第一次会议批准的国务院机构改革方案，方案提出，将国家工商行政管理总局（简称工商总局）的职责，国家质量监督检验检疫总局（简称质检总局）的职责，国家食品药品监督管理总局的职责，国家发展和改革委员会（简称国家发改委）的价格监督检查与反垄断执法职责，商务部的经营者集中反垄断执法以及国务院反垄断委员会办公室等职责整合，组建国家市场监督管理总局，作为国务院直属机构；组建国家药品监督管理局，由国家市场监督管理总局管理。

续表

编号	相关政策
24	教育部、财政部关于开展"全国学生资助规范管理年"活动的通知
25	国家卫生计生委办公厅关于做好春夏季重点传染病防控工作的通知
26	教育部办公厅关于印发《职业院校教师素质提高计划项目管理办法》的通知
27	国家卫生计生委办公厅关于印发全国流感监测方案（2017 年版）的通知
28	教育部印发关于全面推进教师管理信息化的意见
29	国务院办公厅关于印发 2017 年食品安全重点工作安排的通知
30	教育部办公厅关于开展 2017 年全民国家安全教育日活动的通知
31	教育部、中国残疾人联合会（简称中国残联）关于印发《残疾人参加普通高等学校招生全国统一考试管理规定》的通知
32	关于开展第 29 个爱国卫生月活动的通知
33	教育部等四部门关于实施第三期学前教育行动计划的意见
34	教育部关于印发《幼儿园办园行为督导评估办法》的通知
35	全国爱国卫生运动委员会（简称全国爱卫会）关于印发 2017 年全国爱国卫生工作要点的通知
36	国务院教育督导委员会办公室关于加强中小学（幼儿园）安全工作的紧急通知
37	国务院办公厅关于加强中小学幼儿园安全风险防控体系建设的意见
38	教育部关于印发《县域义务教育优质均衡发展督导评估办法》的通知
39	教育部办公厅财政部办公厅关于进一步做好农村义务教育学生营养改善计划有关管理工作的通知
40	教育部关于开展中小学（幼儿园）校车安全隐患排查整治工作的紧急通知
41	水利部办公厅教育部办公厅共青团中央办公厅关于举办"全国防汛抗旱知识大赛"的通知
42	教育部关于加强学生军事训练管理工作的通知
43	教育部办公厅关于做好 2017 年青少年校园篮球特色学校遴选工作的通知
44	教育部办公厅关于防范学生溺水事故的预警通知
45	教育部办公厅关于举办第二届全国学生"学宪法讲宪法"活动暨"全国青少年学生法治知识网络大赛"的通知
46	共青团中央、教育部关于印发《关于加强和改进新形势下高校共青团思想政治工作的意见》的通知
47	教育部办公厅关于教育系统开展 2017 年"安全生产月"和"安全生产万里行"活动的通知
48	教育部办公厅关于加强中小学（幼儿园）周边安全风险防控工作的紧急通知
49	教育部关于印发《普通高等学校健康教育指导纲要》的通知
50	教育部办公厅中央文明办秘书局关于印发《全国高校文明校园测评细则》的通知
51	关于做好夏秋季重点传染病防控工作的通知
52	教育部办公厅关于开展教育系统电气火灾综合治理自查检查的通知
53	关于印发《学校结核病防控工作规范（2017 版）》的通知
54	教育部、财政部关于进一步加强全面改善贫困地区义务教育薄弱学校基本办学条件中期有关工作的通知
55	教育部办公厅关于公布第二批全国中小学心理健康教育特色学校名单并启动第三批特色学校争创工作的通知
56	国家卫生计生委办公厅关于加强汛期血吸虫病防控工作的通知

续表

编号	相关政策
57	中国银行业监督管理委员会（简称中国银监会）①、教育部、人社部联合印发《关于进一步加强校园贷规范管理工作的通知》
58	教育部办公厅关于深入开展教育系统安全生产大检查工作的通知
59	教育部办公厅关于做好 2017 年中小学生暑期有关工作的通知
60	国务院办公厅关于进一步加强控辍保学提高义务教育巩固水平的通知
61	关于下达 2017 年中央财政支持学前教育发展资金预算的通知
62	工商总局、教育部、公安部、人社部关于开展以"招聘、介绍工作"为名从事传销活动专项整治工作的通知
63	教育部关于印发《中小学德育工作指南》的通知
64	教育部关于印发《2018 年全国硕士研究生招生工作管理规定》的通知
65	教育部关于进一步推进职业教育信息化发展的指导意见
66	教育部关于印发《中小学综合实践活动课程指导纲要》的通知
67	总局关于开展学校食品安全风险隐患排查整治的通知
68	教育部办公厅关于公布教育部中小学心理健康教育专家指导委员会委员名单（2017—2020 年）的通知
69	国务院办公厅关于印发消防安全责任制实施办法的通知
70	教育部等十一部门关于印发《加强中小学生欺凌综合治理方案》的通知
71	国务院教育督导委员会办公室关于开展幼儿园规范办园行为专项督导检查的紧急通知
72	教育部关于印发《义务教育学校管理标准》的通知
73	中共教育部党组关于印发《高校思想政治工作质量提升工程实施纲要》的通知
74	教育部办公厅关于切实做好岁末年初及寒假期间学校安全生产工作的通知
75	教育部办公厅关于提交 2017 年度高校教学实验室安全工作年度报告的通知
76	教育部办公厅关于进一步做好学校传染病防控与食品安全工作的通知
77	最高人民法院（简称最高法）工作报告——2017 年 3 月 12 日在第十二届全国人民代表大会第五次会议上
78	最高人民检察院工作报告——2017 年 3 月 12 日在第十二届全国人民代表大会第五次会议上
79	全国人民代表大会常务委员会工作报告——2017 年 3 月 8 日在第十二届全国人民代表大会第五次会议上
80	总局办公厅关于做好 2018 年元旦春节期间食品药品监管有关工作的通知

2.1.4　变量选取

对政策文本的考察需要有多个具体的研究变量，对政策文本的系统分析要求这些变量能够以一种结构的方式从整体上反映政策的最基本要素或几个主要方面，但政策文本

---

① 2018 年 3 月，根据第十三届全国人民代表大会第一次会议批准的国务院机构改革方案，将中国银行业监督管理委员会（简称中国银监会）和中国保险监督管理委员会（简称保监会）的职责整合，组建中国银行保险监督管理委员会；将中国银行业监督管理委员会拟订银行业、保险业重要法律法规草案的职责划入中国人民银行，不再保留中国银行业监督管理委员会。

本身无法提供差异的比较。因此，对政策文本内容进行变量和指标设计是进行定量分析的基础步骤。在定量分析环节，本章所设计的变量主要包括：政策文本数量、颁布时间、政策发布主体、政策实施对象、政策类型、校园安全类型、政策目标和政策工具，在此对校园安全类型和政策工具做简要分析。中国人民大学危机管理研究中心（2017）将校园安全风险以学生为中心分为消防安全风险、踩踏事故风险、校园欺凌风险、交通安全风险、食品安全风险、传染病风险、建筑安全风险以及校园金融风险八种。2007 年教育部制定的《中小学公共安全教育指导纲要》中，将公共安全教育内容分为社会安全、公共卫生、意外伤害、网络信息安全、自然灾害以及影响学生安全的其他事故或事件六种；浙江省教育厅将校园安全问题分为社会安全、公共卫生、事故灾难、自然灾害与考试安全五种[1]。本章在总结以上分类的基础上，根据政策分析需要将校园安全类型分为自然灾害、公共卫生、设施安全、意外伤害、校园欺凌与暴力、个体健康、网络信息安全和考试/招生安全八种。不同领域的学者对政策工具有不同的分类，按照政策工具所凭借的资源，Hood（1983）将政策工具分为信息类工具、资财类工具、权威性工具和组织性工具；拉米什（2006）基于政策的干预程度强弱，将政策工具分为强制性、混合性和自愿性三大类；欧文·休斯（2010）从政府实现职能角度出发，认为政策工具可分为政府供应、生产、补贴和管制四大类；Ingram（1990）按照政策目标和政策工具，将政策工具分为学习、激励、规劝和能力建设四大类。在我国教育政策研究中，广泛应用的政策工具分类借鉴麦克唐奈和埃尔默尔以及施耐德和英格拉姆（Ingram）政策工具分类，将政策工具分为权威工具、象征和劝诫工具、激励工具、能力建设工具和系统变革工具。本章也同样采用这一分类，具体变量与指标说明见表 2.2。

表 2.2　变量与指标说明

变量名	指标与相关说明
政策文本数量	以项为单位，统计每年发布的相关政策文本数量
颁布时间	分别以年和月为单位，统计相关政策文本发布的具体时间
政策发布主体	颁布部门可划分为两类，一是主要的教育政策制定者，包括全国人大、中共中央、国务院、教育部等；二是除上述主要政策制定机构外，参与联合制定政策的部门
政策实施对象	根据我国普通教育体系的层次不同，可将政策实施对象分为三类：学前教育、初等教育和中等教育、高等教育
政策类型	政策类型可划分为三类，一是总体性政策文本，指国家总体教育政策文本的总和，包括基本教育政策和具体教育政策；二是综合性政策文本，是指关于某一教育领域的政策文本集合；三是专门性政策文本，这类政策文本通常专门针对校园安全问题而制定
校园安全类型	根据政策分析需要将校园安全类型可划分为八类：自然灾害、公共卫生、设施安全、意外伤害、校园欺凌与暴力、个体健康、网络信息安全和考试/招生安全
政策目标	政策目标可划分为四类，精神目标（贯彻中央精神）、现实目标（维护校园秩序和社会稳定）、根本目标（保护师生人身财产安全）和工作目标（落实工作要求）
政策工具	基于政策制定者对政策目标对象在意愿、动机、能力、价值、信念等方面的不同假设，政策工具可划分为权威工具、象征和劝诫工具、激励工具、能力建设工具和系统变革工具五类

① 浙江新闻网. 2012-12-18. 浙江省公安厅下发文件 要求各地加强校园安全防范[EB/OL]. http://zjnews.zjol.com.cn/05zjnews/system/2012/12/18/019025525.shtml。

2.2　校园安全公共政策的发展历程

2.2.1　1986～2017 年校园安全公共政策的历史演进

校园安全公共政策是我国教育政策的重要组成部分，受国家政治、经济、法律等因素的制约，尤其离不开相关法律法规的指导，这在一定程度影响着公共政策的演进过程。因此，本节根据政策文本数量的演进趋势，结合教育领域重要的法律法规的颁布与实施，考察校园安全公共政策的历史演进。

本节对 622 项校园安全公共政策按照发布年份进行统计后，得到公共政策发布数量的历史演进趋势。由图 2.1 可以看出，整体上我国校园安全公共政策在颁布数量上呈上升态势，且存在明显的阶段性差异。据此，我们将 1986～2017 年我国校园公共安全政策发展历程大致分为三个阶段。

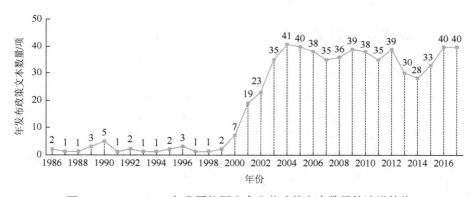

图 2.1　1986～2017 年我国校园安全公共政策文本数量的演进趋势

第一阶段（1986～1999 年）：缓慢起步阶段。校园安全公共政策单年发布数量处于很低水平，与后期的快速发展形成明显反差。这一时期，《中华人民共和国义务教育法》（1986 年）刚刚颁布与实施，《中华人民共和国未成年人保护法》（1991 年）和《中华人民共和国预防未成年人犯罪法》（1999 年）等重要法律初步形成，由于作为政策制定重要依据的法律体系还不完善，校园安全公共政策体系仍处于起步阶段。进一步梳理政策文本，可以发现这一时期的政策文本以工作规程、管理条例等统领性文件为主，如《幼儿园工作规程》（1989 年）、《幼儿园管理条例》（1989 年）、《小学管理规程》（1996 年），缺乏针对校园安全的专项政策。另外，在教育部官网中，2000 年之前颁布的政策法规存在不完整的情况，这在一定程度上影响了文本数量的准确性。2.2.3 节 1987～2017 年《教育部工作要点》报告分析得出的结论，可以进一步印证 2000 年之前我国教育事业发展对于校园安全政策的关注力度处于较低水平。

第二阶段（2000～2004 年）：快速发展与过渡阶段。这个阶段的校园安全公共政策单年发布数量呈快速上升趋势，到 2004 年达到最高水平。从政策发布内容来看，这一阶段的校园安全的政策文本发布呈现短期性、频繁性的特征，如《关于对严防中小学生安全事故发生进行专项督导检查的紧急通知》（2000 年）和《教育部办公厅关于 2001 年开展中小学"校园安全"主题教育活动的通知》（2001 年）。

第三阶段（2005～2017 年）：平稳发展阶段。在经历第二阶段的快速发展与过渡之后，校园安全公共政策文本数量基本趋于平稳发展趋势。在这个阶段，国务院第 79 次常务会议通过了《国家突发公共事件总体应急预案》，作为指导预防和处置各类突发公共事件的规范性文件，并于 2006 年 1 月开始实施。《中华人民共和国义务教育法》于 2006 年 6 月 29 日修订通过，并于当年 9 月施行。2006 年教育部等十部门联合发布《中小学幼儿园安全管理办法》，进一步推动校园安全公共政策的发展。2015 年《中华人民共和国教育法》再次修订，《关于开展校园欺凌专项治理的通知》（2016 年）、教育部等十一部门联合印发的《加强中小学生欺凌综合治理方案》（2017 年）和中国银监会、教育部、人社部联合印发的《关于进一步加强校园贷规范管理工作的通知》（2017 年）等一系列专项政策的颁布，以法律法规的形式规范与治理了校园欺凌、校园贷等受到社会广泛关注的新型校园安全问题，进一步推动了我国校园安全政策体系的建立健全。

2.2.2　1986～2017 年校园安全公共政策的内容分析

1. 校园安全公共政策的实施形式

结合 1986～2017 年我国发布的校园安全公共政策文本的内容，可以总结出校园安全公共政策主要通过以下五种实施形式进行校园安全问题的指导、监督与规划。

（1）以课程为载体开展安全教育

以课程为载体，结合不同年龄阶段学生的心理和生理特征循序渐进安排教育内容是校园安全公共政策实施的主要措施。对于中小学生群体，相关政策要求在义务教育思想品德课程中安排自我保护、法律知识的教育、人际交往行为与原则等安全教育内容，如 2003 年 3 月 12 日教育部办公厅印发了《中小学生预防艾滋病专题教育大纲》《中小学生毒品预防专题教育大纲》《中小学生环境教育专题教育大纲》的通知，要求以上相关的专题教育从小学五年级至高中二年级每年安排两个课时进行教育。对于高等学校学生的安全教育，更注重在思想政治、心理健康方面的政策引导，如教育部制定、印发的《普通高等学校学生心理健康教育课程教学基本要求》（2011 年）中要求充分发挥课堂教学在大学生心理健康教育工作中的主渠道作用，帮助大学生识别心理危机的信号，预防心理危机，维护生命安全。

除增强学生安全知识的学习外，政策文本中经常强调在体育活动和日常活动中的安全意识与自我保护能力的培养。1990 年 3 月 12 日，国家教育委员会发布了《学校体育工作条例》，规定在体育课程中进行安全运动、保护他人和自我保护的方法、常见运动损伤的紧急处理方法以及溺水的应急处理方法等的学习。另外，安全教育涉及生活的方方面面，除在教育思想品德课程、体育课程中进行专题教育外，还可以结合不同课程的学习内容有机融入安全教育内容。教育部印发了《中小学综合实践活动课程指导纲要》（2017 年），要求通过探究、服务、制作、体验等方式，开展培养学生综合素质的跨学科实践性课程。

（2）开展安全教育督导检查和预警

开展安全教育督导检查和预警是学校安全工作不可或缺的一部分，国务院教育督导委员会办公室将其作为教育督导检查的重要内容，并要求列入相关政策文本。在政策文本中，经常可以看到"要求各地相关部门着力强化对学校安全工作的督导检查，加强对学校安全工作的自查、重点抽查和督办督查，及时通报检查情况，及时落实整改措施"的公文表述。教育部办公厅印发了《关于对严防中小学生安全事故发生进行专项督导检查的紧急通知》（2000 年），要求各级教育督导部门把中小学生安全工作作为学校管理的一项重要工作，纳入教育督导工作的范围。之后国务院教育督导委员会办公室等部门陆续印发了《教育重大突发事件专项督导暂行办法》（2014 年）、《中小学（幼儿园）安全工作专项督导暂行办法》（2016 年）、《中小学校体育工作督导评估办法》（2017 年）等，督促、指导各地切实落实相关政策措施，做好安全教育工作，着力保障师生人身安全和维护正常教育教学秩序。

教育督导具有长期性，而教育信息通报一般用于突发性事件，具有预防与警示作用。例如，《教育部办公厅关于近期几起学生受伤害事件的紧急通报》（2006 年）、《教育部办公厅关于福州市金砂中心小学墙体倒塌致 5 名学生遇难事故的通报》（2010 年）、《教育部办公厅关于近期几起中小学生溺水身亡事故的通报》（2011 年）、《教育部办公厅关于数起超载车辆运送学生情况的通报》（2012 年）。

（3）严厉打击违法犯罪活动

在加强学校安全工作与学生安全知识与能力培养的同时，我国出台并发布了多项政策法律，依法严厉打击校园欺凌、暴力、虐待、性侵、拐卖等侵害在校学生权利的违法犯罪活动，如《关于严格规范高校招生录取秩序严密防范严厉打击中介招生诈骗的通知》（2007 年）、《关于依法惩治性侵害未成年人犯罪的意见》（2013 年）、《关于依法处理监护人侵害未成年人权益行为若干问题的意见》（2015 年）、《加强中小学生欺凌综合治理方案》（2017 年）等。近年来，网络诈骗、校园贷等新型违法犯罪活动严重侵害了在校学生财产安全和合法权益，2016 年最高法、最高检和公安部制定颁布了《关于办理电信网络诈骗等刑事案件适用法律若干问题的意见》。2017 年 5 月，中国银监会、教育部、人社部联合印发了《关于进一步加强校园贷规范管理工作的通知》，为进一步加大校园贷监管整治力度，从源头上治理校园贷乱象、防范和化解校园贷风险提供了政策依据。

（4）创新学生安全教育形式

开展学校应急疏散演练工作是提升学校应急疏散演练的组织和管理水平、强化师生安全意识和应急避险能力、培养学生终身受益的安全素养的重要举措。2014 年 2 月 22 日，教育部研究制定并印发了《中小学幼儿园应急疏散演练指南》，供各地各校在日常安全管理和集中组织应急疏散演练时参考。《中小学幼儿园应急疏散演练指南》详细地规定了应急疏散演练的原则、方案制定、组织机构、宣传教育、实施科目等内容，是通过实践增强学生安全教育的一种重要形式。同时，鼓励开展安全教育活动也是政策的常用形式。1996 年3 月，国家七部委联合发布通知，决定每年 3 月最后一周的星期一为中小学生"安全教育日"，规定所有中小学校都要在全校师生中开展一次安全教育活动。针对不同学校校园及周边的环境特征，可开展交通安全、水上交通安全、防电信诈骗、防火防盗等安全热点问题的专题教育活动。例如，教育部单独或会同其他部委先后印发《教育部关于加强冬季学校安全工作的紧急通知》《教育部办公厅关于切实做好汛期学校安全工作的预警通知》《2015 年"文明交通行动计划"重点工作》《交通运输部 教育部办公厅关于开展 2015 年水上交通安全知识进校园活动的通知》等，对各地各校做好学校安全教育工作提出明确要求。

（5）完善相关政策法规

为积极预防、妥善处理在校学生伤害事故，保护学生、学校的合法权益，在《中华人民共和国教育法》《中华人民共和国未成年人保护法》和其他相关法律、行政法规及有关规定的指导下，我国现已形成覆盖不同教育阶段在校学生的专门性政策法规。对于学前教育阶段，为了加强幼儿园的科学管理，提高保育和教育质量，1989 年 6 月，国家教育委员会发布《幼儿园工作规程（试行）》，1989 年 9 月，国家教育委员会继而发布《幼儿园管理条例》；对于初等教育和中等教育阶段，1992 年 6 月，国家教育委员会发布《中小学校园环境管理的暂行规定》，作为全日制普通中学、小学校内环境及所处周围环境的管理规定；1996 年 3 月，国家教育委员会发布《小学管理规程》，规定了入学及学籍管理，校舍、设备及经费，卫生保健及安全等事项；2006 年 6 月，教育部、公安部、司法部等多部门联合制定《中小学幼儿安全管理办法》，旨在加强中小学、幼儿园安全管理，保障学校及其学生和教职工的人身、财产安全。对于高等教育阶段，1990 年 1 月和 9 月，国家教育委员会分别发布《普通高等学校学生管理规定》和《高等学校校园秩序管理若干规定》。2017 年 6 月，教育部印发《普通高等学校健康教育指导纲要》，旨在加强高校健康教育，提升学生健康素养，促进学生身心健康。

2. 我国校园安全公共政策的实施对象分析

根据接受教育的层次不同，可将政策实施对象分为三类：学前教育、初等教育和中等教育、高等教育。为了清晰地统计政策文本的实施对象，本节将未明确指出实施对象的政策文本分别划分在三类教育之中，如《教育部办公厅关于做好学校食品安全与传染病防控工作的通知》《教育部办公厅关于开展 2017 年全民国家安全教育日活动的通知》等。同时，我国对于初等教育和中等教育的政策要求往往统一发布，在本节中放在一起进行统计。由图 2.2 可以看出，针对初等教育和中等教育发布的政策文本数量明显高于学前教育和高等

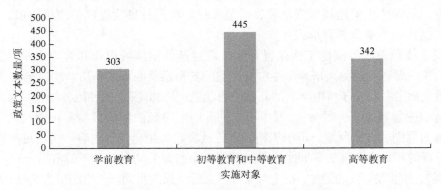

图 2.2 1986～2017 年校园安全公共政策的实施对象分布

因将未明确指出实施对象的政策文本分别划分在三类教育之中，图中政策文本数量的总和与有效政策样本 622 项不一致

教育，占比为 71.54%，这也与我国教育体系中初等教育和中等教育的总量最高有关。同时从承灾体的社会脆弱性来看，校园安全涉及的社会脆弱群体主要是青少年和儿童。中小学和幼儿园的社会脆弱性水平更高，更容易发生安全事故（张海波和童星，2017），这种因素加大了政策文本对于这一群体的关注。学前教育和高等教育所发布的政策文本数量水平较为接近，占比分别为 48.71%和 54.98%。

3. 我国校园安全公共政策的安全类型分析

本节根据政策文本的内容特征，将校园安全类型分为：自然灾害、公共卫生、设施安全、意外伤害、校园欺凌与暴力、个体健康、网络信息安全和考试/招生安全。同时，为了统计非单一安全类型的政策文本，本节增加了综合安全一项。由图 2.3 可以发现，1986～2017 年发布的 622 项政策文本中，为保障校园综合安全制定的政策文本数量占比为 37.94%，如 2014 年教育部发布的《教育部关于加强冬季学校安全工作的紧急通知》中，涉及交通安全、消防安全、滑冰溺水事故、食品安全等多种校园安全类型。除了综合安全之外，针对具体校园安全类型的专项政策共有 386 项，占政策文本总量的 62.06%。校园安全专项公共政策中更为关注公共卫生、个体健康和设施安全三类校园安全风险，占比分别为 17.68%、15.27%和 9.00%。而对于网络信息安全关注最少，占比仅为 1.93%。

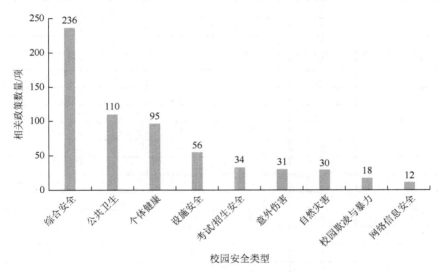

图 2.3　1986～2017 年校园安全公共政策涉及的安全类型

2.2.3　1987～2017 年《教育部工作要点》报告分析

1.《教育部工作要点》报告的关键词分析

当前与校园安全相关的公共政策文本主要来自教育行政部门以及其他相关行政部门颁布的政策，部分政策文本具有综合性、全局性、系统性。虽然搜集各类政策文本可以在数量和内容上很好地反映我国校园安全公共政策的历史演进，但因颁布部门差异，对校园安全的表述在详细程度、关注要点上有所不同；而不同时期政策文本的某一词频变化可以反映政策内容的演进。《教育部工作要点》是教育部每年年初出台的工作规划，涉及教育领域的方方面面，对于各级教育行政部门具有较强的指导意义（张优良和张顾，2015）。这类政策文本是教育政策研究较为合适的研究样本，具有很好的代表性，因此本节选取教育部官网公布的 1987～2017 年《教育部工作要点》报告[①]，将与"安全"相关的关键词（如"稳定""安定""治安""平安""风险"[②]）作为衡量我国教育政策发展过程中对于校园安全问题关注转移与变化的依据，具体见表 2.3。

表 2.3　1987～2017 年《教育部工作要点》报告的关键词词频统计表　（单位：次）

年份	与"校园安全"相关的关键词						
	安全	稳定	安定	治安	平安	风险	总计
1987	0	2	2	0	0	0	4
1988	0	1	0	0	0	0	1
1989	0	0	0	1	0	0	1
1990	0	3	0	0	0	0	3
1991	2	2	1	0	0	0	5
1992	0	1	0	0	0	0	1
1993	0	1	0	0	0	1	2
1994	0	2	0	0	0	0	2
1995	1	2	0	1	0	0	4
1996	0	3	0	0	0	0	3
1997	0	3	1	1	0	0	5
1999	0	3	0	0	0	0	3
2000	3	2	0	0	0	0	5
2001	0	4	0	0	0	0	4
2002	2	5	0	0	0	1	8
2003	2	5	0	0	0	0	7
2004	5	2	0	0	0	0	7
2005	10	2	0	0	0	1	12
2006	10	3	1	0	0	0	14
2007	10	3	0	1	1	0	15
2009	11	3	0	0	1	1	16
2010	7	4	0	0	1	2	14
2011	10	2	0	1	1	1	15
2012	11	3	0	1	0	1	16
2013	7	4	0	1	1	0	13
2014	2	2	0	1	1	1	7
2015	10	1	0	1	3	1	16
2016	11	5	0	0	1	2	19
2017	15	4	0	0	1	1	21

① 1998 年和 2008 年的《教育部工作要点》报告有缺失。

② 为更为准确地反映校园安全关键词变化，在统计中排除了与校园安全不相关的关键词，如"积极推动教育高层互访，与有关国家建立稳定的工作磋商机制""教师队伍中的稳定"中所含的"稳定"一词。

从图 2.4 可以发现，在关键词词频统计中，1987～2017 年《教育部工作要点》报告中提到"安全"的频次呈现明显的递增趋势，这反映出教育部在工作部署中对于校园安全的关注逐渐加强。1987～2001 年，在《教育部工作要点》报告中，很少提及校园安全的问题。1991 年的《教育部工作要点》报告中指出，"组织教育行政干部和中小学校长学习《安全须知》并进行考核，检查中小学生安全工作措施；建立非正常死亡分级报告制度"。这是第一次出现"安全"一词。之前的《教育部工作要点》报告中更多使用"稳定""安定""治安"等词来反映校园安全问题，如 1987 年的《教育部工作要点》报告提到"进一步稳定高等学校的局势，维护安定团结的局面"，1989 年的《教育部工作要点》报告提到"大力整顿学校秩序，加强治安保卫工作"。1989 年之后，《教育部工作要点》报告中"继续做好稳定高校局势"（1993 年）、"继续保持高等学校的稳定"（1994 年、1995 年）、"继续做好高校稳定工作"（1996 年）、"切实做好高校的稳定工作"（1997 年）等表述经常被使用。

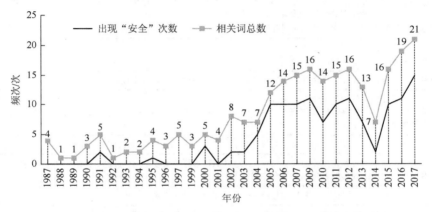

图 2.4 1987～2017 年《教育部工作要点》报告的词频统计趋势图

从 2002 年开始，《教育部工作要点》报告中，提及校园安全的频次逐年提高，到 2017 年达到最高。除 2014 年较少提及外，每年在《教育部工作要点》报告中提到校园安全的频次在 10 次左右。从《教育部工作要点》报告的演进来看，在 2000 年之前，校园安全的重要性在教育部每年工作的重点和要点问题中并不凸显，从 2001 年开始，尤其是 2005 年之后的《教育部工作要点》报告，对于校园安全的关注度明显加强。

2.《教育部工作要点》报告的特征与变化分析

本节以《教育部工作要点》报告中独立条文为搜索单位，列举《教育部工作要点》报告中出现关于校园安全的具体条文。由表 2.4 可以发现与校园安全相关的主题变化，进而反映出我国教育政策发展过程中对于校园安全问题关注的变化情况。

表 2.4 1987～2017 年《教育部工作要点》报告关于校园安全的关注要点

年份	《教育部工作要点》报告的具体条文
1987	加强和改进思想政治工作，进一步稳定高等学校的局势。 要采取有力措施稳定和提高学校的思想政治工作队伍。 要加强中、小学生的思想品德教育，发布关于加强中小学思想政治工作的决定

续表

年份	《教育部工作要点》报告的具体条文
1988	高等学校要认真贯彻中央关于改进和加强高等学校思想政治工作的决定……要继续注意稳定好局势。要开好中小学思想政治教育工作会议
1989	切实改进高等学校党的工作和思想政治工作。 制定强化高等学校校园管理和校风校纪建设的原则性规定，建立主管部门对学校工作检查、督促的责任制，大力整顿学校秩序，加强治安保卫工作
1990	落实德育在学校工作中的首要位置，稳定教育战线的形势。 彻底搞好清查、清理和对有关人员的处理工作……进一步加强对学籍、教学和校园秩序的管理，严格校纪校风，努力消除各种不稳定因素
1991	加强中小学的常规管理。制定《中小学管理条例》《中小学工作规程》《中小学校园管理规定》……检查中小学生安全工作措施。 进一步做好稳定学校局势的工作……拟定《高校保卫工作条例》
1992	继续做好稳定学校局势的工作。 加强教育立法和执法工作。贯彻实施《中华人民共和国未成年人保护法》……修改《中华人民共和国教育法》草案，草拟《普通高等学校工作条例》及其他行政法规。 抓好灾区和城镇中小学校舍的重建与改造工作
1993	继续做好稳定高校局势的工作。 抓好中小学办学条件标准化建设
1994	研究、引导、处理高校出现的各类敏感与热点问题，继续保持高等学校的稳定
1995	认真抓好面向全体学生的体育、美育、安全教育和国防教育工作。 进一步抓好校园秩序管理和校园治安综合治理工作……及时引导、处理学校出现的敏感与热点问题，继续保持高等学校的稳定
1996	及时处理高校改革发展过程中出现的各种热点问题，继续做好高校稳定工作，加强校园治安综合治理
1997	进一步加强对高校稳定工作的统一指导，改进并加强形势政策教育……会同有关部门加大高等学校的治安综合治理力度，及时处理好各种热点问题与突发事件
1999	加强和改善学校的党建工作和思想政治工作，确保高校稳定的政治局面
2000	要高度重视学校稳定工作……落实安全工作责任制，继续保持学校稳定。 抓好机关网络信息化建设及网络安全管理
2001	及时化解影响稳定大局的各种矛盾……保持高校的发展和稳定
2002	学校工作要坚持把德育放在首位，切实增强针对性和实效性。 进一步做好高等学校稳定工作，深入开展与"法轮功"邪教组织的斗争。 制定有关学生安全、权益保护和伤害事故处理等规章……确保学校稳定
2003	认真做好学校体育工作，促进学生体质健康。加强学校食堂与学生集体用餐卫生管理，落实责任，切实做好学校食堂、食品卫生安全工作。 开展学生心理咨询，促进学生身心健康……改善互联网信息内容安全的管理和宣传舆论阵地的引导……做好高校稳定工作
2004	做好校园及周边环境综合治理工作，创建安全文明校园。 继续实施"国家贫困地区义务教育工程"和"农村中小学危房改造工程"。 健全学校卫生安全责任制和监测机制，做好饮食卫生管理和防疫工作。 健全突发事件应急处置机制，维护高校稳定
2005	确保高考以及各类国家教育考试的安全和公平公正。 完善学校安全管理机制，做好学校安全保卫工作……建立健全校舍安全预警机制，制定防险救灾应急预案。做好校园周边环境综合治理工作。 健全突发事件应急处置机制，坚决维护高校稳定
2006	严格规范学校经费的使用和管理，确保资金安全。 进一步综合治理招生考试环境，确保命题和考试安全。 切实加强学校安全的管理，维护校园安定和谐。 加强形势与政策教育……做好师生思想动态分析，切实维护教育系统的稳定

续表

年份	《教育部工作要点》报告的具体条文
2007	加强高校招生环境综合治理……确保国家教育招生考试公正、安全。 切实加强学校安全管理。严格执行学校突发公共安全事件报告制度，做好预防和处置工作……深入开展学校及周边治安综合治理
2009	实施中小学校舍安全工程，对全国学校特别是中小学校舍进行全面安全排查。 做好高考命题、试卷安全保密工作。 积极开展创建和谐校园活动，建设平安健康文明和谐的校园。 切实维护教育系统稳定，完善教育系统突发公共事件应急预案和体制机制
2010	加快推进中西部地区初中校舍改造和全国中小学校舍安全工程。 启动运行全国中小学校舍安全工程信息管理系统。 深入实施招生阳光工程……确保考试安全和公平公正。 切实维护教育系统和谐稳定。进一步加强和改进教育系统思想政治工作……严格落实突发公共事件应急预案，普遍开展预案宣传和演练
2011	开展《校园安全条例》起草调研。 做好教育系统网络信息安全保障工作。 深入推进中西部农村初中校舍改造和全国校舍安全工程。 加大建设国家教育考试标准化考点力度，确保招生考试安全。 维护教育系统和谐稳定。印发《教育系统突发公共事件总体应急预案》
2012	切实维护学校安全与稳定。开展矛盾排查化解，加强校园安全防范，落实人防、物防、技防措施及各项制度，建设安全校园。 大力推进依法治教。配合国务院法制办制定《校车安全管理条例》，推动尽快出台《教育督导条例》……研究制定《学校依法治校实施纲要》
2013	深入实施高校招生阳光工程，加强国家教育考试安全工作。 建立中小学校舍安全保障长效机制。 切实维护学校和谐稳定。贯彻落实好《校车安全管理条例》
2014	构建中小学校舍安全保障长效机制。 切实维护学校和谐稳定。深化平安校园建设……健全教育热点舆情快速反应机制。 加强师生安全教育，完善学校突发事件应急管理机制
2015	加强信息技术安全工作和教育信息化标准建设。 加强教育法治建设。加快《校园安全条例》《国家教育考试条例》立法进程。 印发《义务教育学校安全规范》。制定关于规范中小学校服工作的意见。 依法保障校园和谐稳定。建立完善校园安全综合防控体系。 研究学校体育场地开放及与社会场地、设施的共享机制和新型安全保险制度
2016	切实维护学校安全稳定。加强学生安全教育……研究制定加强高校安全稳定综合防控体系建设、中小学校安全防控及评估指标体系等文件。 落实信息安全等级保护制度，提升信息安全保障能力。 确保国家教育考试平稳安全有序进行。 大力推进依法治教。加强教育立法……起草完成《学校安全条例（草案）》《国家教育考试条例（草案）》。落实《依法治教实施纲要（2016～2020 年）》
2017	提升教育行业网络安全防护水平。 全面加强依法治教。完成《国家教育考试条例》和《学校安全条例》草案的起草……研究制定《学校未成年学生保护规定》等规章。 全面加强学校安全稳定。推动绿色校园建设。落实《关于加强中小学幼儿园安全风险防控体系建设的意见》

本节为了更好地对比分析《教育部工作要点》报告关于校园安全关注主题与关注程度的变化，根据关键词分布趋势，我们将 1987～2017 年的《教育部工作要点》报告划分为两个时期：1987～2001 年为第一时期，2002～2017 年为第二时期。据此，可以发现以下几个变化与特征。

（1）公文表述变化——校园安全内涵不断丰富

《教育部工作要点》报告对于校园安全问题在公文表述上的变化主要体现在用词更加

具体化和全面化。在 2001 年之前的《教育部工作要点》报告中，仅 1991 年、1995 年和 2000 年的《教育部工作要点》报告中出现过"安全"一词。在 1991 年的《教育部工作要点》报告中首次出现"安全"一词，表述如下："组织教育行政干部和中小学校长学习《安全须知》并进行考核，检查中小学生安全工作措施"。在第一时期的《教育部工作要点》报告中，多使用"稳定局势""治安保卫""安定团结"等用语来强调与反映校园安全问题，如 1989 年的《教育部工作要点》报告中提到，"建立主管部门对学校工作检查、督促的责任制，大力整顿学校秩序，加强治安保卫工作"。在第二时期，即 2002 年之后，在《教育部工作要点》报告中不仅使用"安全""稳定"等表述，而且经常使用"预警""应急"等表述，如 2012 年的《教育部工作要点》报告中提到，"建立健全突发事件防范和处置机制，积极推动并指导各地和学校加强应急机制建设"，《教育部工作要点》报告内容不仅仅局限于"安全教育"，而且拓展为"安全教育、法制教育和心理健康教育"。近年来，《教育部工作要点》报告中对于校园安全的表述由"切实维护学校安全与稳定"（2012 年）、"切实维护学校和谐稳定"（2013 年、2014 年）、"依法保障校园和谐稳定"（2015 年）、"切实维护学校安全稳定"（2016 年）发展为"全面加强学校安全稳定"（2017 年），这些表述的转变，反映出校园安全内涵的不断丰富与拓展，公共政策对校园安全的关注度不断提高。

（2）关注主题变化——从政治稳定到安全管理

《教育部工作要点》报告对于校园安全问题在关注主题上的变化主要体现在由强调思想政治工作转向校园安全管理，校园安全内容属性也由单一政治转向综合管理，涉及内容更为丰富与全面。在第一时期发布的《教育部工作要点》报告中，高校稳定是其重点关注的内容，如"进一步稳定高等学校的局势"（1987 年、1988 年、1991 年、1992 年）、"切实改进高等学校党的工作和思想政治工作"（1989 年），这种现象与我国教育事业发展的特殊时期有关。在第二时期发布的《教育部工作要点》报告中，对于高校稳定的关注逐渐淡化，不再强调高校这一政策执行主体和校园安全的政治属性，而是上升为整个教育系统的稳定性问题，更为强调"思想教育"和"学校安全管理"，如"切实维护教育系统的稳定"（2006 年、2009 年、2010 年、2011 年）。且在第二时期的后期，《教育部工作要点》报告更为关注依法治教，2011 年的《教育部工作要点》报告指出"开展《校园安全条例》起草调研"；2012 年的《教育部工作要点》报告进而指出"大力推进依法治教"；从 2015 年开始，每年都在持续强调"加强教育法治建设"和"依法保障校园和谐稳定"。

（3）关注程度变化——从少有提及到作为重点条文

《教育部工作要点》报告对于校园安全关注程度的变化主要体现在频率增强和独立条文增加。从用词频率上，与校园安全相关的关键词数量呈现明显递增趋势。2002～2017 年，年均关键词达到 13.3 个，明显高于 1987～2001 年的年均关键词（3 个）。在第一时期的《教育部工作要点》报告中，对于校园安全问题的关注主要零散分布在各个其他条文中。从 2005 年开始，《教育部工作要点》报告第 40 条作为独立条文来重点强调校园安全问题；尤其是 2009 年出现独立的三段条文强调校园安全工作；到 2010 年，《教育部工作要点》报告第 31 条对于校园安全的阐述更为具体，涉及思想教育、招生、食品安全、应急演练、校舍管理、网络管理等多种校园安全问题；2011 年的《教育部工作要点》报告中，30 条工作要点中提到"安全"的条文达到 7 个，从频率上看为历年关注程度最高。

（4）关注安全类型差异

《教育部工作要点》报告对于不同校园安全类型的关注度因教育层次不同而有所差异。从《教育部工作要点》报告中可以看出，针对中小学教育经常明确提到"校舍安全"（2004 年、2005 年、2006 年、2009 年），而对高等教育则注重"考试/招生安全"（2005 年、2006 年、2007 年、2009 年）。在思想教育中，针对中小学开展德育工作，而对高校则重点加强思想政治工作，如《国家教委 1990 年工作要点》中提到，"认真全面地贯彻教育与生产劳动相结合的方针，使中小学的劳动教育与思想教育相结合，与系统学习文化科学知识相结合。要积极推广全国和本地区在这一方面的先进典型经验。制定中小学生思想品德鉴定、考核办法，并进行试点。继续抓好中小学生行为规范的教育"。"从招生、培养和校内管理等各个环节入手，全面加强对研究生的思想政治教育工作"，这些差异体现了校园安全公共政策的主体针对性与灵活性。

2.3　2017 年校园安全公共政策分析

2.3.1　2017 年校园安全公共政策的内容分析

1. 政策文本数量变化

将公共政策文本颁布的数量作为研究对象，能够归纳政策文本数量方面的规律，进而说明政策主题变迁、部门职责变迁和热点领域变迁。本节通过梳理校园安全政策文本数量，以月为单位，依据校园安全政策颁布的各个月份之间数量上的差异总结各部门对校园安全问题在不同时段的关注程度。图 2.5 显示出 2017 年各月我国颁布的关于校园安全的政策文本数量的变化趋势。2017 年相关权威部门共颁布校园安全相关政策 80 项，平均每月颁布的关于校园安全政策文本数量为 6.7 项。其中，2 月、3 月和 4 月颁布的校园安全相关政策文本数量最多，均达 10 项以上，且文本内容多与公共卫生相关；校园安全相关政策文本数量最少的为 10 月和 11 月。由校园安全政策文本数量的月份分布，可以发现 2017 年校园安全相关政策文本集中在春冬季颁布，数量高峰期为 3～4 月；反之，校园安全相关政策文本数量在 8～11 月处于较低水平。

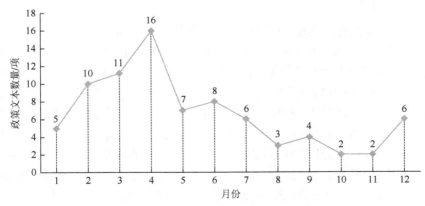

图 2.5　2017 年校园安全政策文本数量变化趋势图

　　此外，校园安全相关政策文本数量与月份特点密切相关。4～5 月汛期为校园自然灾害事故易发多发时期，教育部在此时会颁布关于做好汛期学校安全工作的通知，提醒各地教育行政部门与各级各类学校做好汛期校园安全工作部署。每年 12 月雨雪冰冻、雾霾寒潮等灾害性天气到来之际，教育部同样会颁布政策通知，要求各地教育行政部门与各级各类学校及时掌握预警预报信息，防止恶劣天气造成校园安全事故、校内师生出现伤亡。同时，在放寒暑假前，即 6 月与 12 月，教育部也会颁布做好寒暑假期间有关工作的通知，要求各地教育行政部门与各级各类学校提醒学生注意校外安全防范，避免因滑冰溺水、拥挤踩踏造成的意外伤害，确保假期师生安全。

　　2. 政策实施对象

　　公共政策实施对象也称作公共政策客体，是指公共政策实施中将要解决的现实问题和会受到影响的目标群体。按照教育部划分的中国教育体系，学校教育系统主要由两大类组成，一类是普通教育，包括学前教育、初等教育、中等教育和高等教育四个阶段；另一类是面向社会人士的成人教育，主要包括成人初等学校、成人中等学校及广播电视大学等。校园安全政策主要是针对幼儿园、小学生、初高中及高校学生制定的，因此本节主要分析的政策实施对象为普通教育类。

　　表 2.5 是 2017 年针对不同阶段的教育出台的有关校园安全政策的数量，可以看出校园安全政策实施对象最多为初等教育和中等教育，其次为高等教育，最低为学前教育。2017 年我国校园安全事件频发的主体更多涉及幼儿园孩童、中学生群体，校园欺凌、体罚虐待、教育安全等议题在社会舆论场引起热烈关注。因此，学前教育相关的政策文本数量比例较历史平均有所提高；初等教育和中等教育继续保持最高的政策关注。另外，2017 年，教育政策对于高校的关注内容较多地聚焦于大学生思想政治教育、考试招生、心理健康及大学生就业等方面。

表 2.5　2017 校园安全政策实施对象分布情况

政策实施对象	政策文本数量/项	所占比例/%
学前教育	40	50.00
初等教育和中等教育	60	75.00
高等教育	54	67.50

　　3. 政策发布主体

　　政策发布主体是指在特定政策环境中直接或间接地参与政策制定、实施、监控和评估的个人或组织。政策发布主体的明确与否会极大地影响政策属性和政策运行的方向（童星和张乐，2015）。通过对 2017 年的 80 项校园安全政策文本统计发现，政策发布主体涉及教育部、全国人大、国务院、财政部、国家卫生计生委等 30 个国家权力机关和行政部门，参与主体呈现多元化特征。从图 2.6 可以看出，在政策发布主体中，教育部、国务院、国家卫生计生委是三个参与发布校园安全政策文本数量较多的机构。从政策发布总量来看，教育部参与发布的政策文本最多，达 56 项，占校园安全政策文本总数的 70.00%，其次为国务院参与发布的政策文本数量，共 13 项，占校园安全政策文本总数的 16.25%，再次是国家卫生计生委参与发布的政策文本数量，共 9 项，占校园安全政策文本总数的 11.25%。其他机构参与发布的政策文本数量在 3 项以上的有财政部（7 项）、人社部（6 项），其余 25 个机构参与发布的政策文本数量均不超过 3 项。

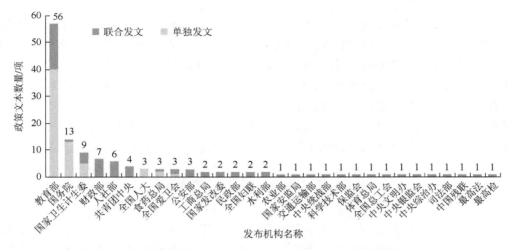

图 2.6　2017 年校园安全公共政策文本发布主体与发布政策文本数量

中华全国妇女联合会（简称全国妇联），中共中央统一战线工作部（简称中央统战部），国家体育总局（简称体育总局），中华全国总工会（简称全国总工会），中央精神文明建设指导委员会（简称中央文明办）、中央社会治安综合治理委员会（简称中央综治办）。2018 年 3 月，根据第十三届全国人民代表大会第一次会议批准的国务院机构改革方案，将农业部的草原资源调查和确权登记管理职责整合，组建中华人民共和国自然资源部；将农业部的监督指导农业面源污染治理职责整合，组建中华人民共和国生态环境部；将农业部的职责整合，组建中华人民共和国农业农村部；将农业部的渔船检验和监督管理职责划入中华人民共和国交通运输部；将农业部的草原防火整合，组建中华人民共和国应急管理部；将农业部的草原监督管理职责、自然保护区、风景名胜区、自然遗产、地质公园等管理职责整合，组建中华人民共和国国家林业和草原局，由自然资源部管理；不再保留农业部

从政策发布独立性来看，30 个国家权力机关和行政部门中仅有 6 个机构独立发布政策，分别为：教育部、国务院、国家卫生计生委、全国人大、食药总局、全国爱卫会。根据表 2.6 可以看出，教育部独立发布政策文本数量为 39 项，占校园安全政策文本总数的 48.75%；国务院独立发布政策文本数量为 12 项，占校园安全政策文本总数的 15.00%；国家卫生计生委独立发布政策文本数量为 5 项，占校园安全政策文本总数的 6.25%。此外，全国人大、食药总局和全国爱卫会也独立发布相关政策文本。6 个机构共独立发布政策文本数量 62 项，占校园安全政策文本总数的 77.50%，说明我国校园安全公共政策仍以独立发文为主，机构之间联合发文力度不高。由表 2.6 也可以看出，全国人大、国务院作为国家的权力机关，主要采取独立发文的形式，其中全国人大发布的 3 项政策文本全部是独立发布，国务院发布的 13 项政策文本中有 12 项为独立发布。

表 2.6　独立发布校园安全政策的主体与发布政策文本数量

发布主体	独立发布政策文本数量/项	所占比例/%
教育部	39	48.75
国务院	12	15.00
国家卫生计生委	5	6.25
全国人大	3	3.75
食药总局	2	2.50
全国爱卫会	1	1.25
合计	62	77.50

除了独立发布的政策文本 62 项外，还有 18 项政策文本为各权威部门联合发布，占校园安全政策文本总数的 22.50%。同一项政策联合制定的部门总数最多达到 12 个，这项政策为《全国包虫病等重点寄生虫病防治规划（2016—2020 年）》，由国家卫生计生委、中央统战部、国家发改委、教育部、科学技术部、公安部、民政部、财政部、水利部、农业部、食药总局、国务院扶贫开发领导小组办公室（简称扶贫办）等部门共同颁布，政策要求教育行政部门在卫生计生行政部门的指导下，结合相关课程和教育活动，对流行区中小学生开展包虫病等重点寄生虫病防治知识教育，协助配合卫生计生行政部门进入学校开展有关防治工作。

4. 政策主体协作

为了直观地揭示各发布主体的协作情况，本节运用社会网络分析方法绘制我国校园安全公共政策发布主体的协作网络分析图谱。首先，从分析样本中提取政策主体，统计每个政策主体与其他政策主体共同合作次数，即两两统计他们合作发布政策的情况，这样就形成了一个 30×30 的共现矩阵（许阳等，2016）。其次，运用 UCINET 软件对该共现矩阵进行分析，最后，得到政策发布主体的协作网络分析图谱，如图 2.7 所示。其中，网络分析图谱中的"节点"表示政策发布主体，节点之间的线段表示政策主体之间存在联系，线条的密度则表明两两政策主体间合作的紧密程度。教育部处于网络的核心地位，并且有较多链接关系，即它是整个网络的核心节点。从线条的密度可以看出，教育部、公安部、共青团中央、人社部、国家卫生计生委之间的联系较为紧密，说明他们之间合作程度较高，其他政策主体合作程度次之。另外，图 2.7 还可以看出全国人大独立于网络的边缘位置，说明其在该网络分析图谱中与其他成员间缺乏链接，即全国人大完全单独发文。

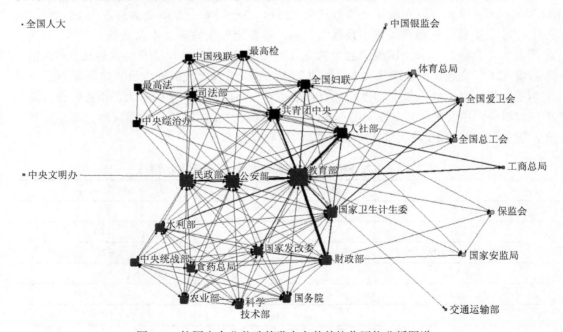

图 2.7　校园安全公共政策发布主体的协作网络分析图谱

5. 政策目标

政策目标是政策制定者通过政策实施所需要达到的对政策问题解决的期望程度和水平。明确的政策目标是制定政策的前提，只有正确的选择与确定政策目标，才能保证由此形成正确的政策方案，从而实现政策问题的彻底解决（耿玉德和万志芳，1995）。从不同的视角出发，公共政策目标可以被划分为诸多不同的类型。依据政策目标的地位，可将政策目标分为元目标与次目标；依据政策目标的时间范围，可将政策目标分为长远目标与近期目标；依据政策客体，可将政策目标分为普通社会大众与社会少数人群体，在此基础上，政策目标有公益性政策目标与特殊性政策目标之分（宁骚，2011）。由于本节所选取的 80 项文本均为国家层面的权威部门所颁布的有关校园安全的政策，并不适用于依据政策目标的地位、时间范围与政策客体的分类。本节根据政策目标的具体内容将政策目标分为四类：精神目标、现实目标、工作目标与根本目标。其中，精神目标是指以落实科学发展观、贯彻中央精神、领导讲话精神和上级文件精神为内容的政策目标；现实目标是指有关的校园安全政策目标为维护校园秩序和社会稳定；工作目标是指落实文件工作要求与特定时期的工作要求的政策文本；根本目标是指保护师生人身财产安全。

本次数据分析发现，所有政策文本均设置有政策目标，平均值为 1.99 个。由于多数有关校园安全的政策文本均有两个或两个以上的政策目标，本节在数据统计时使用多重响应分析方法予以体现。表 2.7 为 80 项政策文本的政策目标分布情况。其中，"落实工作要求"占比最高，共有 62 项政策文本，占政策文本总数的 77.50%；"贯彻中央精神"占比次之，共有 36 项政策文本，占政策文本总数的 45.00%；把"维护校园秩序和社会稳定"作为政策目标的政策文本，共有 33 项，占政策文本总数的 41.25%；比例最低的是根本目标"保护师生人身财产安全"，仅占政策文本总数的 36.25%。

表 2.7　政策目标分布情况

政策目标	政策文本数量/项	所占比例/%
贯彻中央精神	36	45.00
维护校园秩序和社会稳定	33	41.25
落实工作要求	62	77.50
保护师生人身财产安全	29	36.25

6. 政策类型

在社会科学研究中，"分类"往往是从纯粹的描述走向解释性研究至为关键的一步，从政策科学创立伊始，就不断地有各种对公共政策进行分类的方法和概念被提出，其中最常见的是根据政策的实际内容进行的分类，如能源政策、环境政策、教育政策等（魏姝，2012），此外还有从意识形态角度进行的分类，如自由主义政策和保守主义政策等。校园安全的相关政策往往并不以独立文本形式出现，而是嵌于总体性的教育政策或其他政策内，因此本节倾向于采用我国学者刘复兴（2002）对教育政策的分类。

　　我国学者刘复兴（2002）认为，教育政策类型可分为四类，一是指某一单项政策文本，如治理校园欺凌政策、校园心理健康教育政策等；二是指关于某一教育领域的政策文本的集合，如高等教育政策、职业教育政策等；三是指一个国家总体的教育政策文本的总和，如基本教育政策和具体教育政策；四是指元教育政策文本，也就是表达关于教育政策制定和实施的方法论的有关文本形式。本章在这一分类的基础上，将教育政策分为三类：专门性政策文本、综合性政策文本与总体性政策文本。表 2.8 显示，在 2017 年所颁布的 80 项关于校园安全的政策文本中，总体性政策文本为 21 项，占政策文本总数的 26.25%；综合性政策文本为 28 项，占政策文本总数的 35.00%；专门性政策文本为 31 项，占政策文本总数的 38.75%。

表 2.8　政策文本类型分布

政策类型	政策文本数量/项	所占比例/%
总体性政策文本	21	26.25
综合性政策文本	28	35.00
专门性政策文本	31	38.75
合计	80	100.00

　　除刘复兴（2002）的分类外，本章还根据校园安全事故特点将校园安全问题分为自然灾害、公共卫生、校园欺凌与暴力、设施安全、意外伤害、个体健康、考试/招生安全、网络信息安全八类，并将政策文本中涉及以上至少两类的校园安全问题纳入综合安全。表 2.9 显示了在校园安全事故分类下的校园安全政策文本分布情况。可以看出，权威部门颁布的政策中对公共卫生和个体健康问题关注度较高，占比分别为 21.25% 和 15.00%。其次是设施安全、意外伤害和校园欺凌与暴力有关的政策文本。而有关网络信息安全、自然灾害、考试/招生安全问题的政策文本较少，均不到 4 项。

表 2.9　校园安全事故分类下的校园安全政策文本分布情况

校园安全类型	政策文本数量/项	所占比例/%
自然灾害	1	1.25
公共卫生	17	21.25
校园欺凌与暴力	4	5.00
设施安全	6	7.50
意外伤害	4	5.00
个体健康	12	15.00
考试/招生安全	3	3.75
网络信息安全	3	3.75
综合安全	30	37.50
合计	80	100.00

7. 政策工具

政策工具，又称"政府工具"或"治理工具"，国内学者对其分类有不同的界定，以政府介入程度为依据，陶学荣（2009）将政府使用权威的程度和提供公共物品（服务）的介入程度一并纳入分类标准，将政策工具划分为经济性工具、行政性工具、管理性工具、政治性工具和社会性工具五大类；王满船（2004）对现有政策工具研究进行了批判与反思，认为可以将政策手段划分为规制手段、经济手段、宣传教育工具（信息手段）三大类。

政策工具是政府用以解决各类社会问题的手段。2.1.4 节在变量选取时曾提到，本书在广泛参考各类教育政策文本分析文章后，结合校园安全政策文本特点，将政策工具分为五类，即权威工具、激励工具、象征和劝诫工具、能力建设工具和系统变革工具。

权威工具是政府部门运用政治权威对政策目标对象进行强制性规定，具体的表现形式主要有规定、许可、禁止等（林小英和侯华伟，2010）。在本节中，权威工具多用于对校园安全设施、安全教育课程设置的明确规定，多使用"必须"等词语。

激励工具是凭借正向或负向的反馈来诱使政策目标对象采取政策制定者所希望的行动的政策工具，表现形式主要有奖励、处罚、授权等（Hannaway and Woodruffe，2003）。激励工具主要依靠的是政策制定者运用差异化的奖惩手段引起政策目标对象的兴趣，从而激起对象的主观能动性。在本节中，激励工具主要用于先进学校、先进校园安全设施技术评选等类似活动中。

象征和劝诫工具是通过对价值观和信念的引导、启发促使政策目标对象采取相关行动的政策工具（McDonnell and Elmore，1987）。象征和劝诫工具的特点在于实施门槛低、可用范围广、无需使用大量资源，但其发挥效用的时间周期相对较长。在本节中，全国人大、国务院和教育部等权威部门在表达校园安全问题的重要性，倡导全社会重视校园安全问题的过程中，运用了大量的象征和劝诫工具。

能力建设工具是通过向政策目标对象提供培训教育、相关设备或工具等来为政策所倡导的行动提供各方面支持的工具（Ingram，1990）。能力建设工具多用于政策目标具有长期性的校园安全相关政策中。在本节中，为了实现平安校园的政策目标而实行的设施建设，教师培育就是运用能力建设工具来体现。

当激励工具与能力建设工具均无法达到政策目标时，则需要通过对政策执行的组织结构进行变革来促进政策目标的实现，我们将这类工具称为系统变革工具，其表现形式主要有建立新组织、合并或撤销已有组织或对已有组织的职能重新界定等，一些促进平安校园建设机构的建立就运用了系统变革工具。

校园安全政策中各类政策工具分布见表 2.10。能力建设工具使用频率最高，共有 64 项政策文本使用了该工具，占政策文本总数的 80.00%；象征和劝诫工具次之，占政策文本总数的 53.75%；共有 34 项政策文本使用了权威工具，占政策文本总数的 42.50%；共有 32 项政策文本使用了激励工具，占政策文本总数的 40.00%；系统变革工具的运用最少，仅有 9 项政策文本使用了该工具，占政策文本总数的 11.25%。

表 2.10　政策工具分布情况

政策工具类型	政策文本数量/项	所占比例/%
权威工具	34	42.50
象征和劝诫工具	43	53.75
激励工具	32	40.00
能力建设工具	64	80.00
系统变革工具	9	11.25

2.3.2　校园安全公共政策述评

通过梳理与分析我国 2017 年校园安全公共政策的发布情况，可以看出当前我国的校园安全政策呈现以下结构特征。

1. 政策发布主体呈现明显多元化和集中性特征

一方面，我国校园安全政策发布主体呈现多元化。2017 年政策发布主体达到 30 个，不局限于教育行政部门，还包括全国人大、国务院等国家权力机关，以及财政部、国家卫生计生委、食药总局、全国爱卫会等在内的多个行政部门。每个发布主体在各自管辖领域内根据职责权限制定政策，共同构成当前我国校园安全政策发布主体体系。另一方面，政策发布主体之间的合作程度不高。虽然政策总量较 2016 年的 71 项有所增加，但发文数量中多以单独发布的形式为主，多部门联合制定的政策文本仅占政策文本总量的 22.5%。而且政策文本内容根据职能内容相互割裂，政策体系相对松散，尚未实现多元主体决策的有效协同。

2. 政策工具存在明显的差异化选择特征

每一种政策工具选择与使用情况都蕴含着政府政策执行的行为逻辑，各参与制定校园安全政策的部门更倾向于使用象征和劝诫工具和能力建设工具，对激励工具及系统变革工具的使用倾向较低。根据 2.3.1 节分析可知，我国发布的校园安全政策中使用能力建设工具及象征和劝诫工具的比例明显高于激励工具和系统变革工具。尽管能力建设工具及象征和劝诫工具在引导正确校园安全观念方面有着重要作用，但不可忽视的是，政策很大程度上取决于现实状况，多使用激励工具和系统变革工具能广泛发动公众参与，使更多的人参与校园安全的维护中，并将问题落到实处。

3. 校园安全政策目标未有效反映现实问题

校园安全政策发布的最主要也最直接的目的是保障学校设施及师生财产人身等安全，但是通过对 2017 年的校园安全政策文本分析发现，政策目标主要是落实工作任务，以此为目标的政策不能长期稳定地执行。还有一部分政策目标站在贯彻中央精神的立场上设定，而非维护公众利益的立场上设定，也反映出价值取向的偏离。如此，不以解决实际问题为目标的政策在日后落实过程中也发挥不出应有的效果。

同时，2017 年的政策相比往年出现了以下特点。

（1）关注校园安全热点问题，专项政策逐步加强

从 2017 年我国颁布的校园安全政策文本来看，政策对于现实风险的关注提高，专项政策有所加强，如校园欺凌、校园贷、校园电气火灾等安全问题。近年来，校园欺凌事件连续曝光，不仅严重损害未成年人身心健康，而且造成了恶劣的社会影响。为建立健全的防治中小学生欺凌综合治理长效机制，有效预防中小学生欺凌行为发生，经国家教育体制改革领导小组会议审议通过，2017 年 12 月，教育部等十一部门印发《加强中小学生欺凌综合治理方案》，对学生欺凌的概念做了规范的界定，并提出针对不同情形的欺凌事件，有关部门要结合职能共同做好教育惩戒工作。在高等教育领域，针对校园贷乱象，2017 年 5 月，中国银监会、教育部、人社部联合印发了《关于进一步加强校园贷规范管理工作的通知》，为进一步加大校园贷监管整治力度，从源头上治理乱象，防范和化解校园贷风险提供了政策依据。另外，中国人民大学危机管理研究中心对我国近年来 273 起校园火灾的原因进行了统计分析，发现因电器产品和电气线路管理不善导致的事故占了总数的一半以上。2017 年 6 月，教育部办公厅印发了《教育部办公厅关于开展教育系统电气火灾综合治理自查检查的通知》专项政策文本，要求各地各校要对照自查检查要点和检查表，认真组织开展电气火灾综合治理工作，并要求于当年 10 月报送电气综合治理阶段性工作报告。

（2）侧重不同教育层次，政策实施对象更为明确

校园安全政策根据实施对象的年龄、性别、教育层次不同，制定了更为具体、更有针对性的指导建议。公共卫生、自然灾害、设施安全等校园安全类型在各教育层次均有涉及，但部分校园安全类型侧重的层次不同。从政策体系来看，在学前教育、初等教育和中等教育阶段，我国相关部门更注重办学规范、身体素质和安全教育，如《教育部关于印发〈幼儿园办园行为督导评估办法〉的通知》《国务院教育督导委员会办公室关于加强中小学（幼儿园）安全工作的紧急通知》《国务院办公厅关于加强中小学幼儿园安全风险防控体系建设的意见》《国务院教育督导委员会办公室关于印发〈中小学校体育工作督导评估办法〉的通知》《教育部基础教育一司关于做好 2017 年中小学生安全教育工作的通知》等。在高等教育阶段则强调考试/招生安全、思想政治教育以及实验室安全，如《中共教育部党组关于印发〈高校思想政治工作质量提升工程实施纲要〉的通知》《教育部办公厅关于提交 2017 年度高校教学实验室安全工作年度报告的通知》等。

2.4　我国校园安全公共政策存在问题及改进方向

1986～2017 年，我国校园安全公共政策文本数量呈现出明显的递增趋势，而且从《教育部工作要点》报告分析中可以发现，教育部对于校园安全问题的关注力度也在显著提升。从 2017 年单年发文来看，我国总计颁布校园安全相关政策文本 80 项，同比增加 8.75%。总体来看，当前我国校园安全公共政策达到一个稳定发展的状态。但在本章对政策文本分析中发现，2017 年的校园安全政策文本依然存在一些亟待解决的现实问题。

2.4.1 校园安全政策问题分析

1. 尚未出台专门的校园安全法律法规

我国目前还没有出台专门的校园安全法律或法规，与之相关的法律，则散见于一般法律之中，未能形成完整的体系。相比之下，有些国家则有周全的立法，如美国 1994 年制定了《学校安全法案》《安全、无毒品的学校和社区法案》《学校禁枪法案》等一系列法律，澳大利亚制定了《国家安全学校框架》（National Safe Schools Framework，NSSF），日本制定了《校园欺凌防止对策推进法》（汤雨晨，2017）。发生恶性校园伤害事件时，从政府机关到学校都普遍开始重视校园安全保卫工作，上级会通过下发各种红头文件的形式要求各校抓紧建立健全保卫组织，加强校园内部巡逻，增强学校周边警力等。一方面，各类红头文件本身并不属于法律范畴，在威慑力和执行力方面大打折扣；另一方面，各类红头文件通常仅是针对某个阶段或某个问题进行临时性的规范，没有对校园安全问题进行全局性、整体性的梳理和规范，这就使得学校的安全治理容易处于一种松散和失范的状态，没有形成稳定的长效机制[①]。

2. 缺乏政策执行主体的明确性

校园安全涉及的领域非常广泛，包括交通安全、消防安全、饮食安全、医疗卫生安全等方方面面，不仅包括校园内部的安全，也包括校园周边的安全。从主体责任上来说，不仅涉及教师、学校、教育行政机关等教育领域主体的责任，还涉及公安、建设、卫生、工商、国土等其他行政机关的责任，也涉及家长、社区等其他主体的责任。责任主体多元化和复杂化，但目前又没有一部明确的立法可以统筹安排和明确不同主体的责任，从而导致现实中存在主体职责不清而互相推诿的现象，不同层面的主体之间缺乏相互配合、共同参与的能力和平台。例如，关于学校在事故中的责任问题。实践中，有很多这样的情况，只要发生校园安全事故，无论学校是否尽到了相关教育、管理职责，最终都要或多或少承担法律责任，学校似乎成为无限责任主体。这样导致的后果是，学校为了降低发生安全事故的风险，取消课间休息、取消校外实践活动，最终牺牲的是教育教学活动。所以，厘清学校的安全管理职责是校园安全立法的重要内容。

3. 部门协作不足，政策执行力较弱

政府执行力是党和国家的政策能否得以有效实施的重要因素。政府执行力包括日常行政事务的执行力、相关政策的执行力和既定法律的执行力等，其中，相关政策的执行力是指政府部门调配人力、物力资源，确保公共政策得以有效执行从而实现既定政策目标的能力和力量（徐元善和周定财，2013）。国家层面的权威部门所颁布的校园安全相关政策的执行者往往是各地方教育行政部门与各级各类学校，通过上述分析，校园安全政策执行力较弱的根本原因一方面在于校园安全政策大都使用象征和劝诫工具，而运用激励工具和系

---

① 搜狐网. 2017-03-15. 立法为校园安全"护航" [EB/OL]. http://www.sohu.com/a/128916341_162758.

统变革工具的频率较少,另一方面在于校园安全不仅是教育领域问题,更是重要社会问题,需要多部门加强协作和执行力度。从机制保障的层面来说,校园安全政策的执行机制不健全、激励机制以及部门协作机制的不健全与监督机制的缺乏都导致了校园安全政策在地方执行中受阻。

4. 政策制定缺乏多元主体参与

公共政策制定过程分为三个阶段:政策输入阶段、政策转换阶段、政策输出阶段。其中,政策输入阶段是指给予政府在政策制定过程中所需要的基本信息;政策输出阶段则是相对于政策输入阶段而言,是指贯彻与实施政府的政策;政策转换阶段是指从政策制定到政策实施的过程。在一个有效运行的公共政策系统中,输入性参与和输出性参与应该处于平衡状态(王学杰,2001)。在政府主导政策制定的背景下,公共政策制定主要以内输入为主,容易造成政策制定信息不充分。学校往往作为公共政策的执行主体,在政策输入阶段和政策输出阶段的参与程度明显不足,由此容易造成制定的政策执行低效。而且,政策执行主体单一化,缺乏社会组织的介入和共治,不利于校园安全公共政策的效果最大化。

2.4.2　校园安全政策的改进与创新方向

通过对 2017 年校园安全相关政策文本的数据定量与政策比较分析,我国校园安全政策本身仍然存在可操作性较低、政策工具使用不合理、政策法律效力较弱等问题。本节将尝试就 2.4.1 节的问题的解决及今后我国校园安全政策的制定提出一些意见和建议。

1. 推进依法治校进程

法律所具有的强制性、权威性和制裁性可以保证校园安全治理的规范化和常态化,通过立法来规范校园安全,将校园安全治理纳入法制化轨道是国内外的普遍做法。例如,美国、日本、澳大利亚、瑞典等国家都出台了专门性的校园安全立法。通过专门立法可以明确校园安全治理的各项制度,厘清政府、不同行政机关、学校、教师、学生及其家长在校园安全治理过程中各自应当承担的义务与责任。同时,还需要通过立法来明确校园安全治理的经费来源和保障机制,为校园安全治理提供法律支持。

2. 合理使用政策工具

通过 2.3.2 节分析可知,我国校园安全的各类政策工具的运用存在不均衡、不合理的现象。总体来说,象征和劝诫工具及能力建设工具运用较多,权威工具、激励工具和系统变革工具使用较少。各类政策工具均有优缺点,其适用范围和作用效果也不尽相同,因此,在校园安全政策制定时应根据政策的类型和政策目标选择合适的政策工具,如治理突发治安、校园欺凌应采用权威工具统一集中维护校园周边环境,但个体健康和设施安全等问题都可以引入象征和劝诫工具及激励工具等自愿性政策工具,通过不同类型政策工具的灵活使用,发挥各地方教育行政部门与各级各类学校自治力量共同治理校园安全。

3. 提高政策执行能力

制定和执行公共政策是政府实现社会管理的主要工具之一。政策制定与政策执行同等重要。科学合理的政策若没有良好的执行，同样难以达到政策目标，不能有效处置社会问题。在校园安全政策的执行过程中，校园安全最终的执行者——学校，要避免出现政策执行意识薄弱的现象，各地方教育行政部门与各级各类学校应当制定校园安全政策执行的绩效评估制度与责任追究制度，采用科学的评估方法对政策执行过程进行综合的判断和评价，严格落实问责制，增强政策执行人员的危机感和责任感，减少政策执行失灵的风险，保障校园安全政策得以有效实施并发挥其效果。

4. 促进相关部门协作

校园安全问题涉及社会生活的方方面面，是当前社会治理的难题，保障校园安全要靠各部门和社会的合力。针对政府其他相关部门对校园安全事件关注较少的现状，需要加强政策制定与执行过程中的部门协作，从而合力提高校园安全政策的实施效果，切实提升校园安全治理水平。在依法治教的指导下，各级各类部门要充分认识本部门在校园安全治理中的重要作用，要提高"将校园安全融入相关政策"的主动性和自觉性，将提高校园安全意识体现在政策的执行上，与教育行政部门共同维护与保障校园安全。

总之，在我国面临社会转型期的大背景下，提升校园安全政策的科学性，有效处置校园安全问题是摆在我国政府面前的一个重要课题。整体来看，我国校园安全公共政策正处于稳定发展阶段，2017 年我国共出台校园安全相关政策文本数量达 80 项，达到历史最高水平。同时，有关部门对校园欺凌、校园贷、考试/招生诈骗等新型校园安全问题的重视程度正在不断提高，也取得了良好的政策效果。但校园安全政策制定与执行中仍然存在政策工具运用不合理、政策执行能力弱、政策目标不明晰等诸多问题。中央政府和各级教育行政部门应当学习发达国家治理校园安全问题的先进经验，借鉴国外校园安全政策条款，结合我国校园安全的治理需求，尽早出台校园安全高阶位法，提升校园安全政策条款可操作性，加强多部门协作，为校园安全问题的处置与预防提供判定依据。

第3章　中小学安全风险防控体系建构

中小学安全风险多种多样、门类繁多，而且无处不在，直接影响着每个学生的安全、健康成长。中小学安全工作是学校最为基础的工作领域，是学校不容失败的工作领域，也是学校最为重要的工作领域。立足安全风险防控进行学校安全工作的顶层规划、内容设计和实践探索，进而建立学校安全风险防控体系，是提升学校安全工作实效性的重要方向和关键要点。

2017 年 4 月 28 日，国务院办公厅发布了《关于加强中小学幼儿园安全风险防控体系建设的意见》（国办发〔2017〕35 号）（简称《意见》），为中小学构建安全风险防控体系提供了重要而系统的政策依据和实践指导方向。当前，学校安全工作的基本方向和整体格局就是要按照《意见》的指导和要求，建立学校安全风险防控体系。

建构中小学安全风险防控体系有两个关键要点：一是基于安全风险；二是促进系统建构。基于安全风险意味着从安全风险出发、围绕安全风险开展学校安全工作，主要包括四个方面，①深刻认识安全风险；②理性分析安全风险；③有序梳理安全风险；④有效化解安全风险。促进系统建构意味着有效建立关联和综合治理，主要包括三个方面：①面对学校安全风险的理性认识要同创新实践的纵向进程进行关联，把"想清楚"和"做到位"有机结合起来；②对不同安全风险进行横向要素的整体梳理和结构化防范，全面把控各种各样的安全风险；③应对安全风险的不同力量与举措的有序有效推进，综合施策化解学校安全风险。

本章在分析安全风险与中小学安全工作关系的基础上，明确安全风险防控对于做好中小学安全工作的意义。从学生安全事故的类型、现状、原因、学校管理者和教师岗位履职等不同视角梳理中小学管理工作中存在的各种安全风险，明确绘制学校安全风险地图的路径和要点，提出建构学校安全风险体系的框架和要点。

3.1　安全风险与中小学安全工作

3.1.1　中小学安全风险的特点

社会生活中的安全风险比比皆是，普遍存在。描述一般意义上的安全风险，有两个非常生动形象的表达，一个是黑天鹅或者黑天鹅事件，另一个是灰犀牛或者灰犀牛事件。黑天鹅或者黑天鹅事件是 2008 年美国学者纳西姆·尼古拉斯·塔勒布在其著作《黑天鹅：如何应对不可预知的未来》一书中提出来的，用于指代社会生活中事先难于预测、影响或危害巨大、事后可以解释的小概率事件或者风险。灰犀牛或者灰犀牛事件是 2017 年美国学者米歇尔·渥克在其著作《灰犀牛：如何应对大概率危机》一书中提出来的，用于指代社会生活中普遍存在、危害严重的大概率事件或者风险。

就中小学安全事故或者安全风险而言,黑天鹅和灰犀牛同时存在。中小学办学实践中既有小概率、大危害的黑天鹅事件,也有大概率、大危害的灰犀牛事件。防范中小学安全风险,既要关注和考虑黑天鹅事件,又要关注和考虑灰犀牛事件。

中小学的安全风险主要有以下三个特点。

1. 安全风险数量众多、种类繁杂

中小学校园是未成年人集中的场所。学生正处在快速成长的阶段,缺乏足够的安全知识、安全技能和安全意识,非常容易受到安全事故的影响和危害,或者因自己的不当行为导致安全事故的发生。中小学有各种各样的教育教学活动,每种活动中都存在潜在的安全风险。在集体活动中,学生集中在相对封闭的空间,在一定程度上加大了安全风险。另外,我国中小学中,大班额、大校额的情况普遍存在,单位面积中学生密度大,无疑又大大增加了安全风险。因此,中小学的安全风险数量众多、种类繁杂,中小学安全工作必须要特别关注这些风险。

2. 安全风险危害严重、影响深远

如果不加以有效地管控和化解,安全风险就会演变为安全事故。安全事故必然造成各种危害,损害学校办学设施设备,破坏学校正常教育教学秩序,影响学生健康成长,甚至危及学生生命。因此,中小学安全风险危害严重、影响深远,必须要提早、有效地应对和化解。

3. 安全风险防控难度大、工作要求高

中小学中的安全风险存在于不同时间、不同空间、不同人群和不同活动中,可以说是全天候、多空间、多主体、多诱因。从安全角度来讲,中小学学生是成长中的未成年人,是整个社会的"弱势群体",这就使得安全风险防控难度大大增加,对学校安全风险防控工作提出了更高的要求。基于此,中小学安全风险防控必须做到系统防范,综合治理。

3.1.2　中小学安全风险防控的政策方向与政策要求

从政策方向来看,2017 年我国在国家层面治国理政的大政方针和教育部的全国中小学工作部署中都非常重视安全风险防控。

2016 年 7 月 28 日,在唐山抗震救灾和新唐山建设 40 年之际,国家主席习近平考察了河北唐山,发表了关于我国自然灾害防灾减灾工作的讲话,其中有三个要点值得关注。第一是如何看待我国的自然灾害。讲话指出,"我国是世界上自然灾害最为严重的国家之一,灾害种类多,分布地域广,发生频率高,造成损失重,这是一个基本国情。"这个判断非常重要,意味着在我国自然灾害是一种常态,因而防灾减灾工作就成为一种常规工作。第二是如何定位防灾减灾工作。讲话指出,"防灾减灾救灾事关人民生命财产安全,事关社会和谐稳定,是衡量执政党领导力、检验政府执行力、评判国家动员力、体现民族凝聚力的一个重要方面。"这样的表述和定位把防灾减灾工作放到了一个前所未有的高度,也是应有的高度。第三是如何做好防灾减灾工作。讲话指出,"要总结经验,进一步增强忧

患意识、责任意识，坚持以防为主、防抗救相结合，坚持常态减灾和非常态救灾相统一，努力实现从注重灾后救助向注重灾前预防转变，从应对单一灾种向综合减灾转变，从减少灾害损失向减轻灾害风险转变，全面提升全社会抵御自然灾害的综合防范能力。"[1]这明确提出了系统的风险防范是当前安全工作的核心和关键。

2017 年 10 月 18～24 日召开的中国共产党第十九次全国代表大会的报告中明确提出安全工作的重要方向和基本思路。在报告第三部分"新时代中国特色社会主义思想和基本方略"提出了"建设平安中国"的号召，并明确指出"统筹发展和安全，增强忧患意识，做到居安思危，是我们党治国理政的一个重大原则。"[2]在报告第八部分"提高保障和改善民生水平，加强和创新社会治理"中明确指出"树立安全发展理念，弘扬生命至上、安全第一的思想，健全公共安全体系，完善安全生产责任制，坚决遏制重大安全事故，提升防灾减灾救灾能力。"[2]

2017 年 2 月 17 日，教育部举行全国学校工作电视电话会议，教育部部长陈宝生在会议上提出教育部 2017 年学校安全工作要点的"一二三四"[3]。一是坚持一个提高，提高运用法治思维和法治方式研究解决影响校园安全突出问题的能力；二是完善两个机制，校园安全风险管控机制和完善校园周边综合治理机制；三是突出三项治理，防溺水事故专项治理、交通安全专项治理和学生欺凌与暴力专项治理；四是抓好"防、查、教、督"四项常规，能力建设、隐患排查、安全教育、督导检查。由此可以看出，安全风险防控既是一以贯之的指导思想，又是特别强调的重要内容。

从政策要求来看，2017 年我们国家在已经发布的关于中小学发展的重要教育政策文本中特别强调安全风险防控。

《意见》指导思想是，运用法治思维和法治方式推进综合改革、破解关键问题，建立科学系统、切实有效的学校安全风险防控体系，营造良好教育环境和社会环境，为学生健康成长、全面发展提供保障。其工作目标是，针对影响学校安全的突出问题、难点问题，进一步整合各方面力量，加强和完善相关制度、机制，深入改革创新，加快形成党委领导、政府负责、社会协同、公众参与、法治保障，科学系统、全面规范、职责明确的学校安全风险预防、管控与处置体系，切实维护师生人身安全，保障校园平安有序，促进社会和谐稳定。《意见》从完善学校安全风险预防体系、健全学校安全风险管控机制、完善学校安全事故处理和风险化解机制、强化领导责任和保障机制四个方面整体建构了学校风险防控体系，为中小学围绕安全风险规划设计学校安全工作整体格局、组织实施学校安全工作具体活动、切实提升学校安全工作实效提供重要的政策依据和实践指导。

2017 年 12 月 4 日，教育部发布了《义务教育学校管理标准》，要求全国所有的义务教育学校对标研判、依标整改，切实遵照执行。在《义务教育学校管理标准》中提出了义务教育学校的六大管理职责，其中之一是"营造和谐美丽环境"。在落实"营造和谐美丽环境"

---

① 新华网. 2016-07-28. 习近平在河北唐山市考察[EB/OL]. http://www.xinhuanet.com/politics/2016-07/28/c_1119299678.htm.

② 人民网. 2017-10-28. 中国共产党第十九次全国代表大会报告[EB/OL]. http://cpc.people.com.cn/n1/2017/1028/c64094-29613660.html.

③ 教育部微言教育. 2017-02-20. 教育部部长陈宝生谈校园安全[EB/OL]. https://mp.weixin.qq.com/s?__biz=MjM5NTA1NjE3NQ==&mid=2649872476&idx=1&sn=9fdd605f27b3f5db9f91fa70be844013&chksm=befb271c898cae0ae1025fccff69e869872ca9927a1c32b9df5251524cf30413933122254980&scene=0#rd.

这一管理职责具体举措中，明确提出要落实《关于加强中小学幼儿园安全风险防控体系建设的意见》《中小学幼儿园安全管理办法》《中小学公共安全教育指导纲要》《中小学岗位安全工作指导手册》《中小学幼儿园应急疏散演练指南》等重要政策文本。

3.1.3　中小学安全工作的两个突出转变

基于当前社会和学校办学实践的现实情况，根据国家教育政策的基本要求，中小学安全工作正在经历两个突出的转变。

第一个突出转变是紧紧围绕安全风险开展学校安全工作，从被动式应急管理到主动式风险管控。具体表现为三个要点：一是风险评估前置化，以风险评估作为学校安全工作的基本前提和切实基础；二是风险控制常态化，以风险控制建立学校日常安全工作的基本原则和整体格局；三是风险监控动态化，以风险的动态监控贯穿学校安全工作的全过程，提升学校安全工作实效。

第二个突出转变是重视不同力量的综合治理，从命令型动员应对到治理型危机处置。具体体现在四个方面：一是教育行政部门内部，特别是教育行政部门与各级各类学校的系统治理，把行政力量和实践力量有机整合起来；二是学校与家长的合作治理，把家庭作为重要力量和资源纳入学校安全工作系统；三是学校与社区、社会的合作治理，加强跨部门、跨领域合作；四是保险分担治理，通过保险理赔分担安全事故损失。

3.2　中小学安全风险分析

3.2.1　从学生安全事故类型分析中小学安全风险

安全风险与安全事故密切相关、直接相连。中小学安全风险是中小学生安全事故的直接诱因和客观基础，中小学生安全事故是中小学安全风险的演变结果和最终表现。

在国务院《国家突发公共事件总体应急预案》中，把社会和教育系统中有可能发生的突发公共事件分为六大类，一是社会安全，二是公共卫生，三是意外伤害，四是网络信息安全，五是自然灾害，六是影响学生安全的其他事件。每一类事件中又包括一些具体的方面，见表 3.1。

表 3.1　突发公共事件类型

事故类型	具体事故
社会安全	校园内外涉及师生的各种非法集会、游行、示威、请愿以及集体罢餐、罢课、上访、聚众闹事等群体性事件
	各种非法传教活动、政治性活动
	针对师生的各类恐怖袭击事件
	师生非正常死亡、失踪等可能会影响校园和社会稳定的事件
公共卫生	学校内部突然发生并造成或者可能造成学校师生健康严重损害的突发公共卫生事件
	学校所在地区突然发生并造成或者可能造成学校师生健康严重损害的突发公共卫生事件

续表

事故类型	具体事故
意外伤害	学校的楼堂馆舍等发生火灾、建筑物倒塌、拥挤踩踏等重大安全事故
	校园重大交通安全事故
	校园水面冰面溺水事故
	大型群体活动公共安全事故
	造成重大影响和损失的后勤供水、电、气、热、油等事故
	重大环境污染影响和生态破坏事故
	影响学校安全与稳定的其他突发人为灾难事故等
网络信息安全	利用校园网络发送有害信息，进行反动、色情、迷信等宣传活动
	窃取国家及教育行政部门、学校的保密信息，可能造成严重结果的事件
	各种破坏校园网络安全运行的事件
自然灾害	气象、海洋、洪水、地质、森林、地震等灾害
	由地震诱发的各种次生灾害
其他事件	除以上五种之外的突发公共事件

　　基于学生安全事故分析中小学安全风险，一方面，对照中小学各种类型学生安全事故的分类梳理来预测分析中小学存在的各种安全风险，另一方面，根据每所学校的主客观现实情况和实际发生的各种学生安全事故来追溯分析学校潜在的各种安全风险，能够明确中小学安全风险的全面构成和基本样貌。

3.2.2　从学生安全事故实际分布分析中小学安全风险

　　可以从不同角度梳理中小学生安全事故的分布情况。从近年来全国中小学安全事故分布的常规情况来看，中小学生安全事故的实际分布具有一定规律。基于中小学生安全事故发生的常规情况和一般规律，可以分析中小学校的安全风险。

　　从学生安全事故发生的类型分布来看，学生安全事故的发生起数和死亡人数排在前两位的是溺水事故和交通事故。由自然灾害造成的学生安全事故不容忽视。另外，近年来，打架斗殴和涉及学校与学生的刑事案件明显增多，也成为威胁学生安全的主要类型。

　　从学生安全事故发生的地域分布来看，农村学生发生事故多于城市学生。农村学生安全事故发生数、死亡人数和受伤人数都明显高于城市。另外，事故造成伤亡情况比较严重的较大安全事故也较多地发生在农村。

　　从学生安全事故发生的学段分布来看，低年级学生尤其小学生是事故高发群体。小学生事故起数和死亡人数在各个学段中都是最多的。

　　从学生安全事故发生的性别分布来看，发生安全事故的男生多于女生，男生的安全事故发生起数和死亡人数也明显多于女生。

　　从学生安全事故发生的地点和时间来看，校外和节假日发生事故多于校内和工作日。在学校范围内，发生安全事故比较多的场所是楼梯、宿舍、食堂、操场、实验室、校门口、厕所等。在学校工作日时间范围内，发生安全事故比较多的时间是体育课、课外活动、晚自习后、全校集会时间、实验课和劳动课、学生周末在校时间等。

从中小学生安全事故实际分布的常规情况可以切实、具体地分析中小学安全风险，多发、频发、危害比较大的学生安全事故往往代表着学校安全工作的主要风险和严重风险。

3.2.3 从学生安全事故原因分析中小学安全风险

每一个安全事故都不是无缘无故发生的，导致事故发生的原因本身就是安全风险，分析事故原因就是分析安全风险。

从安全学的基本理论来看，事故的发生一般有五个方面的原因：一是人的不安全行为，即人不遵守法律和法规、不按照客观规律和科学程序做事，采取了错误或不当的行为。二是物的不安全状态，即物质设施、设备和工具等不符合质量标准或者存在安全隐患，在正常使用过程中发生故障和问题。三是管理不善，即管理上存在重大漏洞、问题、管理方式方法不当，或者在管理上不作为、执行力不强等。四是环境不良，包括物理环境和人文环境，物理环境不良表现在物理环境存在问题和缺陷，人文环境不良表现在组织中的人在思想观念上不重视安全、缺乏安全文化。五是安全事故的发生还与人的事故心理有很大关系，事故心理是与事故发生密切相关的当事人的心理状态，事故心理往往间接地引发安全事故，事故心理包括消极的心理状态和不平和的心理状态两类。消极的心理状态包括侥幸、麻痹、偷懒、逞能、自满等；不平和的心理状态包括莽撞、心急、烦躁、好奇和粗心等。很多时候，安全事故的发生往往不是单一因素造成的，而是不同因素组合造成的。

从学生安全事故原因分析中小学安全风险，首先从学校办学实践中存在人的不安全行为、物的不安全状态、管理不善、环境不良和事故心理五个方面分别罗列、梳理，然后再汇总、提炼，建构学校的安全风险体系，作为学校安全工作的出发点和基本依据。

3.2.4 从学校管理者和教师岗位履职分析中小学安全风险

明确和落实学校管理者和教师的安全工作责任是落实学校安全风险防控系统的重要支撑，学校管理者和教师履行学校安全工作岗位职责的能力和质量直接关系学校安全风险防控机制的品质。一些学校管理者和教师对于学校安全工作职责和工作边界的认识是模糊的、不清楚的，在常规工作中往往不清楚自己应该负责哪些事情、承担哪些责任，不清楚自己对上如何负责，对下如何层层落实安全责任，在同一层面如何联系相关部门和同事寻求支持等。学校管理者和教师岗位履职不当本身就是学校安全工作风险，成为引发学生安全事故的切实诱因。

2013 年 3 月 25 日，教育部在第 18 个"全国中小学生安全教育日"发布了《中小学校岗位安全工作指导手册》（简称《指导手册》），旨在学校内部管理层面明确学校安全工作"做什么、谁来做、怎么做"的问题，通过明确岗位安全职责和任务、落实管理制度与工作流程、细化应急措施来提高学校安全管理水平和降低校园内安全事故发生率。《指导手册》包括学校岗位安全职责、学校安全工作流程和学校安全工作文件范本三个方面的主要内容。在学校岗位安全职责部分,明确了学校校长、书记、副校长等学校领导,学校教学主任、德育主任、年级主任等中层干部,学校学科教师、班主任、教研组长、实验员、档案员、门卫等学校教职工,以及学校安全工作领导小组等 40 个安全管理岗位,同时,非常清楚地列出了每个岗位安全职责的具体清单。

从学校管理者和教师岗位履职情况分析学校安全风险,就是要对照《指导手册》中规定的 40 个安全管理岗位及其学校安全工作岗位职责,分析每个岗位安全职责的履行情况和履行质量,查找岗位履职中的不足和失误,减少岗位履职风险,提升工作质量,还要在工作实践中不断提升岗位的履职能力。

3.3　中小学安全风险防控体系的框架建构

3.3.1　中小学风险防控的价值

从安全风险到安全事故有多远?或者说安全风险在多大程度上会演变为安全事故?安全学上有两个基本定律回答了这个问题,一个是海恩法则,另一个是墨菲定律。

海恩法则是德国飞机涡轮机的发明者帕布斯·海恩提出的一个关于航空界飞行安全的法则,具体表述为 1:29:300:1000。帕布斯·海恩通过特定时间、特定区域的大大小小的航空事故调查研究发现:每一起严重事故的背后,必然有 29 起轻微事故、300 起未遂先兆和 1000 起事故隐患。受帕布斯·海恩调查结果的启发,很多人在其他领域进行了验证性研究,结果发现了类似的结论。后来人们把这一发现发展为安全学上的重要法则——海恩法则。海恩法则告诉我们,任何事故的发生都有其具体的原因,也有其可以探寻的征兆,这些原因和征兆实际就是安全风险。如果不能很好地管控这些安全风险,这些安全风险很有可能演变为事故。所以,风险与事故密切相关,要提高安全工作的实效性,就必须牢牢地管控住各种安全风险。

墨菲定律最初源于美国一位名叫墨菲的上尉,他认为他的某位同事是个倒霉蛋,不经意说了句笑话,"如果一件事情有可能被弄糟,让他去做就一定会弄糟。"这句话迅速流传,在流传扩散的过程中,这句笑话逐渐失去它原有的局限性,演变成各种各样的形式,其中一个最通行的形式是:如果坏事有可能发生,不管这种可能性多么小,它总会发生,并引起最大可能的损失。后来,人们把墨菲定律引入安全学领域,用墨菲定律描述安全事故发生的可能性与现实性之间的关系,即凡是有可能发生的事故就一定会发生。墨菲定律给我们的启发是,预防安全事故要立足事故发生的可能性,而不是现实性,只要有可能发生的事故,都应该进行防范。事故发生的可能性实际就是安全风险,管控住安全风险,就能在很大程度上减少和杜绝安全事故的发生。

3.3.2　中小学安全风险地图

防控安全风险的前提是梳理和明确安全风险,绘制中小学安全风险地图能够系统、直观、清楚地把握学校的各种安全风险,为中小学安全风险防控工作奠定坚实而重要的基础。

　　所有的学生安全事故都发生在一定活动、一定时间和一定空间之中，学校的各项活动、不同时间和各种空间中都存在潜在的安全风险。所以，可以从三种不同的角度绘制中小学安全风险地图，其一是活动视角，其二是时间视角，其三是空间视角。

　　从活动视角绘制中小学安全风险地图，能够梳理和明确学校中各种教育教学活动中的各种具体安全风险，然后在各种活动方案中提前设计和融入有效化解风险的措施，并在活动过程中组织实施，就能在很大程度上减少和杜绝各项教育教学活动中安全事故的发生。

　　学校中各项教育教学活动的安全风险也有所不同。按照安全风险程度可以把学校中的各项教育教学活动分成三类：

　　第一类是以知识学习和问题研讨为主的常规学科教育教学活动，如常规的语文、数学、英语、历史、地理、政治等，这类活动安全风险较低。

　　第二类是带有肢体活动和实际操作，学生有一定的自主活动空间与余地的教育教学活动，如体育课、实验课、综合实践活动课、运动会、春游等，这类活动安全风险有所增加，达到中等程度。

　　第三类是学生有完全自主活动空间和余地的教育教学活动，如课间活动、自由活动、上下学路上、周末在校等，这类活动安全风险最大。

　　学校要按照各项教育教学活动逐一梳理、分析和确定学校中切实存在的安全风险，汇总之后，绘制出整体的学校活动安全风险地图。

　　从时间视角绘制中小学安全风险地图，能够梳理和明确学校实际运行的作息时间中不同时间点的各种具体安全风险，然后在不同时间开展的活动方案中提前设计和融入有效化解风险的措施，并在活动过程中组织实施，就能在很大程度上减少和杜绝不同时间点各种安全事故的发生。

　　学校中不同时间点的安全风险也有所不同。可以分两种时间节奏绘制学校的安全风险地图：一种是按照春、夏、秋、冬四个季节梳理及分析和确定中小学安全风险，然后汇总绘制学校春、夏、秋、冬四个季节安全风险地图。另一种是以一天为时间单元，对照学校实际实施的作息时间表，梳理及分析和明确学校不同时间点的安全风险，绘制学校一天学习与生活的安全风险地图。

　　从空间视角绘制中小学安全风险地图，能够梳理和明确真实的学校情境和场所中的各种具体的安全风险，然后在不同场所开展的活动方案中提前设计和融入有效化解风险的措施，并在活动过程中组织实施，就能在很大程度上减少和杜绝不同空间里各种安全事故的发生。

　　学校中有不同的场所，主要包括教学区、活动区、生活区三类，不同类别场所的安全风险有所不同。教学区包括教室、实验室、图书馆、教师办公室等；活动区包括楼道、操场、大厅、走廊、体育馆、学校职能部门办公场所、学校门口、学校内部路面、公共场地等；生活区包括食堂、厕所、学生宿舍、校内小商店等。

　　学校要按照学校真实具体的学校空间及其分布，逐一分析各自存在的安全风险，汇总之后，绘制学校空间的安全风险地图。

　　在分别绘制了活动视角、时间视角、空间视角的学校安全风险地图之后，把三张安全风险地图中所有安全风险整合起来，再按照安全风险程度、出现频次、涉及人群、防控难度等再进行分析和标记，就完成了学校整体的安全风险地图。按照这样的安全风险地图规划设计、组织实施学校各项工作，把各种安全风险的有效化解作为学校各项工作的基础安排和组成部分，就能够有效防控学校安全风险。

3.3.3　中小学安全风险防控体系的基本思路与要点

中小学安全风险防控体系是一个综合、立体的系统，它既要契合中小学安全工作推进的纵向进程，也要针对中小学安全风险的横向要素。建立中小学安全风险防控体系分两步走：一是划分不同的工作版块；二是围绕风险防控有针对性地做好各个版块的安全工作。

划分不同的工作版块是为了明确中小学安全风险防控体系的工作性质和有所侧重的不同几个组成部分。中小学安全工作的最终目标是预防、减少和杜绝学生安全事故。按照学生安全事故发生、发展的进程可以把中小学安全工作分为事故发生前、事故发生中和事故发生后三个部分。事故发生前重在预防与防范，从体量上讲是学校安全工作的主体，占学校安全工作总数的绝大多数；事故发生中重在应急与控制；事故发生后重在惩戒与改进。事故发生中和事故发生后的工作尽管数量不多，但是影响很大，是学校安全工作的重要组成部分。每个部分的工作中都存在各种特定的安全风险，都需要管控各种特定安全风险的措施和方法，由此形成事故发生前的风险防控、事故发生过程中的应急处置和事故善后阶段的风险防控三个工作版块。

事故发生前的风险防控是学校整体安全风险防控工作的主体，其工作质量决定学校安全风险防控体系整体的质量。如何做好事故发生前的风险防控？基本思路是：追根溯源，通过控制和干预引发学生安全事故的各种原因来进行风险管控。任何安全事故的发生原因都包括人的不安全行为、物的不安全状态、管理不善、环境不良和事故心理五个因素。

基于这个基本思路和五个因素，事故发生前的风险管控包括四个要点。

1）通过设施设备的排查与更新来有效化解物的不安全状态的安全风险。中小学的设施设备主要包括校舍建筑、附属设施、器材设备、其他设施四类。校舍建筑包括教学用房、生活用房、围墙、厕所、大门等；附属设施包括玻璃、悬挂物、旗杆、房内楼内设施等；器材设备包括体育器材、实验设备、电路、水暖设施等；其他设施包括地面、路灯、树木等室外设施、教室花草等。设施设备的排查与更新就是要基于国家相关部门规定的标准和规范要求，对这些设施设备进行定期检查和维护、及时修缮和更换。

2）通过安全管理的改进与提升来有效化解管理不善的安全风险，遏制人的不安全行为的安全风险。改进与提升学校安全管理主要做到以下方面：①加强理论学习。很多学校管理者和教师对于学校工作的理论知之甚少，加强理论学习能够掌握安全工作规律和策略，减少工作实践中的失误和过错。②加强政策学习。近年来，我们国家在学校安全工作政策建设方面工作力度很大，出台了一系列涉及学校安全工作各个方面、规范和指导学校安全工作的政策，加强政策学习，按照政策要求开展学校安全工作，能够在很大程度上减少学校安全工作的随意性和盲目性,提高工作效率,提升工作实效。③充分借鉴安全工作的实践经验。包括本地区其他学校的经验、全国其他学校的经验、国外学校的经验,也包括其他行业的安全工作经验。④积极开展自主实践探索。学校安全要应对各种风险,不同学校的安全风险既有共性也有不同。同时,在变革实践探索中,学校安全工作也有很大的挑战性。积极开展自主实践探索,建立自身学校的安全管理格局,提升管理实效。

3)通过安全教育的落实与创新来有效化解人的不安全行为的安全风险,减少事故心理的安全风险。学校安全教育有三条基本路径:①学科渗透。在各个学科的常规教学中结合与学生安全和健康相关的内容,拓展安全教育的内容,适时进行安全教育,如在地理课地震主题的学习中,拓展地震中逃生与自救的内容。②活动融合。在学校丰富多彩的校园活动中融入学生安全教育的内容,如在"国旗下的讲话"中安排学生安全的话题,在班会中安排安全主题讨论,等等。③专题学习。学校安全教育的主渠道是学科渗透和活动融合,不能通过学科渗透和活动融合的内容,可以设立安全教育专题。

4)通过安全文化的营造与建设来有效化解环境不良的安全风险,减少事故心理的安全风险。通过安全文化化解和减少安全风险,或者说在学校文化建设中融入学校安全工作的元素和理念,实际上是一种站位更高、立意更远的学校安全工作思路,对于提升学校安全风险防控的影响力和实效性非常有意义。主要有两个基本路径:①总结和提炼学校安全工作和风险防控的基本理念和价值导向,建设学校安全文化;②在学校文化体系中增加和融入关注学生安全、注重风险防控的理念和导向,使其成为学校文化的重要组成部分。

事故发生过程中的应急处置是学校安全工作的难点,事故处置过程中暗含着很多风险,如果处置工作不到位,很多暗含的风险就会显露出来,转化为次生安全事故。如何做好事故处置中的风险管控?基本思路是:按照事故处置进程有效有序地控制事态发展,积极谨慎地杜绝风险和次生安全事故。

基于这个基本思路,在事故发生过程中的应急处置主要包括以下六个要点。

1)提前组建学校安全事故处置领导小组。成员包括领导小组组长、安全教育协调人员、急救人员、现场协调人员、资源和外部技术支持联系协调人员、媒体协调员、家长协调人员等。领导小组组长由学校安全工作第一责任人校长担任,学校要从安全事故处置全局工作的视角明确其他成员的合适人选,并明确每个成员在事故处置过程中的工作职责。

2)明确领导小组成员的工作方式。包括三个要点:①明确每个成员的工作职责和工作要点,知道自己必须做什么、千万不能做什么;②了解领导小组其他成员构成和工作职责,特别是与自己工作互相衔接的成员;③有情况一律及时向领导小组组长汇报。

3)明确事故处置原则和要点。原则包括五个,①救人第一,及时对事故中受伤学生提供力所能及的最好的救助;②最大限度地降低事故损失;③快速反应,赢得时间就是赢得机会;④沉稳、秩序、从容,减少忙乱、盲目行为;⑤集中精力客观公正处事,杜绝私心杂念。要点包括三个,①制定周密的计划和部署;②采取科学的措施和流程;③在实践中历练和提升科学救助的决策能力和实施能力。

4)明确学校层面安全事故的处理阶段和相应任务。学校层面的事故处理包括四个阶段：①事故发生初始阶段的首要任务。主要工作包括学校领导在第一时间接待报信人；学校领导以最快速度到达事故现场；学校在第一时间控制或救助当事人；由专业人士引导目击者；打电话给相关部门寻求支持；确定当事人身份和相关信息；情形严重的，学校应当及时向主管教育行政部门及有关部门报告，属于重大伤亡事故的，教育行政部门应当按照有关规定及时向同级人民政府和上一级教育行政部门报告，需要注意的是，发生学生食物中毒事件，除向主管的教育行政部门报告外，还应当向当地主管的卫生部门报告，并配合进行必要的检查和处理，并就学校拟采取措施进行请示；学校安全事故小组进入工作状态，或者立刻成立安全事故领导小组，立即开展工作；学校进入特殊状态。②事故发生后续阶段的跟进任务。主要工作包括安全事故领导小组成员履行各自职责；通知事故相关学生家长和目击学生家长；收集相关学生信息和与事故有关的信息；如果学生被送往医院，派学生认识的教师陪同、鼓励和安慰；与医院接洽了解学生情况，办理治疗手续；与到达医院的家长沟通情况；向上级主管教育行政部门及有关部门提供最新进展信息，并就学校拟采取措施请示。③事发当天剩余时间的收尾任务。主要工作包括与介入事故处理的外部支持人员沟通相关情况；尽快恢复学校正常秩序；校长与媒体协调员共同准备一份书面新闻稿，客观、简明地陈述事实，不要假想和推理，注意措辞，避免煽动性词语；向上级主管教育行政部门及有关部门完整汇报事故过程和学校的措施；告诉学校教职工和学生事件概况；校长召集安全事故领导小组开会，汇总情况，商量后决定第二天的工作和下一步措施；看望受伤学生和家长；与外部支持人员协商后续情况。④随后几天的延续任务。主要工作包括准备应对家长会质询；准备应对媒体的追踪报道；应对上级主管教育行政部门及有关部门的调查等。

5）学校与家长、教育行政部门密切配合做好事故处置后续工作，争取尽快恢复学校正常的教育教学秩序。主要工作包括：与家长及时沟通，交流信息，通过协商方式解决问题；如果学校与家长不能通过协商方式解决问题，在双方自愿的情况下书面请求上级主管教育行政部门进行调解，在教育行政部门指导协调下有效处置事故；教育行政部门收到调解申请，认为必要的，可以指定专门人员进行调解，并应当在受理申请之日起 60 日内完成调解；如果教育行政部门调解未果，可以通过诉讼渠道来解决。诉讼是通过法院解决社会纠纷的一种最有效的机制，俗称打官司，民事诉讼是解决学校与受到伤害的学生或学生家长之间的事故赔偿争议的最后手段。

6）关注事故处置过程中的媒体应对和危机公关。媒体应对的要点包括以下三点：①设置专门的媒体协调人或者发言人；②密切关注媒体信息，冷静分析相关材料，面对媒体时在表达内容和表达方式上做充分准备；③要理性、适切应对，具体体现在主动回应，根据事故处理进程回应，通过正式渠道代表组织回应和不做临时、无谓的解释。危机公关的要点包括主动承认错误比解释更加有效，主动放低身段比高高在上更加有效；主动承担责任比推诿更加有效；主动透明流程比规避更加有效等。

事故善后阶段的风险防控在学校风险防控工作中特别容易被忽略，事故善后阶段也暗含着很多风险，如果不能有效处置，很多暗含的风险就会显露出来，转化为次生安全事故。事故善后阶段的风险防控的基本思路是：持续关注，圆满完成安全事故处置工作；系统思考，改进学校安全工作不足，提升学校安全工作品质。

基于这个基本思路，事故善后阶段的风险防控主要包括以下要点。

1）明确界定事故责任，追究相关人员责任，并进行相应的奖惩。

2）就安全事故涉及相关问题进行专业咨询和研究，彻底解决安全事故问题。

3）基于安全事故发生和处置过程反思学校的安全工作的漏洞和不足，分析原因，并设计学校安全工作的改进方案。

4）基于安全事故发生及其原因编制学生安全教育案例，基于案例开展本校学生安全教育活动，提升学生安全素养。

5）对安全事故涉及学生进行心理调节和辅导，帮助其尽快恢复正常学习生活和心理状态。

第 4 章　虐童事件与幼儿安全风险防控

近年来,发生在幼儿园的虐童事件屡屡见诸媒体,社会影响十分恶劣。统计数据显示,2016 年 1 月～2017 年 11 月全国检察机关共批准逮捕涉及侵害儿童案件的幼儿园工作人员69 人,提起公诉 77 人,犯罪类型主要涉及强奸、猥亵儿童,虐待被监护人、被看护人等。最高检未成年人检察工作办公室主任郑新俭表示,"这类案件虽然绝对数量不多,但社会危害性非常大。检察机关在办案的过程中,坚持不论是谁,不论是犯什么罪,只要触犯了法律,侵害了幼儿园儿童的合法权益,就严厉打击,绝不手软。"[①]

人民网舆情监测室发布的《2017 年中国互联网舆情研究报告》显示,HHL 幼儿园虐童事件与 XC 亲子园虐童事件分别以"击穿底线"和"虐童虐心"的标签成为 2017 年中国二十大舆情中的一号舆情及九号舆情[②]。在百度搜索引擎输入"虐童事件"共显示2 730 000 个(截至 2018 年 2 月)相关结果。可见,击穿道德底线,鞭挞人性的幼师虐童事件已引发社会对幼儿安全风险的高度关注。本章在总结 2017 年虐童事件概况、分析典型案例的基础上,分析虐童事件成因,并提出我国幼儿安全风险防控建议,以期对我国2017 年虐童事件及其基本特点进行大致概述,为中央与各级政法部门、教育行政部门等有关部门防范幼儿安全风险、减少虐童事件提供参考。

4.1　2017 年虐童事件概况

4.1.1　虐童的内涵

虐待儿童,简称虐童,是指成年人实施所有侵犯儿童行为的一种约定俗成的统称。我国对虐待儿童的法律定性并不清晰,根据《中华人民共和国刑法》第二百六十条规定,虐待罪是指对共同生活的家庭成员,经常以打骂、捆绑、冻饿、限制自由、凌辱人格、不给治病或者强迫过度劳动等方法,从肉体上和精神上进行摧残迫害,情节恶劣的行为。2014 年10 月 27 日,《中华人民共和国刑法修正案(九)(草案)》(简称《草案》)对虐待罪进行修订,将家庭成员外的主体虐待行为纳入处罚范围。《草案》规定,对未成年人、老年人等负有监护、看护职责的人虐待被监护、看护的人,情节恶劣的,追究刑事责任。其中,没有轻伤以上的后果无法追责。此外,我国在《中华人民共和国宪法》《中华人民共和国民法通则》《中华人民共和国刑法》《中华人民共和国未成年人保护法》等多部法律和地方出台的相关办法条例对预防无民事行为能力的儿童遭受暴力伤害做了相关规定。但总体上看,我国尚未出台针对虐待儿童问题的专门法律法规,导致虐童问题的预

---

① 央广网. 2017-12-28. 最高检:对虐童案件坚持零容忍　去年至今年 11 月共批捕 69 人[EB/OL]. http://china.cnr.cn/gdgg/20171228/t20171228_524079549.shtml.

②《2017 年中国互联网舆情研究报告》根据"非政治性事件""突发偶发事件""舆论快速传播""具有负面意义""事件具有可复制性""网上影响大于网下""舆情冷无效"等几个关键因素进行选择、评判出中国的二十大舆情,即指狭义舆情。

防和惩处中存在"无法可依"的问题。事实上，虐待儿童是世界性的问题，许多国家或相关国际组织，如美国、英国、日本、国际儿童福利联合会、世界卫生组织等对虐待儿童的行为主体及内涵均有具体规定，具体见表 4.1。

表 4.1　国家与国际组织关于虐童的界定

年份	国家或相关国际组织	来源	虐待儿童的定义
1974	美国	《儿童虐待预防与处理法案》	负有监护责任的人，对 18 岁以下儿童实施的身体或精神伤害、性虐待或性剥削、照顾不良或粗暴对待，构成了对儿童健康的损害或威胁（Longress，1995）
1981	国际儿童福利联合会	—	儿童虐待分类：①家庭成员忽视或虐待儿童；②有关机构忽视或虐待儿童；③家庭以外的剥削（童工、卖淫等）；④其他虐待方式。其中家庭成员忽视或虐待儿童又分为躯体虐待、忽视、性虐待和心理情感虐待
1989	英国	《儿童法案》	凡是"影响儿童生理、智力的、情绪的、社会的或行为的发展"的都是虐待儿童行为
1999	世界卫生组织	—	对儿童有义务抚养、监管及有操纵权的人做出的足以对儿童的健康生存、生长发育及尊严造成实际的或潜在的伤害行为，包括各种形式的躯体和情感虐待、性虐待、忽视以及进行经济性剥削（Berns，1997）
2000	日本	《虐待儿童防止法》	监护人（有抚养权的人，有未成年人监护权的人，以及现抚养人）对于所抚养的儿童（不满 18 岁）有身体虐待、性虐待、疏忽照顾、情感虐待四种行为

由于文化和历史背景存在差异，各国（或相关国际组织）对虐童的行为主体和内涵阐释不尽相同，我们大抵可以将虐童行为分为两类，一是显性伤害行为，指暴打、身体攻击、性虐待等器质性生理功能的伤害行为；二是隐性伤害行为，指疏忽照顾、漠视等忽略孩子的需求，造成心理上伤害的行为。幼儿作为弱势群体，往往难以维护自身的合法权益。孟子曰："老吾老以及人之老，幼吾幼以及人之幼"，然而，网络上时常有虐童事件曝光。2012 年温岭幼师虐童照片曝光后，瞬间引爆社会舆论。幼儿园已然成为虐童事件的重灾区，人们在口诛笔伐、震惊愤怒的同时，也开始思考，在我们看不到的地方有多少罪恶之手伸向这些无辜的孩子？虐童事件的频发折射出什么社会问题？学校与社会如何做好幼儿安全防控工作？如何让幼儿远离暴力之手？这些问题是当前我国社会安全治理亟待解决的严峻课题。

4.1.2　幼儿园虐童事件特征

1. 事件发生率与经济发展无关

虐童事件具有隐匿性和敏感性，目前尚无全面、可靠的统计监控数据，故难以确切地了解虐童的实际情况，仅能就媒体报道的事件作分析整理。本节主要针对幼儿园虐童事件进行讨论，通过对新华网、中国青年网、各地卫视、报纸等媒体平台的检索，以及在涉事学校的网站、教育部、最高检等官方网站的再检索，对 2017 年媒体曝光的幼儿园虐童事件数据进行收集整理。据不完全统计，2017 年我国共发生 23 起幼儿园虐童事件，按照虐童事件曝光时间顺序整理，见表 4.2。

表 4.2　2017 年幼儿园虐童事件

编号	发生时间	事件内容	处理结果
1	1 月 4 日	河南郑州多名幼童遭幼师殴打、脱衣	园长及涉事幼师被警方带走
2	1 月 12 日	辽宁沈阳残疾儿童遭幼师谩骂摔打	涉事幼师被刑拘
3	3 月 21 日	四川成都幼童疑被幼师针扎屁股、打骂	涉事幼师停课，配合调查
4	4 月 22 日	江西南昌多名幼师抽打幼童	幼儿园被责令整改
5	4 月 20 日	北京幼童遭幼师摔打	涉事幼师停课，园长停职
6	5 月 4 日	云南普洱一幼师狠扇男童耳光致其流鼻血	涉事幼师被开除
7	5 月 16 日	陕西西安两幼童被幼师用胶带封嘴	涉事幼师被开除
8	5 月 16 日	湖北武汉一幼师用纸箱折成"戒尺"体罚孩子	幼儿园被责令整改
9	6 月 2 日	吉林四平两幼师用针扎恐吓多名幼童	两涉事幼师被刑拘
10	6 月 17 日	河北保定三幼儿疑被老师用注射器扎、恐吓	涉事老师被停职
11	7 月 13 日	河北保定 4 岁男童被幼师拖拽跪地	园方表示加强教师管理
12	7 月 18 日	山东临沂多名幼童遭幼师踢打、揪拽	涉事幼师被开除
13	7 月 25 日	湖南益阳多名幼童遭幼师推拉、揪打	涉事幼师被开除
14	11 月 8 日	上海幼童遭幼师殴打、喂食芥末	涉事人员被刑拘
15	11 月 9 日	南京栖霞幼童遭幼师多次拖拽、推搡	涉事幼师被停职
16	11 月 14 日	北京幼儿遭针扎、殴打	涉事老师接受调查
17	11 月 14 日	山东济南一幼师用枕头、被子捂住幼儿	园方向家长致歉
18	11 月 17 日	湖南益阳保洁员用胶带封幼儿嘴	涉事保洁员被辞退
19	11 月 17 日	湖北武汉一幼儿园幼师推搡、掌掴幼儿	涉事幼师被开除
20	11 月 19 日	湖北武汉一幼儿园幼师脚踢、推搡幼儿	涉事幼师被开除
21	11 月 20 日	重庆一幼儿园幼师教唆幼童互扇耳光	涉事幼师接受调查
22	11 月 22 日	北京多名幼儿遭遇老师扎针、喂药	涉事老师被刑拘
23	11 月 22 日	江苏镇江幼童遭幼师多次推搡、拍打	园方致歉家长

23 起虐童事件发生的地域分布如图 4.1 所示。

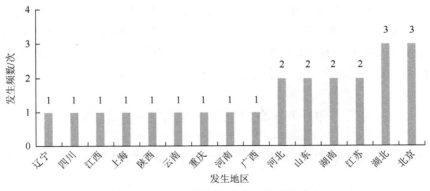

图 4.1　2017 年幼儿园虐童事件地域分布

从图 4.1 可知，幼儿园虐童事件的地域分布呈弥漫性。在 2017 年媒体曝光的 23 起幼儿园虐童事件中，共涉及省（自治区、直辖市）15 个，北京 3 起，湖北 3 起，河北、山东、江苏、湖南各 2 起，河南、辽宁、上海、江西、云南、四川、重庆、广西、陕西各 1 起。虐童事件不仅发生在不发达省（自治区、直辖市），北京、上海等发达省（自治区、直辖市）也时有发生。可见，地区经济发展水平与虐童事件发生并无直接关系。

2. 主要表现为幼师殴打幼儿

2017 年发生的 23 起幼儿园虐待儿童事件中，通过统计分析得出，常见虐待方式有体罚殴打、持械伤害、食物虐待、言语虐待、性骚扰等。体罚殴打是幼师虐童事件的主要方式，暴力殴打虐待往往与恐吓、语言暴力和隐性伤害混合出现，给幼童的身心都造成极大的伤害，如图 4.2 所示。

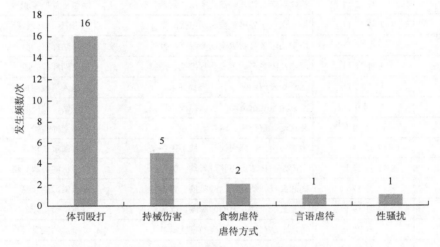

图 4.2　常见虐待方式的条形分布
因部分虐童事件存在多种虐待方式组合的情况，虐待方式总数与虐童事件总数不一致

儿童心理咨询专家认为，施虐行为至少存在三大伤害：首先，孩子的成长过程是一个社会化的学习过程，孩子往往认为"别人怎么对我，我就怎么对别人"，这是一种学习和模仿，他慢慢也会形成"别人痛苦我就开心，以虐待别人为乐"的畸形心理；其次，虐待儿童是对健康人格的破坏，导致孩子不自信；最后，对孩子情绪产生负面影响，当他们的负面情绪被累积起来，就会逐渐形成冷漠自私的性格，以后也很难表现出积极的社会交往。此外，对孩子的生理也必将产生影响[①]。

4.2　2017 年幼儿园虐童事件典型案例

幼儿园是学龄前儿童启蒙教育的场所，是帮助孩童健康快乐成长的地方。然而屡屡曝

---

① 观点由华东交通大学心理咨询中心主任舒曼在中新网《校园虐童暴力案件频发显性伤害或影响孩子一生》一文中提出。

出的幼儿园虐童事件刺痛着社会公众的神经。本节从 2017 年发生的虐童事件中选取其中两起影响较大的事件作为典型案例。通过环境、事件、管理三个维度，即从案例背景、案例过程、管理过程进行还原，多角度进行舆情分析，以揭示其社会影响。

4.2.1　案例一：HHL 幼儿园虐童事件①

1. 案例背景

经济和社会高速腾飞的今天，幼儿教育成为人民日益增长的需求，导致幼儿教育市场规模激增。机构数量的急剧增加也容易造成幼儿教育机构市场出现良莠不齐、鱼龙混杂的局面。

HHL 教育是为 0～6 岁婴幼儿提供专业幼儿教育服务的知名幼教品牌，成立于 1998 年，专注在学龄前幼儿及儿童的早期教育，拥有 HHL 亲子园、HHL 幼儿园、ZD 育儿三个教育品牌。截至 2017 年 6 月 30 日，HHL 集团在中国 307 个城市和地区布局，加盟幼儿园 175 家，直营幼儿园 80 家，亲子园 1000 多家，入学人次达 20 463 人。HHL 集团 9 月在美国纽约证券交易所挂牌上市，成为中国首家独立上市的学前教育企业。但在其招股书中列举内容多达 35 页的风险提示，如经营利润下滑、市场份额损失、合格老师离职、高管出走创业、资本支出增加、课程内容跟不上新时代需求、学生在校受到人身伤害、影响品牌的恶性事件发生、大规模疾病流行、校舍无法续租等。

2015 年 11 月底，吉林四平 HHL 幼儿园虐童案曾轰动一时。在四平 HHL 幼儿园就读的多名幼儿身上发现大量疑似被针扎的伤痕，这些家长先后报案，后来涉案的 4 名教师被刑拘。2016 年 10 月 24 日，四平市铁西区人民法院做出一审判决，4 名被告人分别被判处有期徒刑两年六个月和两年十个月，4 名被告人当庭表示上诉。此后二审中，法院所认定的事实与原审判决认定的事实一致，即 4 名上诉人多次实施了虐待被监护幼儿情节恶劣的犯罪行为，裁定驳回上诉，维持原判。HHL 幼儿园总部在事发当天发布声明称，在获悉事件后，立刻将涉事教师以及该园园长停职，幼儿园的管理由总部派出的管理团队接手。事发半年时间，HHL 又以一起骇人听闻的教师虐童事件闯入大众视野。

2. 案例过程

2017 年 11 月 22 日晚，10 余名幼儿家长反映北京朝阳区管庄 HHL 幼儿园（新天地分园）国际小二班的幼儿遭教师扎针、喂服不明白色片剂，并提供幼儿腿部、屁股、腋下等部位针眼的证据照片。事件一经曝光，HHL 幼儿园被各家媒体、网民、社会组织、境外群体轮番舆论"讨伐"。随后，多名 HHL 幼儿园（新天地分园）孩子家长向朝阳区管庄派出所报案。朝阳区教育委员会工作人员获知此事后成立工作组进驻幼儿园调查。11 月 23 日上午，数十名家长欲了解情况并要求见园长和查看园区监控视频，均被拒于门外。同日下午，警方调走教室内监控视频，事发班级三位涉事教师暂时停职并改由其他教师接替。11 月 26 日警方就该幼儿园幼儿疑似遭针扎、被喂药一事进

---

① 根据人民网、中国青年网、中国日报、央视新闻网等新闻报道整理。

行了通报，将涉嫌虐童的幼儿园教师刘某刑拘。同时通报指出该幼儿园所涉班级的监控视频存储硬盘已有损坏，已恢复约 113 小时视频，这些视频中没有对儿童实施侵害的证据。11 月 28 日晚，北京市公安局朝阳分局通报 HHL 新天地幼儿园事件调查结果，幼儿园教师刘某因部分儿童不按时睡觉，用缝衣针扎的方式进行"管教"。11 月 29 日 HHL 教育机构针对此次虐童事件发布道歉信。12 月 29 日，北京市朝阳区人民检察院经依法审查，对北京朝阳区 HHL 幼儿园（新天地分园）教师刘某以涉嫌虐待被看护人罪批准逮捕。

3. 管理过程

HHL 幼儿园虐童事件催生北京幼教管理的全面升级。事件发生后，朝阳区政府第一时间约谈 HHL 幼儿园（新天地分园）负责人，责其立即免除园长职务，并依法严肃追究幼儿园相关人员的责任。要求园方真诚与家长沟通，切实做好幼儿家长安抚工作，全力配合家长保护好幼儿身心健康，发现问题迅速妥善处理。朝阳区政府就此次事件组织成立专项督导组进驻幼儿园，督促园方全面排查幼儿园的安全隐患，对教育教学管理和师德师风建设情况进行调查，严明整改要求，以确保幼儿园在读儿童的安全。

与此同时，北京市教育委员会要求涉事区、幼儿园配合司法机关对相关人员做出处理并立即整改，并下发《关于进一步加强各类幼儿园管理的通知》，要求各区责成举办者依法履行办园责任，进一步明确园长的管理责任。此外，针对社会广泛关注的幼师资质问题，北京市教育委员会还要求各类幼儿园加大全员培训力度。一方面要引导广大教师讲情怀、讲操守；另一方面也要及时疏导教师身心压力，为幼儿园有序、平稳、正常运行提供保障。北京市教育委员会还要求各区要严格师资管理，对幼师准入资质加大审查力度，强化师德师风建设。

2017 年 12 月 1 日，最高检下发通知，要求全国各级检察机关依法惩治侵害幼儿园儿童犯罪全面维护儿童权益。2018 年 1 月 24 日，北京市人民政府在北京市第十五届人民代表大会第一次会议上，对未来北京学前教育的发展提出："加强学前教育管理，强化办园者主体责任，落实政府部门监管职责，实施幼儿园责任督学挂牌督导，引导家长参与管理，让孩子安全、家长放心。"

4.2.2　案例二：XC 亲子园虐童事件[①]

1. 案例背景

社会的迅猛发展带来了生活节奏的加快，如何更好地兼顾家庭工作和幼儿教育成为很多职工头疼的问题。尤其是二孩政策开放之后，幼儿教育压力成倍增加。在大城市，"三点半难题"成了老大难的困扰。孩子下午三点半放学，家长五六点钟下班，之间尴尬的时间差，让家长疲于奔命。在需求和消费能力双升级的大背景下，幼教机构联合民间资本，将早教托儿所以亲子园等形式拓展进社区、商业中心、企业内部等。故为解决职工"鱼与

---

① 根据人民网、中国青年网、中国日报、央视新闻网等新闻报道整理。

熊掌不可兼得"的问题,让员工更好地全身心投入工作中,许多企业在企业内部建立亲子园作为员工福利。

XC 是最早实施父母与幼儿"同上下班"的企业之一。2015 年底,XC 为了解决员工 1 岁半至 3 岁半子女在上幼儿园之前家中无人带教的问题,打造了日常托管服务项目——XC 亲子园。2016 年 2 月 18 日,在当地妇女联合会牵头下,XC 与其主管的下属单位共同打造的亲子园正式开业。

XC 亲子园是委托第三方机构运营管理的项目。该项目于 2017 年 6 月 1 日通过验收,但是迄今仍未在所在地的教育委员会审批备案。与其他营利性早教机构不同,企业内部亲子园大多为普惠型机构。

2. 案例过程

2017 年 11 月初,XC 亲子园两段教师打孩子视频在网上流传。第一段视频显示幼儿园一女教师殴打孩子,教师在帮儿童换衣服时,突然将其背包拿下甩开后将其推倒。第二段视频是一女教师给一个离开座位的孩子嘴里塞东西后,孩子哭了,女教师依然强行给其他儿童喂下不明食物,导致其哭泣,后证实为芥末。事件曝光后 XC 官方回应网传视频属实,称涉事亲子园为委托第三方管理,XC 已开除涉事人员,并于 11 月 7 日报警。随后 XC 召开道歉会,涉事教师现场下跪认错。11 月 8 日,当地教育局回应,该托儿所未在教育行政部门备案,不属于正规教育机构,交由当地妇女联合会指导工作。11 月 9 日,当地妇女联合会通过官方微博对这起恶劣事件表示强烈谴责,并公布事件处理情况:开除园长在内的四名相关人员;园方积极与家长沟通、道歉;从 11 月 9 日起亲子园停业整顿。当地警方针对事件做出回应,以涉嫌虐待被监护、看护人罪对 XC 亲子园的三名工作人员依法予以刑事拘留。11 月 13 日警方以涉嫌虐待被监护、看护人罪,对 XC 亲子园实际负责人郑某依法予以刑事拘留。11 月 15 日,当地妇女儿童工作委员会根据 XC 亲子园虐童事件的调查情况,认定其为一起严重伤害儿童的恶劣事件,当地妇女联合会对下属单位监管不力,负有监督失察、管理不力的责任。11 月 16 日晚,XC 首席执行官做最终通报,两位人力资源部副总裁被免职。12 月 13 日,当地人民检察院依法对 XC 亲子园工作人员郑某、吴某、周某某、唐某、沈某某以涉嫌虐待被看护人罪批准逮捕。

3. 管理过程

XC 亲子园虐童事件社会影响十分恶劣。园方在事件发生后进行以下处理情况:一是跟当事人和相关人员核实事件后,开除了包括园长在内的相关人员;二是积极与幼儿家长沟通致歉;三是加强园方管理,涉事亲子园停业整顿,同时加强所有在园工作人员师德教育和安全意识教育,并表示会引以为戒,杜绝此类事件再次发生。

在政府方面,当地妇女儿童工作委员会表示,对涉事企业及有关责任人要依法查处。当地妇女联合会在承担责任、妥善处置事件的同时,也进行了深刻反思,积极整改。当地教育、民政和卫生计生等部门跨前一步,联合研究制定与托幼服务机构相关的规范、标准,提出要尽快出台管理办法,加强监管。

4.3　虐童事件的致因分析

4.3.1　政府层面

1. 幼儿安全相关法律法规不健全

首先，虐童事件的刑事责任难以界定和追究。我国现行的《中华人民共和国刑法》中无专门针对虐童的相关条款，致使发生虐童行为时，虐童者的刑事责任追究困难，犯罪成本较低。同时，在已有的虐待罪条款中，针对共同生活的家庭成员的虐待行为做了阐述，但对非家庭成员对儿童虐待的情形并未提及，也就是说，在对儿童造成同样虐待后果的非家庭成员的刑事责任在现有的刑法规范下无法追究。这也使得幼师虐童行为的刑事责任追究起来比较困难。2014 年 10 月，《草案》新增了将施虐主体范围扩大到未成年人、老年人等负有监护和看护责任的人，如虐待被监护、看护的人，情节恶劣的追究刑事责任，但并未对情节恶劣做进一步的阐释。同时，《中华人民共和国刑法》将故意伤害罪的标准定在危害结果达到轻伤以上，当前我国所存在的大量幼师辱骂儿童，对其造成严重心理伤害的事件无法定义为故意伤害罪，行为人刑事责任无法得到合理判断与追究。

其次，法律法规的可操作性较弱。目前我国规制教师行为、保护少年儿童权益的重要法律主要有两部，一是《中华人民共和国教师法》（1993 年），二是《中华人民共和国未成年人保护法》（2006 年）。这两部法律均对虐待儿童做出了规定，但由于规定的可操作性较差，仍难以有效保护儿童免遭虐待。《中华人民共和国教师法》第 37 条规定，体罚学生，经教育不改的；品行不良，侮辱学生，影响恶劣的，由所在学校、其他教育机构或者教育行政部门给予行政处分或者解聘。但对体罚的形式、程度并未做相关规定。同样，《中华人民共和国未成年人保护法》第 63 条规定，学校、幼儿园、托儿所侵害未成年人合法权益的，由教育行政部门或者其他有关部门责令改正；情节严重的，对直接负责的主管人员和其他直接责任人员依法给予处分。学校、幼儿园、托儿所教职员工对未成年人实施体罚、变相体罚或者其他侮辱人格行为的，由其所在单位或者上级机关责令改正；情节严重的，依法给予处分。关于未成年人实施体罚、变相体罚或者其他侮辱人格的条文也没有进行具体的阐释。上述两部属于规制教师行为、保护未成年人的重要法律，尽管实施多年，但由于缺乏可操作性的具体规定，仍难以有效保护儿童免遭虐待。法律规定过于宽泛，导致教师守法与非法行为的界限模糊化，一些经常体罚、侮辱学生的老师被冠以“严师”称号。

法律不能从根本上解决虐童等违法犯罪问题，但它作为规制人们行为的最后手段却是不可缺少的。我国相关法律法规的界限模糊使得虐童事件违法成本低下，幼师虐童事件频发。这要求我国进一步明确虐童相关法律条款，增强其可操作性，否则，法律就难以起到应有的惩戒、教育作用，甚至会产生负面影响。

2. 教育资源分配不均

从园所数量来看，2017 年 10 月 27 日国家统计局发布的《中国儿童发展纲要（2011～

2020 年)》统计监测报告显示，2016 年，全国共有学前教育学校 24 万所，其中，公办幼儿园中城市有 1.74 万所，农村有 6.82 万所，合计占学前教育学校总量的 35.67%。无论是办园数量，还是在校幼儿人数，民办幼儿园占比都超过半数。

从教师人数来看，教育部对教师、保育员和学生的比例有一个基本要求，大体上教师是 1∶15，保育员是 1∶30，每个班有两个教师、一个保育员[1]。在国家统计局国家数据中查到，我国 2017 年学前教育专任教师为 2 232 067 人，学前教育在校学生为 44 138 630 人[2]，即目前我国学前教育师生比率约为 1∶20，与教育部要求相差较大。

从资源分配来看，政府往往倾向于给原本已经很优质的公办幼儿园增添更多硬件设施。民办幼儿园正面临着生存困境，目前大部分民办园都是规模较小的地方性运营商。只有少部分民办学前教育机构符合高品质标准，形成自有品牌并以分校或加盟的形式进行扩张。大量民办幼儿园，由于缺乏来自教育财政的资金支持，为压缩办学成本，缩减幼教薪酬，缩小幼教规模等，部分幼师工作量与薪资水平不相匹配，一边承受着繁重的工作量，一边领着较低工资。同时，民办幼儿园教师整体素养不高，"黑幼儿园"的出现也是虐童事件发生的原因之一。

3. 相关部门监管不力

学前教育事业的健康发展有赖于国家相关管理制度的完善和各级各类部门的监督管理，尤其是对于正处于蓬勃发展时期的民办幼教机构，更需要政府部门的正确引导，以促进其正规化发展。典型案例一中的 HHL 幼儿园曾多次曝出该机构市场份额损失、合格老师离职、高管出走创业、资本支出增加、课程内容跟不上新时代需求、学生在校受到人身伤害、影响品牌的恶性事件发生、大规模疾病流行、校舍无法续租等负面信息，然而相关部门没有引起重视，疏于监管，导致恶性事件频频发生。典型案例二中的 XC 亲子园也存在资质审查问题，却依然运营，监管不到位给虐童事件提供了发展空间。

4.3.2　学校层面

1. 对国家政策规定落实不到位

自 20 世纪 80 年代以来，国家为保证学前教育质量，相继出台多项法律法规来规范幼儿教育行业（表 4.3）。据不完全统计，目前我国约有 16 部关于学前教育的制度法规，对幼儿园的办学条件、日常管理、幼师资格等硬件均做了详细规定。例如，在 2006 年 6 月 30 日，教育部发布的《中小学幼儿园安全管理办法》就校园安全做了明确规定，学校应构建学校安全工作保障体系，对事故责任要严厉追责，健全学校安全预警机制，保障校园安全；又如，在 2001 年 7 月 2 日，教育部发布的《幼儿园教育指导纲要（试行）》

---

① 央广网. 2018-03-16. 教育部部长陈宝生：学前教育师资匮乏不容忽视[EB/OL]. https://baijiahao.baidu.com/s?id=159509 2463953800641&wfr=spider&for=pc.

② 国家统计局. 国家数据[EB/OL]. http://data.stats.gov.cn/easyquery.htm?cn=C01.

提出，幼儿园的教育内容要全面，从不同角度促进幼儿情感、能力等方面的发展，要建立良好的师生、同伴关系，让幼儿在集体生活中感到温暖，心情愉快，形成安全感、信赖感。而部分幼儿园没有认真贯彻执行各项规定，对执行细则落实不到位，完全忽略指导纲要的目标和要求，直接导致办学质量不过关，教学质量不达标等恶劣后果，最终让"虐童"之手乘虚而入。

表 4.3　我国幼儿园相关法律法规

编号	法律法规	施行时间
1	《全日制、寄宿制幼儿园编制标准（试行）》（劳人编[1987]32 号）	1987 年 3 月 9 日
2	《幼儿园管理条例》（国家教育委员会令第四号）	1990 年 2 月 1 日
3	《教师资格条例》实施办法（教育部令第 10 号）	2000 年 9 月 23 日
4	《幼儿园教育指导纲要（试行）》	2001 年 9 月 1 日
5	《学生伤害事故处理办法》（教育部令第 12 号）	2002 年 9 月 1 日
6	《关于幼儿教育改革与发展指导意见》（国办发〔2003〕13 号）	2003 年 1 月 27 日
7	《中小学幼儿园安全管理办法》	2006 年 9 月 1 日
8	《中华人民共和国未成年人保护法》（中华人民共和国主席令第六十号）	2007 年 6 月 1 日
9	《全国家庭教育指导大纲》（妇字〔2010〕6 号）	2010 年 2 月 8 日
10	《国家中长期教育改革和发展规划纲要（2010—2020 年）》	2010 年 6 月 6 日
11	《托儿所、幼儿园卫生保健管理办法》（卫生部　教育部令第 76 号）	2010 年 11 月 1 日
12	《国务院关于当前发展学前教育的若干意见》（国发〔2010〕41 号）	2010 年 11 月 21 日
13	《幼儿教师专业标准（试行）》（教师〔2012〕1 号）	2012 年 1 月 1 日
14	《3～6 岁儿童学习与发展指南》	2012 年 10 月 9 日
15	《幼儿园工作规程》（中华人民共和国教育部令第 39 号）	2016 年 3 月 1 日
16	《中华人民共和国教育法》（中华人民共和国主席令第三十九号）	2016 年 6 月 1 日

2. 幼师招聘环节未严格把关

在智联招聘、前程无忧等各大主流求职招聘网上随机搜索"幼师"一职，学历要求一栏以"大专"和"高中以下"居多。由此可见，有相当比例的幼儿园没有严格推行幼教资格证书制度，聘请教师的时候没有严把教师的准入关，将不符合国家规定条件的教师纳入幼儿师资队伍，以至于出现无幼儿园教师资格证的老师进入幼儿园执教的现象，甚至有些地方的幼儿教师并非是学前教育专业，而是由其他专业或其他学段的教师转岗而来且未经过相关专业培训。这就导致了幼儿教师水平参差不齐，其职业素养和师德理念有待考量。

3. 幼师上岗培训制度不健全

我国尚未建立和实行幼师业务培训制度，致使幼师水平普遍偏低。一些幼儿教育机构在招聘幼儿园教师时，未认真审核应聘者的学历、所学专业以及个人的教育理念，只看重个人外在表现，忽视内在品德。还有的幼儿园因师资短缺，急需招聘教师，未对新入职的教师进行专门的培训就匆匆入职上岗。新任教师面对工作的压力，加之不懂幼儿的心理特点、教育方法，园方管理乏力等因素，最终致使不合格的社会人员进入幼儿师资队伍里，也为虐童行为埋下安全隐患。

4. 幼师综合考核制度不完善

在国内，缺乏综合考核制度已成为幼师行业的普遍现象。部分幼儿园没有定期开展幼师专业能力、心理素质、情绪控制等综合素质的考核，对存在的威胁幼儿安全问题无法及时发现。现代生活节奏快，生活压力也较之以往有增无减，部分幼师身体心理处于亚健康状态。幼儿园缺乏对幼师的心理健康进行定期测评，导致部分有心理亚健康的幼师未被及时发现和进行相应疏解，给虐童行为留下安全隐患。在事件统计过程中发现，幼师常常对哭闹的儿童无法进行合理劝导，取而代之的是以管教的名义对幼儿施虐。

5. 家长投诉渠道不畅通

幼儿园属于教育服务机构，一个成熟的服务机构，理应包含消费者的投诉渠道。但现实中，园方因缺乏专门负责幼儿家长投诉的制度，以至家长投诉无门的情况比比皆是，如案例一中，事发后幼儿园家长尝试与园方沟通，却被保安拦在校门外。沟通渠道的欠缺，导致幼儿家长与幼师之间出现沟通障碍。

4.3.3　社会层面

1. 资本逐利的负面影响

全面二孩政策的放开，让幼教行业迎来政策和人口红利，成为投资机构眼里的商机。当资本快速进入，形成巨大的幼教产业集群，其消极后果之一就是我们已经看到的虐童事件频发。在市场经济下，幼儿教育特别是民办幼儿教育有市场化倾向，而行业规范与资本参与的急剧增长不相匹配，导致虐童事件屡次发生。

2. 落后的教育理念

根深蒂固的传统教育理念也让虐童事件和管教界限模糊，也给部分缺乏儿童安全观的幼师为体罚找到借口，不少公众仍旧将"棍棒教育"和"一日为师，终身为父"当作为人处事的准则，并不认为体罚等手段是犯罪，而是将其看作合理的教育手段。在我国，部分成人没有把儿童作为独立的权利主体，而是将孩子视为家长的私有物，既然家长可以随意打骂孩子，那教师教育不听话的学生成为名正言顺、理所当然的事情。虽然这种情况目前有所好转，我国法律也对家长和教师打骂孩子、学生的行为做出了禁止性规定，但落后的教育观念在家长和教师的潜意识里仍存在。这种落后的教育理念阻碍了儿童保护法的建立，也是虐童事件频频发生的重要原因。

4.4　幼儿安全风险防控

尽管虐童事件在我们国家是极小概率事件，但每件虐童事件的曝光都引起很大反响。高度的社会关注和舆论导向以及多方利益相关者的参与，使得虐童事件极易演化为公共安全事件。因此，做好幼儿安全的风险防控，势在必行。

4.4.1　健全相关法律法规

针对近年来发生的一系列虐童案件，社会对"幼儿安全保护法"呼声越来越高，不少专家呼吁增设"虐待儿童罪"，打击此类犯罪。

幼儿是一个脆弱的群体，儿童期的受虐经历，对其往后的成长都会产生不利影响。除了身体伤害外，长期的言语刺激、忽视其需求和不正确的引导等，也都将给儿童幼小脆弱的心灵留下不可磨灭的阴影，造成儿童心理健康问题，甚至造成酗酒、药品依赖等行为问题。而且，儿童始终处于社会的弱势地位，无法基于自身获得有效的保护，更容易成为潜在的受害者，这些因素使得虐待儿童案件比一般案件具有更严重的危害性。因此，对虐童行为的预防和惩罚应得到更大范围的关注。我国在保护儿童合法权益的法律制度建设方面一直在不懈努力。2017 年 3 月通过的《中华人民共和国民法总则》中，明确规定不履行监护职责或者侵害被监护人合法权益的，应当承担法律责任，同时规定如果监护人实施严重损害被监护人身心健康或者有怠于履行监护职责等情形的，撤销其监护人资格。但是，这些法律规定散见于法律之中，缺乏全面系统的立法规定，执行起来也存在一定困难。此外，法律法规对事后惩处打击较多，规定健全防控机制较少，立法还有所欠缺。

针对以上法律法规层面的欠缺，其他国家已有的立法经验值得借鉴（表 4.4）。英国在《1933 年儿童及未成年人法》中明确规定了虐待不满 16 周岁的未成年人的情形，为明确事项，还对此法做了详细说明，如父母、其他负有抚养未成年人责任的人或者儿童、未成年人的法定监护人，若未给儿童、未成年人提供足够的食物、衣物、医护或者住宿条件的，或者无能力提供足够的食物、衣物、药品或者住宿条件且未采取措施以提供前述条件的，可被认定为以引起对儿童、未成年人健康损害的方式忽视儿童、未成年人。德国在《德国刑法典》中也规定了各种针对未成年人的犯罪类型。同时通过列举的方式说明了行为人和受害人的关系，主要包括：①处于行为人的照料或者保护之下；②属于行为人的家庭成员；③被照料义务人将照料义务转让给行为人；④在职务或者工作关系的范围内之从属。《德国刑法典》从侵害的不同类型性法益出发，根据针对不同后果的犯罪行为，规定了对于儿童伤害的特殊条款。在各种犯罪类型中不仅突出对未成年人的伤害类型，同时强调了伤害罪主体覆盖了所有处于职务工作关系的范围内的行为人。并且，对幼儿的伤害程度也无设最低限度，只要行为主体对幼儿粗暴对待、折磨及忽视照顾，加上身份关系的特殊性，均构成相应的罪行。

表 4.4　其他国家的立法经验

国家	法律法规	内容
英国	《1933 年儿童及未成年人法》	已满 16 周岁且对儿童或者不满 16 周岁的未成年人负有责任者，故意以可能造成其不必要的痛苦和身体伤害（包括听力、视力、手臂等身体器官和心智功能的损害或者丧失）的方式殴击、虐待、忽视、抛弃或弃置未成年人，或者引起、促进该未成年人被殴击、虐待、忽视、抛弃或弃置，构成轻罪，其处罚如下：①经公诉程序判罪者，处罚金，或者单处或并处不超过 10 年的监禁；②经简易程序判罪者，处不超过规定数额的罚金，或者单处或并处不超过 6 个月的监禁
德国	《德国刑法典》	严重违背对未满 16 岁之人所负监护和教养义务，致使受监护人身心发育受到重大损害，或致使受监护人进行犯罪或卖淫的，处 3 年以下自由刑或金钱刑[1]。 行为人对被委托其教育、培训或者在生活管理上进行照顾的，16 岁以下的人和对被委托其教育、培训或者在生活管理上进行照顾的，或者在职务或者工作关系的范围内从属于他的 18 岁以下的人，乱用与教育、培训、照顾、职务或者工作关系相联系的依附性实施性行为或者让受保护者与自己性交的，处 5 年以下的自由刑或者金钱刑[2]。 行为人对 18 岁以下的人或者因为衰弱或者疾病而无自卫能力的人进行折磨或者粗暴的虐待，或者行为人通过恶意忽视照顾这些人的义务而损害他们的健康，处 6 个月以上、10 年以下的自由刑[3]
日本	《刑法典》	实施暴行而未至伤害他人的，处 2 年以下惩役、30 万元以下罚金或者拘留[4]

　　部分国家对于未达到伤害的殴打、虐待儿童的行为做了专门规定，如日本、意大利、瑞士等国家都将其规定为"暴行罪"作为独立的犯罪。因此，对虐待儿童罪作为新设罪名将其置入我国刑法侵犯人身权利、民主权利罪这一章，通过法律的威慑力，防止幼师虐童，这将为幼儿安全提供强有力的保障。

4.4.2　加强政府行政监督

　　幼儿园安全事故频发引起社会高度关注，尤其是 2017 年下半年，相继发生的 XC 亲子园虐童事件和 HHL 幼儿园虐童事件引发社会强烈关注以及全社会的讨论。纵观近年来发生的幼儿园安全事故，暴力虐童、针刺、喂食违规药品等事件，与幼儿教师素质密切相关。幼儿园安装全方位的监控系统，能够为保护幼儿安全提供有力的监管保障，但现实也存在一些问题。第一，目前我国幼儿园的安全监控尚未达到全覆盖，一定比例的幼儿园未安装视频监控设备。第二，部分设备无法实时监控。陕西省西安市政协委员李利安做的一项关于幼儿园安全监控的初步调查显示，家长可以实时监控幼儿园的不到 1/10。第三，不能全面监控和安装幼儿园监控设备。大多数监测设备有盲区，盲区是儿童安全监管的不确定区域。第四，家长要求查看监控录像的程序相对复杂。第五，监控设备运行不能保证，一些视频监控设备损坏未能及时维修[5]。全面实施安全监控是一个现代化幼儿园所必备的，可以在保护儿童安全的同时，搭建一个家校互动平台，对幼儿安全教育有着积极意义。

---

① 《德国刑法典》第 171 条规定。
② 《德国刑法典》第 174 条规定。
③ 《德国刑法典》第 225 条规定。
④ 日本《刑法典》第 208 条规定。
⑤ 华商报. 2018-02-06. 政府应逐步为幼儿园安装全方位实时监控系统[EB/OL]. http://www.sohu.com/a/221140092_351301.

建立幼儿保护体系，不仅应制定相关的法律制度，而且还需要大量非政府组织的积极参与和支持，有效整合社会力量。需要特别提及的是，我国香港地区，虐童防治工作主要由社会组织承担，从服务数量来看，社会组织（社会福利机构）大约提供全港 4/5 的社会福利服务，而剩余的 1/5 才由政府（香港社会福利署）提供；政府与社会组织除了是协同关系外，还是一种商业伙伴关系。政府通过招标方式，择优雇佣社会组织进行项目实施。社会组织以企业模式经营，并要求来自其他同类组织的竞争[①]。目前，我国内地尚未就虐童问题开展系统的研究统计。与拥有成熟保护体系的国家和地区相比，我国内地对虐童防治问题重视力度有待提高，而且我国内地对儿童的福利服务多集中在助学帮困方面。虽然我国内地的儿童福利与服务相关机构不少，在国务院各部委有相应的儿童工作部，如民政部中国儿童福利和收养中心、卫生部妇幼健康服务司，还有中华全国青年联合会和中国共青团少年部，妇联也设有儿童工作部，但直到 2010 年，中国儿童福利信息系统才建立起来，以至于在研究虐童问题时无法找到确切、严谨的统计资料和数据，而只能借助于报纸杂志和网络上披露的个别案例和一些小型的调查数据。在这方面外国有比较成熟的经验与实践。

世界不少国家都规定了虐童举报制度，如美国防止虐童的相关法律中，最有特点的一条是"强制报告制度"。报告人员的范围在不断扩大，由最初的医生发现孩子身体受到伤害时进行举报，扩大到一些与儿童有密切接触的专业人员，如幼教、中小学老师、警察、机构保姆、一些照顾孩子的特殊社会服务机构人员等；举报的内容不断细化，大多数州要求"有理由相信"或"有理由怀疑"一个儿童受到了虐待或忽视时也要举报，其中还规定，对儿童有责任的人或组织面对虐待和忽视时要举报，对于知情不报者，法律也规定了相应的惩罚。日本的《虐待儿童防止法》规定"认为有虐待的必须举报"[②]。

破除根深蒂固的虐童亚文化，依托社会媒体的优势，通过公益广告、影视作品等多种形式，宣传科学、健康、先进的教育理念。教育适应一定的社会需要而存在（高山，2016），大力倡导平等、权力、义务的观念，使全社会都能充分认识到虐童行为的违法性和虐童后果的严重性。

4.4.3　提升幼师素质培养

近年来，虐童事件反复发生，事实提醒我们，虐童事件与区域经济发展水平、幼儿园费用等无直接线性关系。对于家长来说，找到一个专业素养高、关爱学生的教师，比任何豪华的硬件都重要。理论上讲，我国的幼儿教师应当在两年或四年制的幼儿师范学校中接受教育，初中毕业后在幼儿师范学校学习四年或高中毕业后在幼儿师范学校学习两年，然后担任幼儿教师。幼儿教师的师资则在高等师范院校培养。然而，现实中大部分幼儿园工作的幼师并没有严格遵循这样的途径。因此，我们可以参考其他国家的做法，拓宽幼师培养渠道，提高幼教行业进入门槛，为优秀师资提供保障。

---

① 新京报. 2012-12-04. "虐童"事件：国外是怎样预防的[EB/OL]. http://epaper.bjnews.com.cn/html/2012-11/03/content_386321.htm? div=-1.

② 中国网. 2017-11-24. 幼儿园"虐童"时间再发 各国保护儿童有何经验[EB/OL]. http://www.china.com.cn/news/world/2017-11/24/content_41938527.htm.

　　在美国幼儿教育师资并非在专门的师范院校中培养，而是像所有其他职业的人一样先在普通院校取得学历证书，然后再正式从事某种职业，如幼儿教育工作之前适当接受一些专门的幼儿教育训练，并取得职业合格证书。以美国蒙台梭利学院幼师培训为例，如图 4.3 所示。

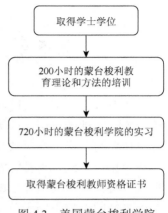

图 4.3　美国蒙台梭利学院
幼师培训流程图

　　通过美国蒙台梭利学院幼师培训流程可知，美国幼师取得学士学位之后，在专门的幼儿教育培训机构进行一定累积学时的理论和方法培训，并在实习通过后方能取得相应的教师资格证书。在英国，保育学校和保育班的教师大多数毕业于三年制的教育学院。大学本科层次及以上毕业的幼儿教师，主要进入较高质量的幼儿教育机构任教。在俄罗斯，幼儿教师是由专门的幼儿师范学校培养的，幼儿师范学校实际上是相当于高中阶段的一种专门的职业技术学校，学员毕业后一般到幼儿园任教师。

　　由此，我们可以借鉴，在未接受职前培训的一些幼儿教育机构的工作人员，可以利用在职进修的方式，获得关于幼儿教育方面的专业技能和资格证书，已经在岗的幼儿教师也需要利用在职进修的方式不断充实自己，使自己能够适应与符合日益更新的社会需要。此外，幼儿园要积极倡导尊重、互助、合作、和谐的校园文化，营造关怀、扶弱、正义的校园风气。建立健全学校心理健康教育体系和心理健康辅导机制，配备保健和心理专业教师，对在园工作人员定期做心理测评和疏导。

4.4.4　巩固家校协作关系

　　家校协作机制为风险应对路径提供了思路。肢体暴力、幼师的态度和情绪等冷暴力，对孩子心灵造成的伤害无法估计。首先，就需要家长能够留心观察孩子身上出现的不明伤痕，性情变化、行为异常等现象。其次，父母也要对孩子加强安全教育，在日常生活中教会他们如何保护自己，当遇到伤害时要及时告诉父母。父母要与孩子的朋友做朋友，与孩子同学的家长做朋友，这样有利于了解孩子的在校情况。最后，家长与校方间要建立良好信任与互动关系。幼儿园可以通过建立"家校畅通工程"或"家校会事务管理中心"等形式，让更多家长通过这些组织直接参与学校管理，将学校全面置于公众监督之下，形成开放性办学，也可以通过微信、QQ 等通信平台，建立家长微信群、家长 QQ 群等，构建即时沟通平台。还可以建立家访制度，通过电话、微信、短信、书信、上门等多种形式，结合对学生进行家访，畅通家校沟通渠道，巩固家校联系桥梁，完善家校协作机制。

　　如何切实地避免在校幼儿受到伤害，这是一个社会治理难题，仅仅靠政府的单一监管很难有效杜绝此类事件发生，只有充分开放社会资源，引入社会协作，充分发挥家长在幼儿园建设中的监督和协助作用，政府、社会、家庭共同参与，多元主体形成合力，才能从根本上改善这一问题。

第5章　校园暴力事件及其预防与处置

本章以新华网、人民网等权威媒体以及教育部、各地教育行政部门等官方网站有关校园安全事件的报道，作为校园暴力事件统计数据的来源，发现 2017 年发生的校园安全事件尤为突出，不仅数量多，情节也非常恶劣。例如，幼儿园教师虐童事件、教师暴力体罚使学生致残事件、教师猥亵性侵学生事件，等等。第 1 章在归纳校园安全事件的特征时将校园欺凌与校园暴力分开统计，以突出事件行为主体的差异。但是，鉴于猥亵性侵事件的性质不同于肢体冲突，本章把学生之间的猥亵性侵事件归为校园暴力事件进行统计，并概括了 2017 年校园暴力事件的特征，从学生个体、家庭、学校和社会四个层面出发，总体分析了校园暴力事件的成因，分别从预防和处置层面提出了校园暴力的应对措施。

5.1　2017 年校园暴力事件概况

5.1.1　校园暴力的界定

1996 年第 49 届世界卫生大会首次将暴力作为严重危害健康的公共卫生问题提出，并从医学的角度将暴力定义为：蓄意地运用权力或躯体力量，对自身、他人、群体或社会进行威胁或伤害，造成或极有可能造成损伤、死亡、精神伤害、发育障碍或权利剥夺的行为。校园暴力是暴力的一种特殊类型。

国外校园暴力研究的起源大致可以分为两个流派，即"挪威起源说"与"美国起源说"。"挪威起源说"认为，校园暴力研究起源于 20 世纪 70 年代对于校园欺负的研究，校园欺负是一种较低水平的暴力行为，但却是校园暴力最主要的表现形式，其中发生在学生之间的欺负现象更为普遍，后果也更为严重。卑尔根大学的心理学教授奥尔沃思（Olweus）根据对上万名学生的调查，对学生间的暴力行为做了定义：一个学生如果反复或长期的成为一人或多人负面行为的攻击对象，这个学生即是暴力或迫害行为的受害者。这一定义普遍被欧洲和其他一些国家所接受，但它未能包含所有的校园暴力行为。"美国起源说"对校园暴力做了较为宽泛的理解。美国学者将校园暴力定义为发生在校园内的，或在学校学习期间或上学或放学的路上的暴力行为，它包括严重的暴力犯罪和不太严重的暴力行为以及非致命性行为，同时可以包括教派引起的典型性行为，基于性别或残疾或其他的与众不同的特点嘲笑、性骚扰、恃强凌弱、推搡、辱骂、人身威胁等[1]。美国预防校园暴力中心将校园暴力定义为任何破坏教育的使命、教学的气氛以及危害到校方的预防人身、财产、毒品、枪械犯罪的努力，破坏学校治安秩序的行为（戴利尔和戴宜生，2005）。

我国研究者对校园暴力的定义与国外差别较大，也尚未形成关于校园暴力的统一的定

---

① 中国教师发展基金会校园安全与教师发展专项基金. 《反校园暴力指导手册》，2015 年 10 月 13 日。

义。中国青少年犯罪研究会副秘书长、北京青少年法律援助与研究中心主任佟丽华（2014）认为：校园暴力是指发生在学校以及学校周边地区，由教师、同学和校外人员针对学生身体和精神实施的达到某种严重程度的侵害行为。校园暴力包括教师体罚、侵犯学生人格尊严、性侵害、学生暴力等行为。姚建龙（2008）从主体、地域、行为方式和危害对象的角度认为，校园暴力是指发生在中小学、幼儿园及其合理辐射地域，学生、教师或校外侵入人员故意攻击师生人身以及学校和师生财产，破坏学校教学管理秩序的行为。刘焱和李子煊（2010）在拓展主体和地域的基础上从危害程度的角度分析，认为当前我国校园暴力的概念是指发生在各类型学校校园内部及有限辐射地域，师生、其他工作人员或校外进入人员采用达到一定恶性程度的暴力方法攻击他人人身或财产、学校财产或严重破坏校园教学管理秩序的暴力现象。

在参考以上观点的基础上，本章认为：校园暴力是指发生在校园内、校园周边、学生上学或放学途中以及学校组织的校外教学活动中，由老师、学生或校外人员，蓄意滥用语言、躯体力量、器械、网络等，针对师生的生理、心理、名誉、权利、财产等实施的严重伤害行为。

近年来，校园暴力和欺凌事件引发越来越多的社会关注，而相关报道对这两者往往混为一谈，因此有必要对校园暴力和校园欺凌这两个概念做一个明确区分。关于校园暴力和校园欺凌，2016 年 11 月 1 日教育部等九部门颁发的《关于防治中小学生欺凌和暴力的指导意见》中，对积极预防处置学生欺凌和暴力事件提出了宏观性、原则性的指导意见，对于欺凌和暴力的防治措施并未进一步区分。2017 年 11 月 22 日教育部等十一部门联合印发的《加强中小学生欺凌综合治理方案》中，对学生欺凌做了明确的界定，方案指出，"中小学生欺凌是发生在校园（包括中小学校和中等职业学校）内外、学生之间，一方（个体或群体）单次或多次蓄意或恶意通过肢体、语言及网络等手段实施欺负、侮辱，造成另一方（个体或群体）身体伤害、财产损失或精神损害等的事件"。

我们认为，校园暴力和校园欺凌之间既有区别又有联系。两者的主要区别有三点：第一，在行为主体和客体上，校园暴力的行为主体和客体比校园欺凌要广泛。学生欺凌只限定于学生之间，不论行为主体还是客体均指的是学生，而校园暴力的行为主体和客体既包括学生之间，也延伸到了老师、学校管理人员、学生家长和社会人员。不仅包括老师或学校管理人员对学生的暴力、学生之间的暴力，也包括学生对老师的暴力，还有社会人员对幼儿园的暴力、家长对孩子同学的暴力。第二，在行为方式上，校园暴力比校园欺凌更广泛，如猥亵性侵、抢劫、聚众斗殴等。第三，在行为导致的后果上，校园暴力的后果一般更为严重。总体来看，校园欺凌与校园暴力并不是同一概念，但两者之间并未有严格的区分界线，严重的校园欺凌行为容易升级为校园暴力事件。

5.1.2　2017 年校园暴力事件的类型与概况

1. 2017 年校园暴力事件的类型

按照校园暴力的实施主体和行为方式的不同，并结合 2017 年校园暴力事件的具体情况和特点，我们将校园暴力事件分为以下九种类型。

　　1）幼儿园老师虐童：主要表现为幼儿园老师在看护幼儿过程中对儿童实施暴力并造成身体伤害。

　　2）老师对学生的暴力责罚：主要表现为老师对学生的暴力体罚、人格尊严侮辱。

　　3）老师猥亵性侵学生：主要表现为老师利用教师身份对学生实施猥亵性侵，对学生的身心造成严重伤害。

　　4）学生猥亵性侵学生：主要表现为学生对学生实施的猥亵性侵伤害。

　　5）学生对老师的暴力：主要表现为学生因不满老师的教育教学方式而对老师实施的身体暴力伤害。

　　6）家长对老师的暴力：主要表现为家长因老师与学生之间的冲突而入校对老师进行身体暴力伤害。

　　7）家长对孩子同学的暴力：主要表现为学生家长对孩子同学实施的身体暴力伤害。

　　8）学校管理人员对学生的暴力：主要表现为学校安保人员对学生实施的身体暴力伤害。

　　9）社会人员对幼儿园的暴力：主要表现为社会人员出于报复社会的心理而对幼儿园师生实施砍杀等一系列暴力侵害行为的伤害事件。

　　这九种类型的校园暴力事件分布如图 5.1 所示。可见，2017 年校园暴力事件类型中，主要事件类型为：幼儿园老师虐童、老师猥亵性侵学生、学生对老师的暴力这三大类，占校园暴力事件所有类型的 85.4%。

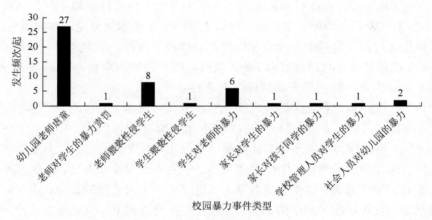

图 5.1　2017 年校园暴力事件类型分布

2. 2017 年校园暴力事件分布的基本情况

　　按照事件发生的地域不同，2017 年各地区校园暴力事件发生频次如图 5.2 所示。可见，2017 年校园暴力事件分布在 19 个省（自治区、直辖市、特别行政区），其中，湖南和广西两省分别为 5 起，北京、江西、江苏分别为 4 起，四川、山东、河南分别为 3 起。依据国家规定的中国区域划分方法，以华北、东北、华东、华中、华南、西南、西区、港澳台地区分布来看，校园暴力事件分别为 8 起、0 起、16 起、8 起、7 起、6 起、2 起、1 起。

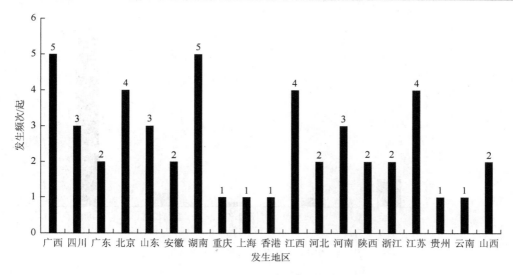

图 5.2　2017 年各地区校园暴力事件发生频次

　　按照事件发生场所的不同，2017 年校园暴力事件分布如图 5.3 所示。可见，42%的校园暴力事件发生在教室，共计 20 起。35%的校园暴力事件发生在教学楼，主要是指老师的办公室、休息室和走廊，共计 17 起。17%的校园暴力事件发生在校内其他场所，这些场所主要是指操场、体育场、食堂或是其他不能具体确定的场所，共计 8 起。4%的校园暴力事件发生在宿舍，共计 2 起。2%的校园暴力事件发生在学校厕所，共计 1 起。

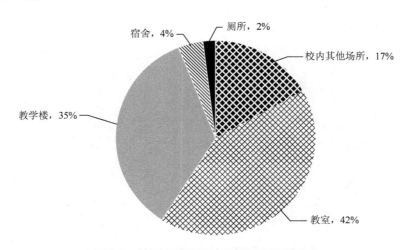

图 5.3　2017 年校园暴力事件发生场所分布

　　按照事件导致后果的严重性，2017 年校园暴力事件伤害程度分布如图 5.4 所示。可见，致死事件达 6 起，占全年校园暴力事件总数的 12.50%，导致 1 名老师和 5 名学生死亡。致残事件 2 起，抑郁事件 1 起，重伤住院事件 3 起，受害者均为学生。

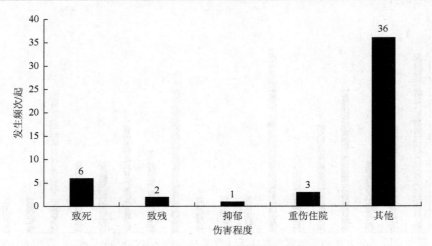

图 5.4　2017 年校园暴力事件伤害程度分布

5.1.3　2017 年校园暴力事件的特征

1. 事件发生时间呈现明显的季节性和假期关联性

根据事件发生的时间序列，2017 年各月份校园暴力事件发生频次如图 5.5 所示。总体来看，校园暴力事件月均发生 4 起，秋季 9～11 月最高，发生 15 起；其次是春季（3～5 月），发生 14 起；再次是夏季（6～8 月），发生 13 起；最低的是冬季（12 月和 1～2 月），发生 6 起。校园暴力事件在寒假的发生率最低。

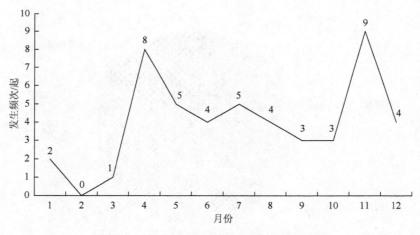

图 5.5　2017 年各月份校园暴力事件发生频次

2. 暴力事件传播方式日趋网络化

在 2017 年校园暴力事件中，通过视频、照片等网络渠道曝光的事件占到 30%。这些施暴过程或被施暴方拍摄，或被他人拍摄，借助微博、微信、QQ 群等新媒体在网络上快速传播。一部分为受害人在网上传播各种施暴视频的行为，这些行为大多是为了得到社会关注，维护自身权益。一部分为施暴者传播拍摄视频行为，他们一方面是出于在同伴之间制造影响，"炫耀"自己的"暴力"，另一方面是为了加大事件的传播范围，增加对受害方的伤害程度。施暴者通过新媒体快速传播网络视频，极易在未成年人之间产生模仿效应。

5.2　校园暴力的成因分析

校园暴力事件虽然发生在个体之间，但是它是由各种因素综合作用的结果，是家庭结构或功能不健全、学校管理理念落后、教师管教失当、大众传媒的不良传播、结交不良同伴等相互作用的混合产物。对校园暴力的预防与应对应充分运用政府、社会、学校、家庭等各方面的资源，职责明确，责任到位，形成校园暴力事件治理的合力，才能为学生的健康、全面发展提供良好的条件（傅涛，2006）。

5.2.1　学生个体因素

一是处于特定年龄阶段的发展性心理问题。青少年时期正值一个人成长的关键时期，心理学家称为"危机期"。这个时期的学生身体迅速发育，激素分泌水平增强，精力旺盛，生理上已经趋向于成人化，同时他们心理上也不断表现出一系列变化，如叛逆、嫉妒、过度膨胀等。而且这个时期的青少年模仿性和习得性极强，他们常常模仿成人的方式、方法认知社会事物，因为青少年的社会化过程就是不停地模仿成人或偶像的过程（方奕和周占杰，2016）。但他们受年龄、阅历和知识等因素影响，又缺乏社会实践经验，做起事来往往事与愿违，使得他们情绪躁动不安，或者情绪低落无助、焦虑和抑郁。一旦以为自我尊严受到挑战，则极易采取过激行为去处理问题，从而引发同学间的暴力行为，直至产生违法犯罪等后果。而作为受害者一方，又往往心理脆弱，自我防护能力差，受到暴力侵害时则选择忍气吞声，这也助长了校园暴力行为的滋生和蔓延。

二是理性认知偏差和规则意识淡漠。在校学习阶段正处于对外界事物形成自我认识的阶段，社会经验不足，不能完全形成理性认识。对于施暴者而言，模仿能力增强，常借助网络媒体的不良传播逞强好胜，规则意识和法律意识淡漠。对于受害方而言，在遭受暴力时不能很好地保护自己，对于受暴力表现出胆小怕事，不敢主动在第一时间将情况告诉父母、警方或学校。许多中学生缺乏基本的法律常识，法律意识淡薄，致使他们对校园暴力的危害性缺乏正确认识。

三是因受挫而引发个体攻击行为。现在的学生生活水平逐渐上升绝大多数是独生子女，在家庭里得到的关怀较多，容易染上心胸狭隘、自私、自大、任性、以自我为中心的习气。其中部分学生耐挫能力差，一旦受到挫折，如学习中受到挫折，或交往中受到同伴的排挤，更容易产生自卑情绪，封闭自己，最终因孤独感、嫉妒心理而诱发过激举动或报复行为。而且这些学生也易将所有的挫折和批评（即使明知是善意的）都当成是对自己人格的诋毁，从而激发强烈的攻击行为动机，甚至引发暴力（Johnson and Fisher，2003）。

5.2.2　家庭因素

家庭环境对于未成年人的人格养成有着关键性的影响。亲子关系越和谐，子女性格和人格越健全，良好的家庭关系对子女性格、人格和情绪产生较好的影响，不良的家庭环境是滋生人格缺陷的土壤。家庭氛围紧张和家庭暴力会给子女带来极大的挫折感和不安全感，对正值青春期的中学生人格和心理健康的成长造成了不可忽视的重要影响。

一是家庭教育方式不恰当。有的家长过于严厉，有的过于溺爱，有的家庭父母双方教育思想不一致，棍棒教育、分歧教育、溺爱教育扭曲了学生心灵，使他们产生行为偏差或暴力倾向。父母以讽刺或刻薄的口气责骂孩子，对孩子的自尊心产生很大的杀伤力。心理学专家研究显示，曾遭受父母等家庭成员家庭暴力的未成年人，容易模仿父母的行为，将暴力作为处理纠纷的方式和发泄情绪的出口，在与同伴的交往中极易引发人际冲突。而家庭氛围中父母胆小懦弱的处事方式和不愿与人纷争也会给子女带来负面影响，即使被同学欺凌也忍气吞声，不仅身体上留下伤痕，在心理上也容易产生恐惧、抑郁、忧虑等症状。

二是亲子关系疏离。良好的亲子感情，是建立孩子安全感、自信心、自我尊重的基础，直接关系着孩子与他人相处的模式。冷漠、拒绝的家庭关系会影响子女情感疏解与进化和处理情绪问题的行为方式。例如，孩子与同伴相处时，缺乏同理心，以冷漠猜忌的态度对待他人，不能与他人建立亲密关系。由于孩子在原生家庭中没有从父母身上学到如何与他人建立良好亲密关系的经验，等孩子成为成年人，需要越来越多地与他人进行人际互动的时候，孩子可能会从心底排斥与人交往，或者即使交往起来也不能感到轻松愉悦。

三是夫妻关系失和。家庭结构的稳定和夫妻关系的和谐直接影响孩子的身心发展。夫妻之间彼此关爱，能够潜移默化地教会孩子懂得如何与他人相处，如何解决分歧，如何协商问题。良好的夫妻关系是孩子建立安全感的前提，也关系到孩子的健康成长与人格的养成。如果夫妻关系失和，家长的某些不和谐情绪与行为，就会直接影响对孩子的教育和评价方式。夫妻关系失和，往往表现为彼此之间缺乏信任，经常以争吵、讽刺、甚至暴力的方式解决问题。这就相当于给孩子进行了错误的人际交往训练，给孩子营造了一个攻击性氛围，使孩子错误地认为冷战、吵架、谩骂乃至暴力都是解决冲突的办法。孩子长期生活在这样不和睦的家庭中，会缺乏安全感、归属感，容易产生恐惧、猜疑、不信任的心理和情绪，因压力过大而心理失衡。此外，夫妻长期失和，还会促使孩子向家庭外寻求心理补偿，导致其结交不良友伴，或通过攻击他人得到心理补偿。

5.2.3　学校因素

从学校环境来看，学校教育注重培养以智商为主的教育，忽视情商教育。教育结构和教育方式、方法没有遵循中学生这个青少年阶段心理发展的特点和规律。在对待暴力事件的处理上，学校的做法没有起到预防和教育的作用，轻者常以批评教育、写检讨书、赔礼道歉、物质赔偿等方式处理事件，对于性质恶劣者留校察看直至开除学籍等方式草草了事。同时，校园管理制度和文化建设不完善，普法宣传不到位，法制教育课程形同虚设，也使学生缺乏法制观念，对暴力行为的后果缺乏清醒的认识。具体来讲，校园暴力的学校因素表现为以下几个方面。

一是德育工作的落后和流于形式。在德育工作实践中，很多学校重爱国主义革命传统教育、轻为人处世修身养性教育，重集体宣讲、轻个体辅导，重灌输、轻引导，德育工作常常流于形式。特别是对学生进行善良、正直、同情帮助弱者等方面的思想教育力度不够。德育工作的落后和流于形式，不利于学生树立正确的人生观和价值观，尤其是不利于"后进生"的思想道德教育，不能有力地提高学生对暴力文化的分辨力和抵抗力。

二是应试教育的影响。应试教育的竞争和压力，使得现行的学校评价机制以学习成绩为主体，评价标准相对单一。成绩好的学生集荣誉、机会、老师的宠爱、同学的尊重于一身，而成绩不好的学生很难得到老师的重视。在以学习成绩为指标的评价机制内，学习成绩不好的学生如果经过努力仍无法取得好成绩，其挫败感就会加强。如果学校没有及时疏导这种成长中的挫败感，他们会寻求其他途径来转移挫败感，如采取暴力方式。有的学校和老师对成绩不好的学生缺乏应有的措施和耐心，甚至歧视和放弃他们，这使得他们更加放任自流，自暴自弃。

三是管理工作的漏洞和安全教育的不到位。学校对防范校园暴力缺少有效的管理措施，在制度建设、人员配备、具体工作中存在疏漏，也为学生进行校园暴力行为留下了可乘之机。同时，安全教育工作的不到位，使得学生不敢也不知道如何去防范和面对侵害，而受害者的软弱也助长了校园暴力的滋生和蔓延。

四是生命教育和心理教育的缺失。多数家庭和学校关心的是孩子的智力培养和知识培养，而对孩子的心理健康和人格完善的重视度还不够。部分家长和老师没有给孩子灌输尊重生命、关心他人、理解和接纳每一个人的理念。这些在成长过程中匮乏生命教育的孩子，还需要进一步培养出足够的同情心和同理心。

5.2.4　社会因素

社会环境对校园暴力的产生也具有显著的作用。

一是社会不正之风的留存和负面信息的传播。校园暴力是一个社会问题，而非单纯的学校现象。青春期的少年是非判断能力尚未成熟，易跟风从众。如果社会不正之风盛行，则会对其心理产生误导，错误地认为暴力就是解决事情的最好方法，进而加剧校园暴力等不良行为的发生。当网络视频与网络游戏中的血腥暴力、复仇杀人内容被美化，以暴制暴是其中通用的情节，长期接触这些的少年不仅不会觉得暴力有何问题，反倒会不自觉地去尝试和模仿，最后运用于现实当中，进而导致校园暴力事件发生。

二是政府部门管理和引导不力。首先，我国有关保护青少年权益的法律法规内容过于原则化，操作性不强。例如，《中华人民共和国未成年人保护法》《中华人民共和国预防未成年人犯罪法》对防治校园暴力的责任归属不够明确，使施暴者得不到及时惩处，受害者得不到及时救济（傅涛，2006）。其次，政府部门监管不足等因素导致传媒中的不良文化泛滥。未成年人一方面对外界新鲜事物好奇心强，另一方面鉴别力和自控力弱，在影视作品和互联网的影响下，直观接触网络视频、电子游戏等的暴力场面后极易受到诱惑和侵蚀，误入歧途，进行抢劫、敲诈勒索、故意伤害和寻衅滋事等犯罪活动。

5.3　校园暴力事件的预防和处置

当前，我国校园暴力预防和治理工作存在学校法制教育和道德教育双重不足、学生心智成长和心理教育缺失、教师缺乏处理校园暴力事件的知识、监护人教育理念和方式存在误区、社会不良风气的影响、青少年犯法早期干预制度缺失等问题。针对我国校园暴力的预防和治理工作存在的问题，校园暴力有必要引入家庭、学校、司法、社会等多元力量，形成多方合力，从保护、预防、处置三个层次展开，进行全方位的防治。

5.3.1　建立校园暴力事前预防体系

一是及时关注与保护特殊家庭的学生。从发生的校园暴力事件来看，处于家庭暴力、物质匮乏、身体或智力残障等困境的学生更易成为校园暴力的施暴者和受害者。因此，政府应该建立和完善社会保障机制，加强对此类群体的关注，特别是重视特殊家庭学生的关注和保障。政府可成立专门的儿童保护部门，建立特殊家庭服务平台和相应的档案。此外，学生的不良行为一般都与父母的不良行为有关，尤其是父母对孩子实施家庭暴力的情况，有关部门应及时介入，对父母进行批评教育，极端情况下需撤销父母的监护权。

二是加强对父母的教育指导。学校、政府、社会组织等应通过开设家长教育指导公共课程、法制教育课程、法制宣传、家长会议等多种方式，加强对父母教育方式的指导，强化父母管教子女的责任，引导父母对子女进行教育。

三是完善学校的校园暴力预防应对工作。学校应从教育、管理、干预、咨询等多个层面开展校园暴力预防和应对工作。

第一，加强学生品格教育、公民教育、法制教育、安全教育、生命教育等。通过品格教育，引导学生建立判断是非善恶的标准，形成良好的品格。通过公民教育、法制教育，让学生懂得公民的权利和义务，自由的边界和违法犯罪行为的危害和后果。通过安全教育，培养学生在暴力危急时刻采取必要措施，和及时向老师、父母、警察等求助的危机意识。通过生命教育，使学生不仅对自己有所认知，也对他人的生命怀有珍惜和尊重的态度。学校还应该引导学生形成基本的价值取向，树立正确的处事观念。只有让学生懂得社会生活中最基本的原则是对他人的尊重和同情，他们才会对暴力的危害有新的理解。

第二，建立校园暴力投诉中心、校园咨询中心和心理疏导中心。通过建立校园暴力投诉中心，对校园暴力及时预警与应对，防止暴力行为升级。通过建立校园咨询中心和心理疏导中心，及时发现、排查和疏导学生的心理和情绪问题，避免与化解暴力冲突。

第三，加强对学生不良行为的矫正和学生冲突的化解。对于携带管制刀具等进入校园的学生应当及时予以制止；对于学生不良行为应当及早发现并予以矫正；对于学生之间的冲突应当及时予以化解，避免冲突升级引发校园暴力。

第四，建立校园暴力上报制度。学校对于校园暴力的态度往往选择大事化小、小事化了，采取内部简单调解的方式，往往给冲突再次升级埋下隐患。因此，应建立校园暴力登记制度及强制上报制度，以便教育主管部门及时了解校园暴力情况并及时进行干预。

四是社会应宣扬正气，营造良好氛围。虽然我国有关青少年问题的法律中一律禁止孩子接触暴力文化，而在现实中却基本没有可操作的限制性规定，还基本处于放任状态。实际上，我国对影视作品中的内容没有分类，更没有因为其中有暴力内容而限制孩子观看。有关部门应制定相关条文，对电影电视作品进行分类，并推广至网络媒体、电子游戏和报纸杂志，为孩子提供更多健康的精神产品。对于媒体报道、影视节目、报纸杂志、网络等应建立分级制度，未成年人读物不得刊载有害儿童及少年身心健康的内容，包括描述（绘）犯罪、施用毒品、自杀行为细节的文字或图片，以及描述（绘）暴力、血腥、色情、猥亵、强制性交细节的文字或图片（谭婧，2016）。要清查影视节目和出版物，定期彻底清查文化市场，净化文化市场，净化孩子的视听，切忌让未成年人接触充满暴力的低俗文化。

5.3.2　对校园暴力进行分级分层处置

一是成立校园暴力专门委员会。由教育、司法、公安、综治、民政、团委等多部门联合成立专门委员会，出台预防和治理校园暴力的专项法规，并将校园暴力的专项治理工作常态化。同时各地区也应成立当地专门委员会，规划和监督辖区内各学校的校园暴力防治工作。具体措施包括：设立全国统一热线电话、在全国范围内推行"法制副校长"制度、在学校成立警务室等。

二是组成校园自治委员会。在学校引入家长、学生、校警、专家、社工等多种人员组成校园自治委员会，对于校园暴力行为进行沟通和调解，对施暴者进行教育和咨询，对受害者进行抚慰，尽量通过多方渠道修复双方关系。

三是对施暴者、受害者及其家庭进行心理辅导。校园暴力的施暴者常常是因心理压力没有疏解的渠道，心理问题没有被关注、被倾听，内心情感需求长期被漠视，才会造成施暴的行为。如果不对这部分学生进行矫治与引导，他们可能会变得更加暴躁和暴力，甚至会心理扭曲，进而危害社会。而校园暴力的受害学生如果没有及时接受妥善的心理辅导，将留下很大的心理创伤，他们往往会缺乏自信、自尊，甚至自我封闭、性格孤僻，而且这种人格可能会伴随终生。对行为偏差的施暴者通过心理辅导进行矫治，对被害人进行心理辅导抚慰其心理创伤，重拾信念，把校园暴力产生的不良影响降到最低。成立由心理咨询师、社工等组成的咨询小组，设立咨询电话，保障对受害者的心理支持。此外，还应该对双方家庭开展心理辅导，以帮助纠正施暴者的行为偏差，帮助受害者从创伤中得到心理恢复。

四是设立分级、多元的处置方式。现行法律体系对于不构成犯罪的校园暴力行为，或者不追究刑事责任的校园暴力行为，缺乏有效的干预、辅导措施，仅规定了严重不良行为送专门学校，未达到刑事责任年龄不追究刑事责任者可收容教养，以及责令父母加强教育。对于14～16周岁的未成年人，根据《中华人民共和国治安管理处罚法》，即使违法被判处行政处罚也不执行。学校对学生没有惩戒权，在教育效果不良的情况下对于校园暴力无权采取其他措施。在家庭教育失效的情况下，责令父母加强教育通常难以实现。因此，对于司法分流的刑事犯罪，不追究刑事责任的校园暴力，不予执行行政处罚以及刑法、治安管理处罚法调整之外的校园暴力，缺乏有效的处置和相关的规定。对此，建议通过立法设置多元处置方式，授权学校、儿童权利保护机关、公益组织实施。例如，强制父母接受教育指导、强制学生接受相关教育课程、接受心理治疗、接受社工辅导、从事一定的公益活动、校园劳动、服从宵禁令、接受家庭内监管、一定时期的感化训练等。通过以上措施，一方面可以矫治学生，另一方面可以强化学生的责任意识，认识到对自己的行为要承担相应的责任，避免对学生的行为矫治走向"教育代替责任"和"刑罚代替教育"两个极端（谭婧，2016）。

第6章 校园公共卫生安全及其风险防控

6.1 2017年校园公共卫生安全的特征分析

校园公共卫生安全的特征主要是通过校园公共卫生事件来表现。校园公共卫生事件是指在学校内发生，造成或可能造成严重损害师生员工身体健康的传染病疫情、群体性不明原因疾病、群体性异常反应、食物中毒以及其他严重影响师生员工身体健康的风险事件。学校与社会有着密切的联系，一旦出现公共卫生事件，极易蔓延扩散，短期内形成爆发式传播。据统计，我国70%以上的突发公共卫生事件发生在学校（李明芳，2013），且80%以上的学校突发公共卫生事件为传染病和食物中毒（谢大伟等，2013）。校园公共卫生事件种类多样，事件本身具有隐匿性和敏感性，难以获取统计数据。因此，我们基于公开性、真实性的原则，选择在互联网搜索已被报道的相关事件作为研究对象。通过在人民网、中国青年网、中国新闻网、国家及各地区疾控中心等网站上搜索，我们最终整理出2017年发生的21起校园公共卫生安全事件（表6.1），将其按事件类型和时间顺序归纳整理，据此分析事件特征，探索事件致因。

表6.1 2017年校园公共卫生事件

类型	事件简介	发生时间	区域范围	资料来源
校园传染病事件	浙江丽水某学校暴发诺如病毒疫情	2017年3月	浙江丽水	浙江丽水疾控中心
	广东一高校因诺如病毒先停课再"封校"	2017年3月	广东	中国青年网
	北京幼儿园及学前机构、小学发现诺如病毒感染聚集性疫情	2017年3月	北京	中国青年网
	上海一小学40余学生测出诺如病毒	2017年5月	上海	中国青年网
	北京某小学出现诺如病毒感染	2017年6月	北京	央广网
	杭州两所农村小学发生诺如病毒感染	2017年10月	浙江杭州	人民网
	杭州某城区小学发生流行病感冒聚集性疫情	2017年11月	浙江杭州	人民网
	湖南桃江四中发生群体性肺结核	2017年11月	湖南桃江	中国青年网
	香港一中学多名师生感染肺结核	2017年11月	香港	人民网
	长沙一小学18名学生疑似患流感	2017年11月	湖南长沙	中国青年网
	山东临沂多所小学暴发流感疫情	2017年12月	山东临沂	新华网
校园食物中毒事件	山东济宁任城区某幼儿园使用无生产日期和生产许可证编号的粉条	2017年4月	山东济宁	山东省食品药品监督管理局官网
	山东莱西某幼儿园涉嫌使用不符合食品安全标准的食品	2017年4月	山东莱西	山东省食品药品监督管理局官网
	山东沂源某幼儿园未取得食品经营许可	2017年4月	山东沂源	山东省食品药品监督管理局官网
	山东广饶经济开发区某小学使用超过保质期的食品原料生产食品	2017年4月	山东广饶	山东省食品药品监督管理局官网

续表

类型	事件简介	发生时间	区域范围	资料来源
校园食物中毒事件	山东滕州某幼儿园采购并使用不符合食品安全标准的食品原料	2017 年 4 月	山东滕州	山东省食品药品监督管理局官网
	陕西榆林某幼儿园被曝给孩子吃发霉食物，厨房发现有老鼠屎、蟑螂等	2017 年 5 月	陕西榆林	中国新闻网
	厦门上百学生吃问题面包得肠炎	2017 年 5 月	福建厦门	中国青年报
	济南一少年疑在某培训学校食物中毒病危	2017 年 6 月	山东济南	中国青年网
群体性不明原因疾病	湖南一学校多名学生入院被疑因跑道中毒	2017 年 10 月	湖南郴州	中国青年网
	扬州一学校 20 余学生患急性肠胃炎	2017 年 12 月	江苏扬州	中国青年网

6.1.1　校园公共卫生事件的总体特点

据分析，2017 年发生的校园公共卫生安全事件呈现出两个明显特征。其一，事件发生类型主要为校园传染病事件与校园食物中毒事件。21 起校园公共卫生事件中，校园传染病事件 11 起，占事件总数的 52.38%；校园食物中毒事件 8 起，占事件总数的 38.10%；其余两起为群体性不明原因疾病。这一特征与相关研究及报道的结果基本一致。例如，重庆 2005～2015 年共报告学校突发事件 1323 起，其中呼吸道传染病突发事件占到 68.60%（漆莉等，2017）。对湖南 2004～2016 年学校突发公共卫生事件流行病学分析的结果也表明，事件类型以传染病疫情暴发为主（954 起，占学校突发公共卫生事件的 92.26%），报告疫情最多的是呼吸道传染病（726 起，占传染病疫情事件的 76.10%）（叶金波等，2017），湖北（郑立国等，2016）、福建（许志斌等，2014）、河南（张肖肖等，2016）、广州（董智强等，2014）等地的报道结果同样体现了此特征。其二，校园传染病事件发生时间主要集中在春冬季节，其中 4 起发生在 3～5 月，6 起发生在 10～12 月；校园食物中毒事件发生时间主要集中在春夏季节，尤其是春季，事件均发生在 4～6 月。我们将基于公共卫生事件类型的视角对 2017 年校园公共卫生事件作进一步分析。

6.1.2　校园传染病事件的特点

传染病暴发是指局限于地区或集体单位中，短时间内突然发生许多同类传染病病例的现象，是一种常见的突发公共卫生事件。学校作为一个集体生活的特殊场所，具有人群高度聚集、学生接触密切的特点，为传染病的暴发与流行提供了条件。一旦急性传染病暴发疫情，不仅严重影响在校师生的身心健康和学校的正常教学秩序，还会间接影响家庭以及社会各界的稳定。我们以"学校/传染病"为关键词，在新华网、中国新闻网、中国青年网、中国知网以及各地区疾控中心官网进行检索，整理出 2017 年发生的 11 起校园传染病事件。从发生时间和疫情类别两个不同维度对校园传染病进行梳理与分析，希望能够准确把握校园传染病事件的分布特点，识别校园传染病事件的发生规律。经分析，2017 年校园传染病事件呈现以下几个特点：

1）事件发生时间具有季节性。在 11 起校园传染病事件中，发生时间均为春夏或秋冬交接之际。其中，3 起为春夏交接，5 起为秋冬交接。

2）事件发生类型具有集中性。在 11 起校园传染病事件中，有 5 起是呼吸道传染疾病，包括湖南桃江县四中和香港一中学暴发的肺结核疫情、山东临沂多所学校、杭州某城区小学及农村小学的流感疫情，其余 6 起均为感染诺如病毒引发的小规模疫情，属于肠道传染疾病，分别发生在浙江、广东、上海、北京等地的幼儿园和中小学。

3）事件发生学段集中在中小学。从校园传染病发生的地点来看，11 起校园传染病事件中，除丽水疾病预防控制中心报道的一起诺如病毒感染性腹泻暴发疫情未明确指出学校类型外，其他 10 起事件中，有 9 起事件均发生在中小学（其中 1 起也发生于幼儿园），余下 1 起发生在高校。

6.1.3　校园食物中毒事件的特点

食物中毒，泛指所有因进食受污染食物、致病细菌、病毒，或被寄生虫、化学品或天然毒素（如有毒蘑菇）感染的食物，从而引起的急性中毒性疾病。根据上述各种致病源，食物中毒可以分为四类，即化学性食物中毒、细菌性食物中毒、霉菌毒素与霉变食品中毒、有毒动植物中毒。食物中毒的特点是潜伏期短、突然地和集体地暴发，多数表现为肠胃炎的症状，并和食用某种食物有明显关系。在人员密集且学生普遍较缺乏生活经验的校园环境下，校园似乎成为食物中毒事件发酵的"培养皿"。以"学校食物中毒""校园公共卫生事件"等为关键词，我们在人民网、新华网、中国新闻网和中国知网上检索发现，2017 年有关校园食物中毒事件共 8 起。有 3 起单独的校园食物中毒事件，具有明确的学校、受害者和事件发生过程，其中 1 起在后续处置中获得了官方的回应；其余 5 起来自山东省食品药品监督管理局对本省食品安全检查后公布的处罚公告。对 2017 年校园食物中毒事件进行统计分析，将此类事件的特征和规律归纳如下：

1）从发生对象上看，事件具有低龄化倾向。8 起校园食物中毒事件中，有 1 起事件的受害者为 15 岁，属于初中学龄，在济南某培训学校学习时食物中毒；有 2 起事件发生在小学校园，其余 5 起事件均发生在幼儿园。可见，校园食物中毒事件多发生在年龄偏小的学生群体中，且一般来说，学生年龄越小，发生食物中毒的概率越高，受到食物中毒危害的程度越深。这与食物中毒本身的特点密不可分，即食物中毒潜伏期短，从病原体进入体内到出现临床表现之间的时间间隔短，学龄较低的学生普遍缺乏生活经验，对身体的不适状况感知不敏感，往往在出现严重的疾病特征之后才察觉到，导致错过最佳治疗时间。严重者会因脱水、酸中毒、呼吸衰竭、中枢神经衰竭等并发症而导致死亡，即使存活也可能会遗留不同程度的神经后遗症或其他脏器功能残障。

2）从伤害程度上看，事件后果具有较高危害性。8 起校园食物中毒事件中，有 5 起未指出是否对学生造成具体伤害，1 起是因家长到校意外发现食堂卫生和食材质量不合格，并未造成对该校学生的严重伤害；其余 2 起事件对学生造成的伤害较大，均为群体性暴发食物中毒，甚至有学生因食物中毒引发心脏和肝脏损伤。例如，15 岁少年小董在 2017 年暑假参加济南某培训学校的封闭式教学班，食用培训班午饭后出现不适，送往医院后医生下达了病重病危通知书，称小董被诊断出急性心肌炎和肠胃炎。以上说明食物中毒对学生的危害不容小觑。食物中毒事件一旦发生，不仅会对学生的身心健康产生损害，严重的话可能直接危及生命安全。但若能在食品食用之前的每个环节，如生产、运输、销售等做到严格监督，可在很大程度上经过排查从而避免食物中毒事件的发生。

3）从事件发生类型上看，事件多为细菌性食物中毒。在食品生产过程中，使用不符合食品安全标准的食品原料、过期食物、发霉食物等均会引发食物中毒事件。8 起校园食物中毒事件中，有两起事件属于细菌性食物中毒；其余事件也多是因为食品不符合安全标准，而这正是导致细菌性食物中毒的最大隐患。2017 年 5 月，厦门某小学上百名学生患都柏林沙门菌肠炎，出现腹泻、呕吐等症状，据厦门市卫生和计划生育委员会 5 月 12 日的一份报告称，截至 5 月 12 日 17 时，该小学累计病例为 189 例。临床表现以发热、腹泻症状为主。初步判断这是一起疑似沙门氏菌引起的聚集性疫情[①]。5 月 19 日凌晨，厦门网刊载的一则官方消息披露，5 月 11～12 日，该市几所小学的部分学生均出现发热、腹泻等症状。经检验，部分学生患病与食用某品牌日式奶油面包有关。该品牌面包生产地位于一废弃工厂旁，卫生状况恶劣，生产的食品具有极大的安全隐患。目前，事态已得到控制，绝大部分学生已康复。

4）从事件影响上看，食物中毒的症状表现有很多，通常与肠胃炎、水土不服、病毒性感冒等疾病的症状类似，如腹泻、腹痛和呕吐等，仅靠症状难以区分。而根据已有信息能够得出，学校在面对校园公共卫生事件时，往往出于对自身利益的考虑，选择息事宁人，尽量避免承担责任。事实上，这一行为反而会导致事件进一步升级。就济南某培训学校少年食物中毒事件来说，校区负责人王先生直言不可能出现家长所说的"食物中毒"。王先生向记者表示学校有食品检验报告，是没有问题的。而且学校的老师和学生一起吃饭并没有出事，很难证明属于食物中毒。至于学生为什么会生病，王先生的解释是或许因为寝室空调温度过低。而另一位老师表示可能是水土不服造成的。对于学校的说法，小董家长表示质疑。小董说寝室空调一般控制在 25℃，并不算低。据了解，有一位老师在饭后也出现了呕吐的情况，出现饭后不适症状的六位学生中，有一位是本地人，排除水土不服的原因。可见，在医院提供明确病因监测结果之前，学校通常会将学生出现的病症归为其他原因，以便减轻学校的管理责任，但这在一定程度上降低校园食物中毒事件的透明度，加剧了事件的扩散与升级[②]。

6.2　校园公共卫生事件的致因分析

6.2.1　校园公共卫生存在安全隐患

1. 学校供餐单位提供问题食物

近年来，随着对《中华人民共和国食品安全法》的修订，以及相关食品监管部门监管力度的加大，我国食品安全整体状况有所好转，但学生在校内食用过期甚至霉变食物的情

---

① 中国青年报. 2017-05-19. 问题面包是如何进入校园的[EB/OL]. http://zqb.cyol.com/html/2017-05/19/nw.D110000zgqnb_20170519_7-01.htm。

② 中国青年网. 2017-06-27. 少年疑似食物中毒病危　学校让家长签免责书[OB/OL]. http://news.youth.cn/sh/201706/t20170627_10173507.htm。

况仍时有发生。山东省食品药品监督管理局于 2017 年 4 月公布的全省 17 个地市当月食品药品行政处罚信息表明，当地不少学校、幼儿园存在使用过期原料的问题；陕西榆林某幼儿园举办"包饺子"亲子活动时，有家长发现该幼儿园使用的面粉里有疑似老鼠屎的黑色杂质，随后进入厨房查看，发现大量发霉的土豆、鸡蛋等食材；《厦门市学校食堂食品安全管理责任规定》（2016 年）明确提出，学校统一为学生、教职工订餐的，应当选择具有集体用餐配送资质的餐饮服务提供者，并对供餐单位的食品安全条件、供餐能力、运输车辆以及食品安全管理机构、人员配备和职责履行情况等进行实地考察，确保餐食安全。但承包厦门 60%以上学校学生课间餐的某企业生产所在地的环境极其恶劣，难以保证安全的食品供给。究其根本，学校食品安全难以得到保障的原因，一是学校管理责任落实不到位。个别学校主要领导对学校承担食品安全主体责任、校长是学校食品安全第一责任人的认识不清。二是日常管理制度未全面落实。部分学校食堂在食品原料及相关产品的采购中，没有索取并存留相关的证明文件（或索存不全），存在冷藏食品未分类且生熟未分开储存、食品留样不规范等现象，有些食堂甚至是无证经营。未建立或执行从业人员晨检制度，部分从业人员也无健康证明，易造成从业人员带病上岗，埋下安全隐患。三是学校食堂设施设备不齐全。部分学校存在食堂设施设备欠缺、老化、不规范等现象，如食堂备餐间没有设置具有洗手消毒更衣设施的通过式预进间，未安装或有效安装紫外线灯等消毒设施，餐具清洗池与洗菜池、洗肉池混用等。四是食堂流程布局不合理。部分新建的学校食堂，未报请当地食品药品监督管理局进行规划指导，没有按照原料进入、粗加工、半成品制作、成品供应的流程合理布局，使食品在粗加工、切配、成品制作、储存过程中存在交叉污染的可能。由于房屋结构限制和前期投入较大，面对重新布局整改的要求，学校通常难以配合，如此一来，食品安全隐患加深，随时可能导致食源性疾病或细菌性食物中毒事件的发生。

2. 校园环境卫生状况不良

校园环境卫生包括教学区及住宿区卫生、餐饮服务区卫生和校园内及周边环境卫生，是广大师生在学校工作、学习和生活时保持身心健康、充沛精力及积极心态的重要保障。部分学校的环境卫生状况糟糕，为学生的健康埋下隐患。例如，长沙某幼儿园学生家长在为孩子收拾寝室时，发现寝室内卫生状况恶劣，床铺被褥上有大量老鼠屎；长沙某中学学生直饮水与在使用的垃圾桶、扫把、拖把等工具一同放置于杂物间；呼和浩特某职校于 2016 年迁至内蒙古某工艺品厂，经评估，校内部分区域的空气中化学元素砷严重超标，土壤中砷、铜、镍超标 1~10 倍，对在校师生的健康造成严重威胁。究其根本，学校环境卫生状况堪忧的主要原因：一是学校卫生法律法规不健全。以《学校卫生工作条例》为例，其颁布受历史的局限，一些条款和内容没有明确法律责任，使得学校卫生工作有法不依，执法难行，现如今更难适应与时俱进的学校卫生工作发展需要（杨建文，2014），导致党中央国务院等部门近年下发的关于学生身心健康的规章文件和要求，更难落到实处。二是学校卫生组织和管理体系不健全，工作效能较弱。目前在大部分省市县卫生、疾控、监督部门中，与学校卫生工作相匹配的管理人员和专业人员配备不足，学校卫生管理或技术部门间存在职能不清或交叉重叠，总体工作效能不高。学校校医、保健教师、健康教育教师等专业队伍人员和能力建设薄弱。一些学校卫生室或医务室由于缺少医疗卫生技术人员和医疗卫生执业许可证而形同虚设，没有真正承担起学校公共卫生服务的职能，学校卫生工作难以全面落实。三是教育行政部门和卫生部门间缺少良好的合作模式和工作机制，以及目标管理考核评估机制。二者合力不足催生"信息孤岛"，导致教育行政部门未能充分发挥学校卫生管理的主导作用，而卫生部门也难以充分发挥对学校卫生的技术支撑和监管作用。

3. 学校与相关部门传染病监督监测工作不力

学校作为人口密集的公共场所，传染病会广泛传播，严重威胁广大学生的健康。大多数学校对于校园公共卫生的重视程度较低，缺乏传染病、食物中毒等公共卫生事件的监督监测工作机制，对校内小范围的传染病往往采取消极态度和被动式应对。虽然学校是突发公共卫生事件预防的关键主体，但其通报事件的主动性较低。对重庆 2005～2015 年学校呼吸道传染病突发公共卫生事件流行特征的分析表明，在 907 起呼吸道传染病事件中，151 起为属地医疗机构报告，占总体的 16.6%；其余 756 起为疾控中心专业人员通过网络直报发现后报告，占总体的 83.4%；无 1 起事件为学校主动报告（漆莉等，2017）。2017 年 11 月中旬，湖南长沙一所幼儿园 29 名孩子感染诺如病毒，但有患病儿童家长反映，家长在微信群上互相沟通得知，从 11 月初开始就已经有幼儿出现身体不适的症状，然而园方只字未提，直到 11 月 15 号，幼儿园才发出紧急停课通知。可见，正是由于学校及当地疾控中心对传染病监督监测工作不到位，才酿成悲剧。原本可控的疫情，却忽视于贫瘠的防疫知识和日常监测管理之中，延误于防控不力之后，最终导致疫情失控甚至侵袭整所学校。

6.2.2　校园公共卫生安全教育严重不足

1. 家长对学生的安全教育不足

校园公共卫生安全教育要求学生掌握一定的卫生知识和医学知识，然而并非每位家长都能够教育孩子如何正确辨别及应对传染性疾病，或如何选择安全的食品等。一方面，多数家长自身对公共卫生安全相关知识的了解尚且匮乏，无法做到对孩子的系统教育；另一方面，部分家长由于工作繁忙等原因，往往忽视对孩子在此方面的教育。这些都对孩子的公共卫生安全意识产生不利影响。

2. 校园公共卫生安全教育流于形式

校园公共卫生安全是保证在校学生身心健康发展的重要条件。近年来，全国范围内频发的校园公共卫生事件引起了社会的广泛关注，也对学校素质教育提出了更高的要求，开展应试教育的同时，公共卫生安全教育也该提上日程。目前来看，校园公共卫生安全教育依旧存在不足。我国大多数学校并未将公共卫生安全教育纳入正规的教育体系中或专门开设相关课程，对于学生的公共卫生安全教育仅停留在纸质材料或者宣传栏上。即便部分学校将相关内容夹杂在综合实践活动课中或者晨会、少先队活动中，但并无专业的老师对公共卫生宣传活动进行引导，或对学生进行系统专业知识讲授，甚至在大多数中学，学校以升学率为单一指标，公共卫生安全教育活动完全出于应付上级硬性要求的目的，在落实过程中不免形式化。同时，公共卫生安全教育的内容大多仅限于公共卫生安全科普知识，未突出强调学校公共卫生的核心知识，导致学生自我保护意识较弱，在了解、判断和预防公共卫生事件方面的能力较差。

3. 缺乏专门的公共卫生安全教育机制

公共卫生安全教育具有一定特殊性，其目的是使学生掌握一定的专业知识，提高学生的自我防护意识和能力。但现实情况是，缺乏针对校园公共卫生安全教育的系统规定和有效支持，致使公共卫生安全教育所需的物资及专业人员配备不足甚至是没有配备。学校公共卫生安全教育工作效果的评估机制尚未建立，导致当前我国对于校园公共卫生安全事件的反应只能落脚于应急管理、事后处理。多数学校通常是应相关部门的要求临时起意，草草了事，致使校园公共卫生安全教育始终难以系统化、规范化。

4. 学生公共卫生安全意识不高

当前，我国在校园公共卫生安全方面仍缺乏完善的教育体系，直接导致大多数学生缺乏校园公共卫生安全的相关知识及防护意识。其一，学生缺乏基本的专业知识。多数学生及家长对于食品安全的相关概念理解模糊，极少部分人甚至认为食品安全并不重要；对于诸如传染病类事件，学生难以做出正确的判断，并且缺乏有效避免传染性疾病的基本措施等相关知识的了解。其二，学生对于公共卫生安全知识的缺乏致使学生在面对校园公共卫生事件，尤其是校园内传染病事件时防范意识不足。此外，学生对于校园环境卫生状况的敏感程度较低，较少关注学校内的环境卫生变化，甚至有部分学生个人不良生活习惯导致校内学习、生活环境卫生状况糟糕。

6.3　2017 年校园公共卫生事件典型案例分析

6.3.1　案例背景

结核病是全球三大传染病之一，是危害我国民众身体健康和生命安全的重大疾病。我国每年新发结核病人约为 90 万人，是全球第三大高负担国家。对于空间相对密闭的学校来说，人群密度大，易感人群集中，一旦出现结核病例极易导致扩散和流行。若学校的晨检和午检、因病缺课登记等日常管理工作不能落实到位，就难以及时发现和隔离首发病例，继而错过疫情最佳的控制时机。2017 年 8 月，湖南桃江县第四中学（简称桃江四中）发生结核病聚集性疫情。该事件成为 "2017 年媒体关注的中国公共卫生十大新闻热点" 之一，引发了社会各界的高度关注。我们选取桃江四中集聚性疫情暴发事件为典型案例，对案例过程进行系统性阐述，深入探讨疫情发生原因，以期对今后学校传染病防控工作的开展有所助益。

桃江四中位于桃江县灰山港镇金沙路，占地面积为 108 亩①，拥有 3 栋教学楼、3 栋教工住宿楼、3 栋学生宿舍楼，另有科技大楼、学生食堂各 1 栋。在校学生为 2908 人，

---

① 1 亩≈666.67 平方米。

教职工为 188 人。其中,高一学生为 852 人、高二学生为 1023 人、高三学生为 1033 人[①]。据学生回忆,事件的起源要追溯到 2015 年 9 月,一名刚转入 364 班的学生开始不停咳嗽,后因此休学。面对高考备战压力,老师和学生对身边这些情况并没有在意,仍旧不敢停下紧张的脚步。但谁也没想到,一年后一场集聚性疫情突然暴发,席卷了整个桃江四中。

6.3.2　案例过程

2017 年 1 月 24 日,364 班的一名学生被桃江县人民医院确诊感染肺结核,随后该学生前往桃江县疾病预防控制中心取药时,工作人员告诉他不会传染,可以继续上课。3 月,该生再次回桃江县疾病预防控制中心取药时,桃江县疾病预防控制中心的工作人员告诉他,与他同班的还有几个人也得了肺结核,但具体人数不清。4 月 29 日,一名刚从 364 班转出的学生因感冒去桃江县人民医院检查,被确诊为肺结核。自 4 月起,结核病好似在 364 班悄悄地蔓延开来。8 月 19 日晚,桃江县委、县政府根据《学校结核病防控工作规范(2017 版)》,启动县级突发公共卫生事件应急预案,组建了处置指挥部,同时将疫情上报市、省疾病预防控制中心。8 月 20 日,省、市卫生和计划生育委员会领导和疾控专家、肺结核防治专家到桃江进行现场指导,对抗体阳性者和高三师生进行痰涂片和胸部 X 线检查。27~31 日,全校师生接受结核菌素纯蛋白衍生物检查,结果呈阳性的师生,再进一步接受 CT 和痰涂片的检查。

桃江县人民政府官网 11 月 16 日消息称,截至 11 月 15 日,近 90% 的患病学生经湖南省结核病防治所专家组会诊确定,已经复学或可以复学。桃江县卫生和计划生育综合监督执法局对学校食堂、教室、寝室、卫生间等场所,进行彻底清扫、消毒[②]。根据湖南省卫生和计划生育委员会发布的疫情通报,截至 11 月 24 日 20 时 30 分,桃江四中共报告肺结核确诊病例 81 例、疑似病例 7 例。其中,11 月 17 日公布的 5 例疑似病例和 38 例预防性服药学生中,41 例订正为确诊病例,两例排除[③]。2017 年 11 月 17 日,国家卫生计生委主任李斌立即批示,责成当地核实情况,及时公开发布准确信息,全力以赴做好患病学生的治疗工作。相关工作人员和防治专家已到达湖南省桃江县督导当地疫情处置工作。2017 年 11 月 21 日,桃江县委对连续发生的两起校园群发肺结核事件相关责任人采取了组织处理措施,截至 2018 年 3 月 19 日,桃江四中高三学生共确诊肺结核病例 79 例,78 名学生已报名参加高考,1 人办理休学手续[④~⑥]。

① 中共桃江县委,桃江县人民政府. 2017-11-19. 桃江县就桃江四中结核病聚集性疫情处置召开新闻发布会[EB/OL]. http://www.taojiang.gov.cn/c12/20171119/i164936.html。

② 中共桃江县委,桃江县人民政府. 2017-11-16. 桃江县有效处置学生肺结核病突发公共卫生应急事件[EB/OL]. http://www.taojiang.gov.cn/c12/20171116/i161672.html。

③ 中共桃江县委,桃江县人民政府. 2017-11-25. 桃江县全力处置两所学校结核病聚集性疫情[EB/OL]. http://www.taojiang.gov.cn/c12/20171125/i165620.html。

④ 新华网. 2017-11-18. 肺结核旋涡中的桃江四中 364 班[EB/OL]. http://www.xinhuanet.com/local/2017-11/18/c_1121974376.htm。

⑤ 中国新闻网. 2017-11-19. 湖南桃江肺结核事件:疾控部门、涉事学校校长回应质疑[EB/OL]. http://www.chinanews.com/sh/2017/11-19/8380211.shtml。

⑥ 新华网. 2017-11-18. 肺结核旋涡中的桃江四中 364 班[EB/OL]. http://www.xinhuanet.com/local/2017-11/18/c_1121974376.htm。

6.3.3 案例分析

1. 防疫教育缺位

2017 年 11 月 27 日，据桃江县委一位领导介绍，湖南及其桃江县属于结核病高发区，经过有效防控工作，近年来结核病发病率逐年下降。由于桃江四中疫情，整个桃江县的结核病发病率小幅度上升，这说明此次疫情中"防"和"控"均未得到有效落实。

首先，学生结核病防治知识匮乏。青少年作为结核病健康教育的重点人群，其掌握的相关知识在结核病防治中起到关键作用。《学校结核病防控工作规范》（2010 年、2017 年）提出，学校要向师生广泛宣传结核病核心知识，包括疑似结核病的症状、结核病的传染属性，以及开窗通风、体育锻炼、睡眠充足对预防结核病的重要性等[①]。但据桃江四中学生反映，同学发现有人经常性咳嗽、胸痛等，直至因此休学时，都未将其与结核病联系起来。即使在明确得知有人罹患肺结核后，大家也都不知道肺结核是传染病[②]。结核病的传染源主要为肺结核患者，更重要的是，结核病传染性最强的阶段正是结核患者未出现临床症状的时期。从 2015 年出现首个肺结核病例到 2017 年 8 月集中暴发，感染肺结核的学生在初现症状时大都误认为是"感冒""气管炎"等，仍坚持在校上课，这就为病菌大面积扩散提供了充分时间。另外，由于对肺结核有错误的认知，部分学生对治愈后返校的学生存在歧视行为，这不仅影响了返校学生正常复习，还对他们的心理恢复造成了阻碍。

其次，学校相关负责人缺少防疫意识，敏感性差。肺结核病主要通过空气传染，若长期处于封闭的环境，排菌病人咳嗽、打喷嚏时的飞沫以及痰液干燥后含菌的尘埃均滞留在空气中，极易被学生吸入体内，引发大面积感染。据湖南省卫生和计划生育委员会官网称，人体感染结核菌后不一定发病，当抵抗力降低或细胞介导的变态反应增高时，才可能引起临床发病[②]。由于缺乏锻炼、休息不好等，学生普遍免疫力较差，经常感冒，加之教室通风情况差，细菌易滋生，学生成为易患肺结核的高发群体。

中国防痨协会与儿童结核病分会主任委员卢水华表示，结核感染有窗口期，人体感染结核菌后，可能直到 2～12 周之后才能检测出来。因此可能有些患者之前的检查比较正常，过一段时间才能检测出结核菌。而过了窗口期后，通过血液检查、结核菌素纯蛋白衍化物试验等方法，虽然可以初步判断患者是否感染了结核菌，却无法判断其是否为潜伏感染者，还是已经发展成活动性结核。较长的潜伏期易误导校方、家长和学生因某一时段内的检查结果为阴性而放松警惕。由此可见，缺乏防疫意识，校方负责人未能正确引导学生防范传染病的扩散，学生更是无法利用传染病常识进行自我保护，最终导致了疫情集中暴发[③]。

---

① 中华人民共和国教育部. 2017-06-29. 关于印发学校结核病防控工作规范（2017 版）的通知[EB/OL]. http://www.moe.gov.cn/srcsite/A17/moe_943/s3285/201707/t20170727_310182.html.

② 湖南省卫生和计划生育委员会. 2016-02-18. 哪些人容易患上肺结核[EB/OL]. http://wjw.hunan.gov.cn/ztzl/knowledge/jkkpzs/crxjb/hxd/fjh/201602/t20160218_4043693.html.

③ 中国青年报. 2017-11-18. "十痨九死"已成历史，如今结核病威胁何在?[OB/OL]. http://news.cyol.com/content/2017-11/18/content_16700775.htm.

2. 监测不力

《学校结核病防控工作规范（2017 版）》提出，第一，晨检工作。中小学校应当由班主任或班级卫生员落实晨检工作，重点了解每名学生是否有咳嗽、咳痰、咯血或血痰、发热、盗汗等肺结核可疑症状。发现肺结核可疑症状者后，应当及时报告学校卫生（保健）室。第二，因病缺勤。若学生因病缺勤，班主任（或辅导员）应当及时了解学生的患病情况和可能原因，如怀疑为肺结核，应当及时报告学校卫生（保健）室或校医院，并由学校卫生（保健）室或校医院追踪了解学生的诊断和治疗情况。第三，疫情监测。各级疾病预防控制机构要开展学校肺结核疫情的主动监测、舆情监测和汇总分析。对监测发现的学生（或教职员工）肺结核或疑似肺结核病例报告信息，应当及时组织人员进行调查核实，将结果反馈给学校。该规范还明确指出，规范中所指的学校包括普通中小学、中等职业学校、普通高等学校、特殊教育学校和托幼机构等。与上述要求相对应，桃江四中的疫情监测存在以下几个问题：

其一，桃江四中是否坚持晨检暂无考证。桃江四中的杨校长表示，学校在疫情暴发前就坚持晨检，晨检之所以没有帮助学校最先发现疫情，是因为老师并不能鉴定学生是不是真的感染了肺结核[①]。364 班个别学生出现感染迹象后，在相关机构检查得知罹患肺结核，但校方未做出任何处理，有所行动却是在得知消息的两个月后。这一方面让人们怀疑学校是否一直坚持晨检，另一方面说明了学校卫生（保健）室或校医院工作人员的缺位以及相关负责人防疫知识的贫瘠。

其二，学生隐瞒病情或身份可能对防疫机构和学校的决策产生影响。有患病学生承认，为能正常参加高考，自己和父母向老师请假或休学时借以感冒、肠胃不舒服等理由隐瞒了真实病情。桃江县疾病预防控制中心负责人表示，2017 年 7 月 26 日前并不知晓前来就诊学生的真实身份。面对升学压力，特别是在罹患传染病的情况下，部分学生和家长会三缄其口，学校很难了解到学生的真实病因。但在仍有学生陆续请假的情况下，学校并无切实的预防举措，仍以低敏感态度对待校园卫生安全工作，没有落实追踪制度，也未关注密切接触者状况。

其三，防疫机构反应迟滞。桃江县疾病预防控制中心相关负责人接受记者采访时说，到 2017 年 11 月 21 日，至少能够确认第 1 例即为 1 月 24 日被确诊的学生，该生当时隐瞒了自己的学生身份[①]。直到 7 月 26 日，3 名患者在医院的对话引起了工作人员的注意，桃江县疾病预防控制中心才得知 3 名患者是桃江四中的学生，遂展开调查，又发现了来自桃江四中的 2 名患者。负责人表示，桃江县疾病预防控制中心发现实例后只能报桃江县人民政府，由桃江县人民政府宣布是否为重大疫情，而具体数字只能通过湖南省人民政府对外公布。事实上，在长达一年多的时间里，桃江县疾病预防控制中心原本能够更早地核实疫情。364 班的一名学生称，自己 1 月被确诊为肺结核，3 月到桃江县疾病预防控制中心取药时，疾病预防控制中心的工作人员告诉他 364 班还有几名学生也感染了

---

① 中国新闻网. 2017-11-19. 湖南桃江肺结核事件：疾控部门、涉事学校校长回应质疑[OB/OL]. http://www.chinanews.com/sh/2017/11-19/8380211.shtml。

肺结核，若桃江县疾病预防控制中心与学校及时沟通，把握好防控时机，理应能够有效预警，避免大面积感染。

3. 应急处置滞后

首先，学校应急预案启动迟缓。如前所述，桃江四中 364 班班主任易老师是在 2017 年 8 月 2 日得知多名学生罹患肺结核的消息，并称第一时间就上报了学校，但 364 班学生直到 8 月 18 日才统一放假。校方给出的回应是：一方面，桃江县疾病预防控制中心并没有提示要求校方停课；另一方面，学生家庭分布在全县各个地方，回家后不便于统一筛查①。在这期间，学校请桃江县疾病预防控制中心为 364 班学生抽血检查，所有学生、教师，还有一部分家长共 2942 人接受了结核抗体筛查，364 班全部师生接受了痰涂片和心片检查。加上 8 月 18 日放假后学生自行检查，364 班已有超过半数的学生感染了结核病。

其次，疫情消息未及时公布。虽然肺结核已大面积侵袭校园，2017 年 8 月 19 日桃江县人民政府研究决定启动县级突发公共卫生事件应急预案，但疫情消息直到 10 月 22 日才被外界关注——一名患病学生首先在微博爆料自己及身边多位同学罹患肺结核的消息，这才引起相关部门的重视以及社会各界的广泛关注。据报道，该生在事后被老师指责为"抹黑学校"，但正是因为这次爆料，很多学生才得知自己所在的学校暴发了肺结核疫情，部分学生甚至是在桃江县人民政府 11 月正式发布通告时才知晓此事。

6.4　校园公共卫生安全风险防控体系建设

6.4.1　国内外校园卫生监测和监督的经验

1. 中国香港：强化主体责任，完善综合预警体系

总的来看，香港是我国范围内建立学校公共卫生监管工作长效机制的典型，其在构建运行体系和配置资源等方面值得借鉴的经验主要有以下几点。

首先，强化学校的主体角色。为突出学校在公共卫生工作中的责任和主体地位，强调学校既是卫生工作的组织主体、执行主体，更是法律的责任主体，香港政府在学校卫生工作中更多的只是提供指导与咨询，扮演着"守夜人"的角色。这一管理模式大大提高了学校自身在卫生工作方面的法律意识和责任意识，使之能主动承担起加强学校卫生工作、保障学生健康的责任与义务。当学校发现疫情，校方会主动告知家长，并联系疾控部门工作人员到学校为学生和家长解答疑惑，同时开展通风、消毒、知识普及等预防工作。

其次，完善的综合预警体系。为做好监测工作，特别是校园传染病、流行病的预防和控制，构筑校园卫生与健康防线，学校制定了多项制度和措施，建立起全员参与、家校联动、内外衔接的全方位综合校园公共卫生安全预警体系。一是成立由副校长牵头的校园卫

---

① 新华网. 2017-11-18. 肺结核旋涡中的桃江四中 364 班[EB/OL]. http://www.xinhuanet.com/local/2017-11/18/c_1121974376.htm.

生管理委员会,专门负责制定并组织实施学校卫生工作策略,校园卫生管理委员会的成员包括行政后勤人员、班主任老师、专业课程老师等,有些学校还会邀请社区义工和学生共同参与。二是严格落实晨检与因病缺勤登记及追踪制度。具体流程分为三步:第一步,学校要求家长每天上学前为学生测量体温并填写《体温检查回执》;第二步,老师在校园门口统一检查回执,并现场再次进行体温测量,双重把关,确保晨检成效;第三步,由班主任对因病缺勤的学生进行登记和电话追踪,与学生、家长保持紧密联系,准确掌握学生病情,并将登记情况汇总到校园卫生管理委员会,统一通过网络上报卫生署卫生防护中心。三是实施"校园健康大使"计划,即从学生中挑选代表并将其培育为健康大使,由健康大使利用朋辈关系向学生传播卫生、健康的行为习惯和生活方式。四是卫生署卫生防护中心每年都会制定和实施学校传染病、流行病监测计划。在此期间,卫生署卫生防护中心每周会出版一期监测简报,并向学校和社会公告监测结果与应对建议(李馥宣,2014)。

2. 美国:打造动态量化的卫生监督体系

首先,卫生监督职责划分清晰,保证人员专业化。美国的突发公共卫生事件应急处置组织体系采取联邦、州、县(市)三级政府管理为主干,公共卫生系统与其他系统(如能源、环境等系统)为辅助的形式。在卫生监督方面体现为:除联邦政府设有承担某一方面公共卫生监督职能的机构及其地方派驻机构外,州一级政府卫生部门均不设卫生监督人员,也不承担具体的卫生监督执法工作。卫生监督执法职能分散于各相关部门,由各相关部门按照自己的职责自行完成业务范围内的监督工作,不需对上级机构负责,只需向辖区内的公众负责。这使得美国卫生执法的人力资源分布非常广泛,不仅包括在各级卫生部门工作的人员,还包括从事教学、科研的人员,以及从事社区服务的非政府雇员。

其次,重视信息网络在卫生监督工作中的作用。为此,美国在卫生监督方面建立了政府引导、社会自治的管理模式。从最初起源于医疗机构自发组织的区域卫生信息组织开始,随着技术创新和业务需求不断升级,行业协会、社会组织和专业委员会等非政府机构逐渐发展起来,成为解决信息标准、信息利用、系统认证等关键问题的主体力量。为更好地发挥信息网络功能,相关部门制定了一系列详细具体的配套政策。例如,2009 年 2 月,美国国会通过经济刺激法案(《卫生信息技术促进经济与临床健康法案》),正式以立法形式明确了国家卫生信息技术协调办公室的职责,以及制定了《电子病历激励计划》和《国家卫生信息交换合作协议计划》等政策,促进电子病历应用和全国性的卫生信息交换。同时,美国疾病控制中心的公共卫生信息网能够支持和整合疾病监测系统、国民健康状态指标系统、公共卫生决策支持系统、预警和通信系统以及公共卫生反应管理系统的数据信息。远程全局管理模式的综合信息系统能够实现实时调查取证,医疗机构和公众都可通过信息系统报告公共卫生事件信息,卫生监督人员也可通过该系统向公众及时发布预警公告。相关部门可以在线上实时制作执法文书,实现数据交换和监控执法高风险环节。这既与以预防为主的公共卫生政策导向相符,又对实现资源共享有一定的推动作用,进而辅佐行政决策,为法律法规的修订提供依据。

再次,多维评估卫生信息技术的应用效果。通过卫生信息交换共享,美国的卫生部门能够根据纵向逻辑收集以病人为中心的卫生数据；借助电子数据方式减少医疗机构的调查负担；以试点地区经验为基础，确定评估方法。以国家卫生信息技术协调办公室为主，坚持对卫生信息技术的推广和使用情况进行多角度的效益评估，为国家中长期卫生信息化规划提供参考依据。

最后，加大医学信息学普及力度，培养适宜各层次需要的卫生信息化人才。美国医学信息学会在普及式基础教育和高等教育层面均已取得较大发展。美国医学信息学会发展了针对临床信息、公共卫生和生物信息学三个主要医学领域人员的在线信息教育课程。在高等教育层面，美国近 20 所一流医学院校信息研究中心相继成立了医学信息学系，或跨地域的医学信息研究和教学中心，并开始正式的医学信息学硕士和博士学位教育。相关法案对卫生信息技术人才培养高度重视，专门拨款用以支持培养高水平卫生信息技术人才的发展计划（李亚子等，2015）。

6.4.2　建立校园公共卫生安全预警机制

1. 细化学校卫生标准，加大对违法违规行为的处罚力度

目前，我国为有效落实学校卫生工作，制定了《学校卫生综合评价》（GB/T 18205—2012）、《中小学校传染病预防控制工作管理规范》（GB 28932—2012）等 27 部学校卫生标准及规范。

一方面，为适应各地经济、社会发展不平衡的现状，国家级标准通常都示以宽泛的"基本标准"。例如，2008 年教育部等部门提出的《国家学校体育卫生条件试行基本标准》（简称《标准》）提到，"鼓励有条件的地区根据本地实际情况，制定高于本《标准》的学校体育卫生条件标准。"而至今各级各地依然尚未出台高于《标准》的强制标准。因此，需加快更新和细化学校卫生相关标准的步伐，尽快出台检测指标更细化、标准制定更严格、行政处罚依据更明确、更符合实际需要的强制标准，减少对"国家最基本标准"的依赖，根据各级各地实际情况设置办学条件及卫生监督工作标准。

另一方面，2012 年卫生部颁布的《学校卫生监督工作规范》明确要求，为监督学校环境卫生质量和教学设施情况，需对教室人均面积、环境噪声、室内微小气候、采光、照明、黑板、课桌椅等进行测量、核实、测定，这些卫生要求均涉及现场快速检测。卫生监督现场快速检测是指在卫生监督工作的现场，通过感官检测法、生物实验法、理化分析法、免疫学方法等，对卫生监督指向的健康相关产品、场所和设施进行卫生学检测，是在较短时间内发现潜在公共卫生危害因素的一种技术手段，也是卫生监督执法工作中必不可少的技术支撑手段（祝秀英等，2015）。因此，需尽快补充现场快速检测的技术规范，详细规定检测布点方法、检测点数、检测前准备工作、现场检测的质量控制等标准，提高《学校卫生监督工作规范》中有关要求的可操作性，提高卫生监督的科学性和管理效率。采用多层次的处罚方式，特别是在警示效果不佳的情况下，赋予卫生行政部门选择处罚方式的主动权，提高行政相对人的违法违规成本，增强法律法规效力。同时，加强卫生监督队伍建设，提高卫生监督人员的执法意识和专业素养，进一步普及现场手持终端和现场快速检测信息采集终端，并扩展其一体化、智能化、数据共享等功能，使

卫生监督队伍能够有效应对监管内容不断拓展、监管对象数量的不断增加、监管面临的问题更加多样化等新形势。

2. 建立校园公共卫生安全预警系统

学校应由专人负责突发公共卫生事件的防控工作，严格落实晨午检制度，倡导家庭晨检，学生自检。负责人要做好因病缺勤登记，及时与校医沟通，通过校医对症状的初步诊断，确定因病缺勤（课）原因。以上海和青岛等地为例，针对发生频率较高的突发公共卫生事件——传染病，通过因病缺课监测能够有效提高学校的预警能力。

1）由学校卫生保健老师每日通过晨检和健康巡查进行学生因病缺课情况登记，以在线网络直报的方式上报每日监测信息。学生缺课包含以下两种情况：已经到医疗机构就诊并按照就诊记录登记疾病信息，以及未到医疗机构就诊的，需根据缺课学生或家长的叙述、学校卫生保健人员的观察进行症状登记。每日因病缺课监测的信息包括缺课学生的姓名、性别、年龄、班级、缺课天数和缺课原因等，其中缺课原因主要包括因疾病缺课、因症状缺课和因意外伤害缺课三大类。

2）由专人审核每日因病缺课网络直报的个案信息，对异常个案进行核实确认，并筛查不规范个案和重复个案，反馈给学校重新核实修改、填报或删除。同时，每月开展 1 次入校的因病缺课网络直报的现场填报质控工作，确保信息的准确性和真实性。

3）聚集性症状往往是校园公共卫生突发事件暴发初期的异常现象，因此，针对聚集性症状病例的监测和早期干预就显得尤为重要。症状监测也需纳入因病缺课的监测内容，做到疾病监测和症状监测并重，避免大量的早期缺课病例以及未就诊病例未纳入统计监测。疾病监测内容包括上呼吸道感染、呼吸系统、消化系统、泌尿生殖系统、血液、口腔与五官、心脏、内分泌、心理行为、神经系统等。症状监测内容包括发热、上呼吸道症状、消化道症状、神经系统症状、五官和口腔症状、皮疹类症状、全身症状、心理行为原因、受伤和其他症状。有研究者认为，通过因病缺课监测可以提前一天发现校园的暴发传染病疫情（张松建等，2008）。实际操作也证明，学校因病缺课监测能够在早期发现传染病疫情及其线索，发挥预警功能，提醒学校尽早重视、尽快隔离。另外，学校应重视入托和入学预防接种证查验、疫苗补种等工作，积极配合疾控部门提高疫苗接种率，有效设置免疫屏障，建立灵敏高效的监测预警系统。

3. 教育行政部门和学校要强化与卫生和计生部门的联防联控机制

为完善突发公共卫生事件防控有关制度，教育行政部门和卫生行政部门需共同对学校医务人员进行培训、指导，提高校医、校护对学校公共卫生事件的职业敏感性和防控能力，建立与完善主动报告事件制度，并规范报告途径。防疫机构对公共卫生事件集聚性症状的监测有赖于患者提供真实有效地信息，若一些个案缺少患者单位、联系方式等判定暴发/流行事件的必要因素，就会发生个案缺漏的情况，导致集聚性症状信息碎片化。为严格落实《国家突发公共卫生事件相关信息报告管理工作规范（试行）》（2005 年），需继续建立学校和疾控机构信息互通机制。在传染病审核过程中，学校应当通过自身预警系统补充或修正患者身份信息，为及时收集、分析学校传染病和公共卫生危险因素提供有效的监测资料。疾控中心要抓住学校突发公共卫生事件防控的关键季节和重点学校，做好专业技术指导。学校相关负责人与各级各类卫生机构需设置和宣传专门的举报、咨询热线电话，接受突发公共卫生事件和疫情的报告、咨询和监督。教育行政部门与卫生行政部门定期对突发公共卫生事件开展风险评估，检测医务工作者的培训效果以及流行病学调查队伍和实验室建设情况，在此基础上不断完善突发公共卫生事件和传染病疫情信息监测报告制度。

4. 重视农村等偏远地区的校园公共卫生事件预警机制的建设

偏远地区卫生情况不佳，医疗资源匮乏，学生自我干预能力和学校外部干预能力差，极易发生学校突发公共卫生事件，事件暴发后也难以得到有效处置。因此，对于此类学校应建立公共卫生事件的常态化预警机制，一是要明确政府的公共卫生责任。加强农村学校疾病预防控制，将有效控制严重危害农村学生健康的各种传染病、地方病、寄生虫病等作为学校公共卫生工作的重点。二是省级政府应统一规范农村学校公共卫生工作项目，注重分类指导，阶梯式推进农村学校疾病预防控制工作。将农村突发公共卫生事件防控工程纳入国家、地方整体防控战略，坚持加强学生的自我干预能力和学校的外部干预能力，充分发挥"两干预"的协同效应，做到最大限度地提高防控能力。三是充分发挥县级疾病预防控制机构和卫生监督机构的业务指导作用，制定年度计划，组织实施对农村地区在校师生的卫生知识培训，切实提高学生自我干预能力和学校外部干预能力。

6.4.3　建立校园公共卫生安全责任制

1. 实行校园公共卫生校长第一责任人制度

在当前我国层级分明的行政体制下，校园公共卫生安全责任制需要实行校长第一负责人制度，从"一把手"落实安全责任问题，在实施过程中应做到以下两点：一是权责分明。在规定校长权力的同时也要明确责任，并将学校公共卫生校长负责制作为校长工作绩效评价的维度之一。校长需负责建立、健全学校传染病疫情等突发公共卫生事件的发现、收集、汇总与报告管理工作制度，负责组织和开展针对全校师生及工作人员的传染病防治知识宣传，协助安监、卫生等部门对学校发生的传染病疫情等突发公共卫生事件进行调查和处理，并接受其督促和检查。二是建立监督和追责机制。强化学校党支部、学生、家长等主体的监督功能，这一方面是为了凸显学校公共卫生工作的重要性，另一方面是为了进一步加强学校的主体地位和管理责任。

2. 建立学校卫生监督责任体系

学校卫生监督是卫生行政部门及其卫生监督机构依据法律、法规、规章对辖区内学校的卫生工作进行检查指导，督促改进，并对违反相关法律、法规、规章的单位和个人依法追究其法律责任的卫生行政执法活动。健全卫生监督责任体系，明确卫生监督主体责任需要从三个方面做起：一是规范学校卫生监督主体。从国家层面推动卫生监督责任体系建设工作，加强卫生监督机构与队伍建设，建立卫生监督工作标准制度，结合稽查工作制度、投诉举报制度、卫生监督信息管理制度、行政执法责任制度、卫生行政许可制度和突发公共卫生事件应急制度等制定卫生监督工作的考核细则，采用完整、科学、可测量的考核指标，对卫生监督机构及人员进行绩效考核。二是严格落实监督责任。以"有权必有责"为根本原则，在执法责任制度、行政执法责任追究制度、科室职责等内容的基础上，确定部门及机构、岗位执法人员的具体执法责任，并通过签订责任书的方式将责任固定，推动执法责任制的落实。同时应建立健全行政执法评议考核机制，将绩效考核工作与执法责任制联系起来，形成合力，确保学校卫生监督责任落实到个人，推动学校卫生监督工作的开展。三是加大卫生监督稽查力度。卫生监督稽查作为一种内部管理机制，要与执法责任制和考核评议制二者有机结合，使执法机构和执法人员行使的行政权力与个人的职责和利益紧密挂钩，增强稽查结果的反馈效力。

3. 严格落实首诊负责制和首诊报告制

首诊负责制是以患者为中心的医疗核心制度之一，而首诊报告制是第一时间掌握疫情信息的关键制度，二者结合的实现路径主要为：一是实行临床医生对所有住院、门诊患者实行首诊负责制，一旦做出传染病诊断（含疑似），需立即填写传染病报告卡，不得迟报、瞒报、误报、漏报，并且做到传染病报告卡病名与门诊日志、出入院登记本诊断相符。二是完善传染病各项规章制度。根据上级部门文件精神及医院的各项工作制度，制定传染病疫情报告和管理制度以及岗位职责说明书，细化和完善各项工作考核标准，形成首诊医师、预防保健科、疾病预防控制中心报告系统，对所有传染病及疑似传染病感染患者进行详细登记和报告。针对传染病报告及迟报、漏报等情况，在医院内部给予通报，并以简讯的形式将通报内容公之于众。

综上，本章通过对我国 2017 年校园公共卫生事件的梳理与分析，总结出校园公共卫生安全事件呈现的基本特征，并聚焦于典型事件，进一步厘清当前我国校园公共卫生事件防控过程中的薄弱环节和诱发因素，从而提出从公共卫生事件预警机制和责任机制两个方面加强校园公共卫生安全风险防控体系建设的建议。当然，校园公共卫生安全的风险防控与治理是一个系统工程，不仅要依靠完善相关体制机制，加强校园安全责任管理，更要从社会层面，加强多元主体公共卫生知识的普及与学习，尤其是家庭的积极参与，共同实现安全校园建设，保障学生的健康成长成才。

第7章　校园设施安全及其风险防控

7.1　2017 年校园设施安全的现状

7.1.1　校园设施安全与校园设施安全事故

1. 校园设施安全

安全是指没有受到威胁、没有危险、危害、损伤、损失，即免除了不可接受的伤害与损失风险的状态[①]。校园安全是指学校能管辖的地区及范围内，在校师生、员工（重点是指学生）发生的自然灾害及意外，偶发事件，校车问题，校园暴力，性骚扰与性侵害，食物中毒，学生抗议事件等身体、心理等方面的损失（陈伟珂和赵军，2013）。设施是指为某种需要而建立的可以长期使用的，可基本保持原有实物形态和功能的机构、系统、组织等。校园设施是指长期为教师教学和学生学习、生活中使用，可保持原有实物形态功能的物质资料的总和，主要包括学校建筑、场地及各种仪器等。因此，可将校园设施安全定义为：在校园设施涉及的范围内，在校师生、员工（重点是指学生）等生命和健康及财产不受损害与威胁的状态，以及校园秩序的稳定。

根据校园设施的定义，本章将校园设施安全划分为以下四个方面（高山，2017）：

1）教学设施安全。教学设施安全是指教育教学设施不存在倒塌、火灾、爆炸或其他导致人身伤害事故的危险、隐患等。教学设施包括宿舍楼、体育教学设施及实验室教学设施，如田径、楼梯、实验室等。

2）生活设施安全。生活设施安全是指学生宿舍设施和食堂设施不存在垮塌、火灾或者发生其他人身伤亡伤害事故的危险、隐患等。其中，宿舍设施包括宿舍楼、宿舍楼配套设施，如水电管道设施等；食堂设施包括食堂楼、食堂配套设施，如桌椅等。

3）校园交通与校车安全。校园交通与校车安全是指校园内不存在道路坑洼、路障设施以及校车不存在危险、隐患等。校园交通设施主要是指校园内道路状态、门禁、校车等交通设施。

4）其他附属设施安全。其他附属设施安全是指学校附属设施不存在人身伤害事故的危险、隐患。其他附属设施包括学校附属建筑设施、消防设施等，如围墙、宣传栏、消防设备和疏散通道等。

2. 校园设施安全事故

事故是指生产经营活动中发生的造成人身伤亡或者直接经济损失的意外事件[②]。从广义上讲，校园安全事故是指学生在校期间，由某种偶然突发的因素而导致的人为伤害事

---

① 国家质量监督检验检疫总局，国家标准化管理委员会.《职业健康安全管理体系规范》，2011 年 12 月 30 日。

② 国务院令第 493 号.《生产安全事故报告和调查处理条例》，2017 年 4 月 9 日。

件。就其特点而言，责任人一般是因为疏忽大意或过失失职，而不是因故意而导致事故的发生（劳凯声，2010）。

校园设施安全事故主要是指因教学、生活、校车和其他附属设施的不安全状态和人的不安全行为引起在校师生、员工（重点是指学生）意外伤亡事故。例如，教学、生活设施发生火灾、爆炸导致学生意外伤亡的事故，或实验室违规操作、宿舍使用违章电器造成的触电事故，校车交通事故等。

为建立预测预警的事故隐患预防体系，进一步预防校园设施安全事故的发生，本章以全国学校教育安全网、学校安全教育平台、人民网、中国青年报和中国日报为数据来源，对 2017 年的校园设施安全事故进行统计分析，并划分校园设施安全风险单元，建立校园设施安全风险评估模型，总结校园设施安全风险防控体系应含有的主要内容。

7.1.2　校园设施安全事故特征分析

1. 校园设施安全事故总体情况分析

据不完全统计，2017 年校园设施安全事故共发生 64 起，其中，生活设施安全事故 29 起，占校园设施安全事故总数的 45.32%；校园交通与校车安全事故 25 起，占校园设施安全事故总数的 39.06%；教学设施安全事故 9 起，占校园设施安全事故总数的 14.06%；其他附属设施安全事故 1 起，占校园设施安全事故的 1.56%，具体情况如图 7.1 所示。

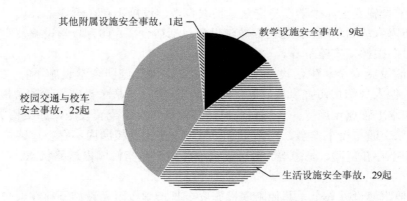

图 7.1　2017 年校园设施安全事故总体情况分析

综上所述，在 2017 年校园设施安全事故中，生活设施安全事故和校园交通与校车安全事故共发生 54 起，占事故总数的 84.38%，是 2017 年校园设施安全事故发生的主要类型。其中，生活设施安全事故发生最多，其次是校园交通与校车安全事故和教学设施安全事故，其他附属设施安全事故发生最少。

2. 校园设施各类安全事故对比分析

与 2016 年相比，2017 年教学设施安全事故和校园交通与校车安全事故都有所下降，校园交通与校车安全事故减少了 7 起，事故发生频率降低了 21.88%；教学设施安全事故减少了 3 起，降低了 25.00%；生活设施安全事故增加了 18 起，同比增加 163.64%，其中在食堂发生的生活设施安全事故共 24 起，占比为 82.76%，主要原因是食品卫生问题（共发生 19 起，占食堂事故的 79.17%）；其他附属设施安全事故共发生 1 起，与 2016 年基本持平（高山，2017），具体情况如图 7.2 所示。

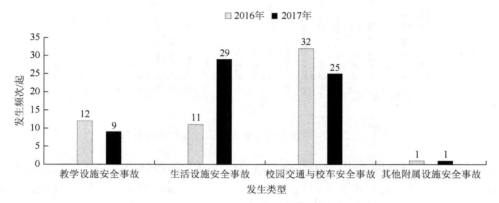

图 7.2　2016 年与 2017 年全国校园设施安全事故对比图

综上所述，与 2016 年相比，2017 年校园设施安全事故增加了 8 起，其中教学设施安全、校园交通与校车安全和其他附属设施安全的事故数量增长不显著，生活设施安全事故增幅最大，食堂是其发生的主要地点，食品卫生问题是其发生的主要原因。

3. 校园设施安全事故时间分布分析

如图 7.3 所示，2017 年 3 月、5 月和 9 月校园设施安全事故发生的频次较高，5~8 月，随着时间的推移，校园设施安全事故发生频次呈下降趋势，但随着 9 月开学季，事故发生频次又有所上升。由此可见，开学前后校园设施安全事故更易发生。

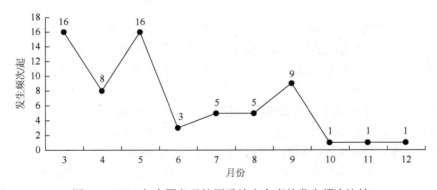

图 7.3　2017 年全国各月校园设施安全事故发生频次比较

4. 校园设施安全事故地点分布分析

如图 7.4 所示，在全国 34 个省（自治区、直辖市、特别行政区）中，2017 年江苏校园设施事故频次最高，共发生 6 起事故，其中生活设施安全事故占 4 起，主要原因是食物卫生问题。其次是浙江、吉林、河北、河南，2017 年均发生校园设施事故 5 起。

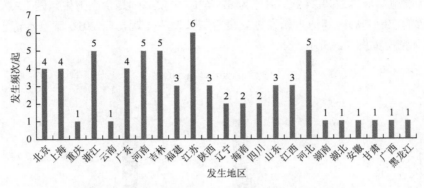

图 7.4 2017 年全国校园设施安全事故发生地区分布图

由此可推测，各地区校园设施安全事故发生情况与其经济发展水平以及人口密度相关。在经济水平高、人口密度大的地区，校园设施安全事故的发生可能更频繁，而在经济水平较低的地区，则可能对校园设施的安全检查、维护和更新不到位导致事故。因此，建议在进行校园设施安全风险防控时，应根据不同地区的不同情况采取不同的风险防控措施。

7.1.3 校园设施重大事故场景辨识汇总表

据不完全统计，2017 年教学设施安全事故共发生 9 起，事故类型涉及坍塌、火灾、机械伤害、中毒、爆炸、高处坠落等，事故发生的地点主要是教学楼、实验室、操场等区域。这些区域学生比较集中，可能发生的事故类型有火灾、中毒、物体打击、高处坠落以及其他伤害（拥挤踩踏），造成的后果包括人员受伤、财产损失和环境污染等。

2017 年生活设施安全事故共发生 29 起，事故类型涉及中毒、高处坠落、火灾、机械伤害、触电以及其他伤害，主要分布在学生宿舍及食堂等区域。因宿舍和食堂人员密度较高，一旦发生事故，如火灾、触电、爆炸等，处置不及时或处置不当，可能造成较大范围的人员伤亡和财产损失。

2017 年校园交通和校车安全事故共发生 25 起，主要事故原因包括超载、遗落、黑车等。校车拉运对象为在校学生，其满载率高、学生自救能力较差，在车辆行驶过程中一旦发生碰撞、侧翻等交通事故，极易造成群死群伤等严重后果。

其他附属设施安全事故则很少发生，2017 年仅发生 1 起，主要事故原因是广告牌、宣传栏坍塌，造成人员受伤。此外，虽然近年来没有发生校园电梯事故，但其他场所电梯事故的频发，应引起我们对电梯安全在校园安全教育方面的重视。

通过对校园设施安全涉及的风险单元进行危险有害因素识别，得到校园重大事故场景辨识汇总表，见表 7.1。

表 7.1　校园设施重大事故场景辨识汇总表

序号	事故类型	分类	危险源	可能发生的重特大事故类型	可能发生事故的场所	事故影响范围
1	教学设施安全事故	实验室危险源单元	危险化学品储存	火灾、爆炸、中毒	危险化学品储存设施	实验室及周围区域
2			危险化学品使用	火灾、爆炸、中毒	危险化学品储存设施	实验室及周围区域
3			废液废物	中毒	危险化学品使用设施	实验室及周围区域
4			压力容器的使用	爆炸	压力容器	实验室及周围区域
5			实验室建筑材料的使用	中毒	实验室建筑	实验室及周围区域
6			仪器设备的使用	火灾、爆炸	仪器设备	实验室及周围区域
7			易燃易爆物品的存储	火灾、爆炸	易燃易爆储存设施	实验室及周围区域
8			易燃易爆物品的使用	火灾、爆炸	易燃易爆储存设施	易燃易爆物品及周围区域
9			带电设备的使用	火灾、爆炸	带电设施	带电设备及周围区域
10		教学楼危险源单元	教学楼建筑的使用	火灾、中毒	教学楼建筑	教学楼及其周围区域
11			高层窗户、阳台的使用	高处坠落	教学楼建筑	教学楼及其周围区域
12			教室带电设备的使用	火灾	带电设备设施	教学楼及其周围区域
13			电梯、楼梯的使用	坠梯、拥挤踩踏	电梯、楼梯	电梯、楼梯周围区域
14		操场危险源单元	体育器材的使用	机械伤害	体育器材设备设施	体育器材及其周围区域
15			塑胶跑道材料的使用	中毒	塑胶跑道	跑道及周围区域
16	生活设施安全事故	食堂危险源单元	消毒柜消毒剂的使用	中毒	消毒柜设备	消毒柜及周围区域
17			带电设备的使用	火灾	带电设备设施	带电设备及其周围区域
18			可燃物、酒精等的使用	火灾	可燃物及可燃设施	可燃物及其周围区域
19			和面机、压面机的使用	机械伤害	和面机、压面机设备设施	和面机、压面机周围

续表

序号	事故类型	分类	危险源	可能发生的重特大事故类型	可能发生事故的场所	事故影响范围
20		食堂危险源单元	变质食物的使用	食物中毒	食堂	教职工及学生
21			装修材料、就餐桌椅的使用	中毒、火灾	桌椅设备	桌椅及其周围区域
22			高温高压设备的使用	爆炸、灼伤	高温高压设备设施	高温高压设备及其周围区域
23			烤炉、烤箱等的使用	火灾	烤炉烤箱设备	烤炉烤箱及其周围区域
24	生活设施安全事故		排油烟管道的使用	火灾	排油烟管道设备设施	食堂及其周围区域
25			天然气、煤气罐等的使用	火灾、爆炸	天然气管道、煤气罐设备	食堂及其周围区域
26		宿舍危险源单元	装修材料的使用	中毒	宿舍建筑	宿舍及其周围区域
27			玻璃门窗的使用	高处坠落	宿舍建筑	教职工及学生
28			明火的使用	火灾	宿舍建筑	学生及学生
29		宿舍危险源单元	带电设备的使用	火灾	带电设施	宿舍及其周围区域
30			生活用品的使用	火灾	宿舍建筑	宿舍及其周围区域
31	校园交通与校车安全事故	校园交通	路障交通的使用	车辆伤害	道路	道路及其周围区域
32			坑洼道路的使用	车辆伤害	道路	道路及其周围区域
33		校车	失灵刹车的使用	爆炸	校车	校车及其周围区域
34			问题油箱的使用	爆炸	校车	校车及其周围区域
35	其他附属设施安全事故		学校围墙的使用	其他伤害（倒塌）	围墙周围	围墙及其周围区域
36			学校宣传栏的使用	其他伤害（倒塌）	宣传栏周围	宣传栏及其周围区域

7.2　校园设施安全风险评估

7.2.1　校园设施安全的风险单元

风险是指事件发生带来的不确定性后果，这种不确定性可能是损失，也可能是收益。风险源是指能够带来风险的人、物或事件。只有划分风险单元才能对校园安全进行全面、系统、科学的风险评估。风险单元的划分需根据可能造成事故的风险源进行详细划分。

为全面、准确地辨识校园设施安全风险，本节从校园设施安全事故的 4 个类型（教学设施安全事故、生活设施安全事故、校园交通与校车安全事故、其他附属设施安全事故）出发，根据每个事故类型的定义划分出相应的场所/位置，再逐个分析各个场所/位置中存在的风险源，根据风险辨识标准分析可能造成的后果和风险类型，最终得出 44 个与校园设施安全相关的风险源。具体校园设施安全风险单元划分情况见表 7.2。

7.2.2　校园设施安全风险评估模型

1. 技术路线

本节风险评估遵循《风险管理　风险评估技术》（GB/T 27921—2011）的有关规定，绘制风险评估技术路线图，如图 7.5 所示。

（1）明确环境信息

确定校园设施安全风险管理的目标，设定有关风险准则。

（2）风险识别

风险识别是发现、认可并记录风险的过程。风险识别的目的是确定可能影响系统或组织目标得以实现的事件或情况。一旦风险得以识别，组织应对现有的控制措施（如设计特征、人员、过程和系统等）进行识别。风险识别过程包括识别可能对目标产生重大影响的风险源、影响范围、事件及其原因和潜在的后果[①]。

校园设施安全风险识别的主要任务是对校园设施安全评估范围内可能发生的各种突发事件进行识别和描述，并系统的排查校园设施具体风险源，列举校园设施安全事故，分析可能造成校园设施安全事故的原因和潜在后果。

（3）风险分析

风险分析通常涉及对风险事件潜在后果及相关概率的估计，以便确定风险等级。校园设施安全风险识别过程主要是对校园设施安全风险的可能性与后果严重性进行分析和评估[①]。

风险是事件发生的可能性和后果严重性的综合反映。可以按以下公式计算风险水平：

$$R = f(P, S)$$

式中，R 为风险水平；f 为风险的计算函数；P 为事件发生的可能性；S 为事件后果的严重性。

---

① 国家质量监督检验检疫总局，国家标准化管理委员会.《风险管理　风险评估技术》，2011 年 12 月 30 日。

表 7.2　校园设施安全风险单元

事故类型	场所/位置	风险源	风险辨识标准	可能造成的后果	风险类型
教学设施安全事故	教学楼	楼道、楼梯	楼道楼梯内可能会由于在混乱情况下或嬉戏打闹时发生踩踏事件	人员伤亡、经济损失	其他伤害（踩踏）
		高层窗户、阳台	学生嬉笑打闹时或有意无意时从高处坠落，发生事故	人员伤亡、经济损失	高处坠落
		教学楼建筑	教学楼建造时，可能出现建筑结构不合理，存在质量隐患，导致发生坍塌事故	人员伤亡、经济损失	坍塌
		装修材料、桌椅等	遇火源（电器短路、电弧、明火）可能导致火灾	人员伤亡、经济损失	灼伤、火灾
		教学楼内电线电缆	使用时间过长，或过负荷受热导致漏电，火灾事故	人员伤亡、经济损失	触电、火灾
		明火	烟头等明火可能导致可燃物燃烧	人员伤亡、经济损失	灼伤、火灾
		大量学生集中在疏散通道	当火灾等突发事件发生时，疏散通道内聚集大量学生，可能导致拥挤踩踏事件的发生	人员伤亡、经济损失	其他伤害（拥挤踩踏）
	实验室	化学实验室	实验楼内存放化学试剂，学生无人指导或意外情况下发生中毒、腐蚀和化学爆炸事故	人员伤亡、经济损失、环境影响	中毒、其他爆炸、其他伤害
		物理实验室	进行物理实验时，接触大量的用电设施，可能发生触电以及电气火灾事故	人员伤亡、经济损失	触电、火灾
		电缆、插板电气设备	私自接拉电缆、插板过负荷受热，故障可能引发漏电或火灾	人员伤亡、经济损失	触电、火灾
		装修材料、桌椅等	遇火源（电器短路、电弧、明火）可能导致火灾	人员伤亡、经济损失	灼伤、火灾
		明火	烟头等明火可能导致可燃物燃烧	人员伤亡、经济损失	灼伤、火灾

续表

事故类型	场所/位置	风险源	风险辨识标准	可能造成的后果	风险类型
教学设施安全事故	体育场	足球、篮球等体育器械	体育设施使用不当时，可能导致人身伤害事故	人员伤亡、经济损失	物体打击
		塑胶跑道	使用时间过长，以及塑胶跑道成分不合理，释放有毒有害气体，可能导致人身伤害事故	人员伤亡、经济损失、环境影响	中毒、其他伤害
		学生自身身体原因	学生阶段性风险性疾病	人员伤亡、经济损失	其他伤害
		大量学生集中在操场等区域	当突发事件发生时，学生大量涌入到操场时，可能发生踩踏事故	人员伤亡、经济损失	其他伤害（拥挤踩踏）
生活设施安全事故	餐饮厨房	排油烟管道	厨房内排油烟管道内、排烟口、净化器等设备内油污因高温或油锅操作不当可能导致起火	人员伤亡、经济损失、环境影响	火灾
		消毒柜、消毒剂等	消毒柜设备缺陷或消毒剂的使用可能导致火灾或人员中毒	人员伤亡、经济损失、环境影响	火灾、中毒、其他爆炸、其他伤害（腐蚀、职业伤害）
		电缆、插板等用电设备	私自接拉电缆，插板过负荷受热或在潮湿环境下的电气漏电可能引起火灾	人员伤亡、经济损失	火灾、触电
		烤箱、烤炉等大功率设备	设备长时间运行而前电器元件发热高温可能导致火灾	人员伤亡、经济损失、环境影响	火灾
		天然气、储气瓶煤气等	使用天然气、煤气等气体泄漏，遇火源、高温可能导致火灾、爆炸、中毒窒息等事故	人员伤亡、经济损失、社会影响、环境影响	火灾、其他爆炸、中毒和窒息、容器爆炸、其他伤害
		高压锅、热水器、炊具等内高温、高温液体介质	高温加热设备操作不当使沸腾液体喷溅可能导致爆炸、灼烫	人员伤亡、经济损失	灼烫、容器爆炸

续表

事故类型	场所/位置	风险源	风险辨识标准	可能造成的后果	风险类型
生活设施安全事故	餐饮厨房	可燃物、食用油、酒精类物质	厨房使用油、可燃物等物质，遇火源可能导致火灾等事故	人员伤亡 经济损失 环境影响	火灾、其他爆炸
		学生就餐或上课	火灾等突发事件下疏散通道突发大客流可能导致拥挤踩踏事件的发生	人员伤亡 经济损失 社会心理影响	其他伤害（拥挤踩踏）
		明火	烟头、火焰等明火可能导致可燃物燃烧	人员伤亡 经济损失 环境影响	灼伤、火灾
		和面机、压面机	使用压面机、搅面机可能导致人员手部、身体被搅伤或击伤	人员伤亡 经济损失	机械伤害
		食物	食物变质可能造成学生食物中毒	人员伤亡 经济损失	中毒
	学生宿舍	装修材料、用餐桌椅等	遇火源（电器短路、电弧、明火）可能导致火灾	人员伤亡 经济损失 社会心理影响 环境影响	火灾
		学生上下层床铺	使用上下层床铺容易发生触摸跌落	人员伤亡 经济损失 社会心理影响	高处坠落
		电线、插板电气设备	私自接拉电缆、插板过负荷发热，故障可能引发漏电或火灾	人员伤亡 经济损失 社会心理影响	火灾、触电
		装修材料、桌椅等可燃物	装修材料、可燃家具等遇到明火（电器短路、电弧、明火）、高温可能导致火灾	人员伤亡 经济损失 环境影响	火灾
		明火	烟头等明火可能导致可燃物燃烧	人员伤亡 经济损失 环境影响	火灾

续表

事故类型	场所位置	风险源	风险辨识标准	可能造成的后果	风险类型
生活设施安全事故	学生宿舍	吊顶灯具、玻璃灯泡等	设备固定不牢靠，破裂意外造成掉落可能导致人员伤亡	人员伤亡 经济损失	物体打击
	学生宿舍	宿舍内可燃物	住宿环境周围存在大量可燃物，遇火可能发生火灾	人员伤亡 经济损失	火灾
		玻璃门窗	破损可能造成人员高处坠落	人员伤亡 经济损失	高处坠落
校园交通与校车安全事故	校园交通	校园内道路坑洼	校园内道路坑洼可能导致校车在行驶时失稳，导致人员伤亡	人员伤亡 经济损失	车辆伤害
		校园内路障设施	路障设施受到损坏时，可能导致校车在校园内发生事故，导致人员伤亡	人员伤亡 经济损失	车辆伤害
	校车	校车油箱	校车油箱破损漏油可能导致校车爆炸等事故	人员伤亡 经济损失	其他爆炸
		校车刹车	校车内基础设施年久失修，刹车零件失灵，造成人员伤亡事故	人员伤亡 经济损失	车辆伤害
校园交通与校车安全事故	校车司机	校车司机个人行为	校车司机不遵守相关法律法规，如无证驾驶、超载等，可能发生人员伤亡事故	人员伤亡 经济损失	车辆伤害
其他附属设施安全事故	围墙	碎石、围墙	墙体碎石掉落、围墙倒塌可能造成人员伤亡	人员伤亡 经济损失	高处坠落
	消防设备	防火门、疏散指示、消防栓	防火门破坏、疏散指示不明、消防栓发生故障可能造成人员伤亡	人员伤亡 经济损失 环境影响	火灾
	疏散通道	疏散通道	意外事件时，疏散通道阻塞可能造成人员撤离不及时，受伤甚至死亡	人员伤亡 经济损失	其他伤害（拥挤踩踏）
	宣传栏	玻璃挡板、木质挡板	挡板不牢靠，玻璃意外破碎可能造成人员受伤或死亡	人员伤亡 经济损失	物体打击

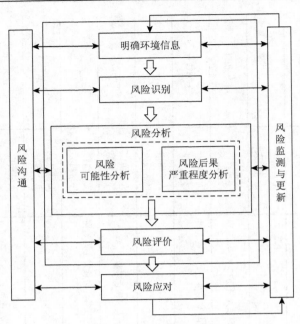

图 7.5　风险评估技术路线图

风险分析的主要方法如图 7.6 所示。

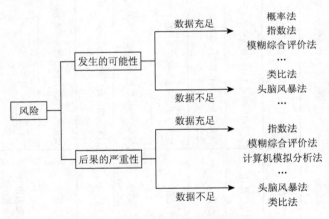

图 7.6　风险分析方法

当数据充足时，事件发生的可能性及后果的严重性应根据相关数据，采用概率法、指数法等定量方法进行确定。根据计算出的事件发生的可能性及后果的严重性，直接计算风险水平。当数据不足时，事件发生的可能性及后果的严重性宜采用定性或半定量的方法进行确定。

（4）风险评价

在风险识别和风险分析的基础上，对风险发生的概率、损失程度，结合其他因素进行全面考虑，评估风险发生的可能性及后果的严重性，与预先设定的风险准则相比较，确定风险等级。风险评价利用风险分析过程中所获得的对风险的认识，来对未来的行动进行决策。道德、法律、资金以及包括风险偏好在内的其他因素也是决策的参考信息①。

（5）风险应对

风险应对是确定校园设施存在的风险，并在分析出风险概率及其风险影响程度的基础上，根据风险性质和决策主体对风险的承受能力而制定的回避、承受、降低或者分担风险等相应防范计划。

2. 评估方法

（1）风险事件发生的可能性

本节仅对 2017 年校园设施类安全事故的不完全统计和分析，用于分析事故的致因因素和发生的可能性，目的在于帮助学校在教育教学活动中能有针对性地消除或控制不安全因素，以降低校园设施类安全事故的发生，保证教育教学活动有序、稳定的进行。根据国内和国外校园设施安全事故的统计资料和经典案例对校园设施安全风险事件发生的可能性进行分析，校园风险事件发生的可能性分级评级标准见表 7.3。

表 7.3　风险事件发生的可能性分级评价标准

方法	评分等级	可能性等级				
		极低（1 级）	低（2 级）	中等（3 级）	高（4 级）	极高（5 级）
定量方法	一年内事件发生的概率	10%以下	10%～30%	30%～70%	70%～90%	90%以上
定性方法	国内（际）发生可能性	全国极少发生，国际上偶有发生	全国或国际上偶有发生	全国或国际上时有发生	全国或国际上经常发生	全国或国际上频繁发生
	今后发生可能性	今后 10 年内发生可能少于 1 次	今后 5～10 年内可能发生 1 次	今后 2～5 年内可能发生 1 次	今后 1 年内可能发生 1 次	今后 1 年内至少发生 1 次
	整体发生可能性	一般情况下不会发生	极少情况下才发生	某些情况下会发生	较多情况下会发生	常常会发生

资料来源：《风险管理　风险评估技术》

根据表 7.3 风险事件发生的可能性分级标准以及 2017 年校园设施安全事故的不完全统计，进一步分析校园设施风险的可能性，结果见表 7.4。显然，校园设施安全事故中，生活设施安全事故和校园交通与校车安全事故时有发生，具有较高的事故发生的可能性，对这两类事故应重点防范；而教学设施安全事故与其他附属设施安全事故具有较低发生的可能性。

表 7.4　校园设施风险事件可能性分析

事故类型	主要风险源及其分布	国内同类事故发生情况	可能性描述	可能性等级
教学设施安全事故	教学楼、体育教学设施、实验教学楼	全国或国际上偶有发生	教学设施是校园内必然存在的校园设施，在校园内活动时，可能会伴随着事故的发生。与 2016 年相比，2017 年事故发生次数有所下降，教学设施安全事故整体呈下降趋势	低（2 级）

① 国家质量监督检验检疫总局，国家标准化管理委员会.《风险管理　风险评估技术》，2011 年 12 月 30 日。

事故类型	主要风险源及其分布	国内同类事故发生情况	可能性描述	可能性等级
生活设施安全事故	校舍住宿设施、食堂设施	全国或国际上时有发生	校舍以及食堂内存在大量危险源，发生安全事故的可能性较大。2017 年生活设施安全事故明显高于 2016 年，整体呈上升趋势	中等（3 级）
校园交通与校车安全事故	校车、校园内道路设施	全国或国际上时有发生	校园交通与校车安全事故主要发生在中小学中，相较于 2016 年，2017 年事故发生次数明显降低	中等（3 级）
其他附属设施安全事故	学校附属建筑设施	全国极少发生，国际上偶有发生	由于其他附属设施安全事故与 2016 年相同，只发生 1 起，并无上升与下降趋势	极低（1 级）

（2）风险事件发生后果的严重性

根据《生产安全事故报告和调查处理条例》关于事故等级划分的规定以及国内外校园设施安全事故统计资料和典型案例分析（案例来源见 7.1.1 节），并结合表 7.5，对 2017 年校园设施安全事故后果的严重性进行分析，详见表 7.6。

表 7.5　风险事件发生后果严重性分级评价标准

评价标准	严重性等级				
	很小（1 级）	一般（2 级）	较大（3 级）	重大（4 级）	特别重大（5 级）
人员死亡或失踪/人	0	<3	[3～9)	[10～29)	≥30
人员受伤/人	0	<10	[10～49)	[50～99)	≥100
财产损失/万元	<50	[50～1 000)	[1 000～5 000)	[5 000～10 000)	≥10 000
需要的应急能力	事发点可及时处理	个别部门和单位资源能够处置	需要由市级应急机构响应	超出市政府应急处置能力	超出省政府应急处置能力
社会影响	无明显不良影响	有较小的社会舆论，一般不会产生政治影响	在一定范围内造成不良的舆论影响，产生一定的政治影响	造成恶劣的社会舆论，产生较大的政治影响	造成极其恶劣的社会舆论和政治影响

表 7.6　校园设施安全事故后果的严重性分析

校园设施事故类型	主要风险源及其分布	国内同类事故发生后果严重情况	后果的严重性描述
教学设施安全事故	教学楼、体育教学设施、实验教学楼	与 2016 年相比较，2017 年教学设施安全事故发生频次整体呈下降趋势	教学设施安全事故的发生往往会伴随着人员伤亡和财产损失，教学设施安全事故共发生 9 起，占 2017 年校园设施安全事故的 14.06%。其中有较为严重的坍塌事故，引发恶劣的社会舆论，产生较大的政治影响
生活设施安全事故	校舍住宿设施、食堂设施	2017 年生活设施安全事故共发生 29 起，占校园设施安全事故的 45.32%，其中，食堂发生了 24 起安全事故，其中包括煤气中毒、煤气爆炸等安全事故	生活设施安全事故虽时有发生，但并未造成较大的人员伤亡及财产损失，社会舆论不大，一般不会产生政治影响
校园交通与校车安全事故	校车、校园内道路设施	校园交通与校车安全事故始终是校园设施安全事故防控的重点，与 2016 年相比 2017 年校车及校园交通安全事故减少 7 起，整体呈下降趋势	校园交通与校车安全事故的发生往往伴随着较为严重的人员伤亡及财产损失，引发恶劣的社会舆论，产生较大的政治影响
其他附属设施安全事故	学校附属建筑设施	国内其他附属设施安全事故极少发生，且不会造成严重影响	其他附属设施安全事故发生时可及时处理，无明显不良影响

（3）确定风险等级

风险矩阵法是一种能够把风险发生的可能性和后果的严重性进行综合评估风险大小的风险评估分析方法。它是一种风险可视化的工具，主要用于风险评估领域。根据风险发生的可能性等级和后果的严重性等级，按照风险矩阵法确定事件的风险等级。可能性和后果严重性由低到高分为 1～5 级，风险等级共分为极高（V）、高（H）、中等（M）、低（L）四个级别，分别对应极高风险、高风险、中风险和低风险，如图 7.7 所示。

		后果严重性				
		1	2	3	4	5
可能性	1	低	低	低	中	中
	2	低	低	中	中	高
	3	低	中	中	高	极高
	4	中	中	高	高	极高
	5	中	高	高	极高	极高

风险等级	低风险	中风险	高风险	极高风险

图 7.7　风险矩阵——风险等级判断表

将校园设施安全风险发生的可能性及后果的严重性分析的结果，对照风险矩阵，可得到校园设施安全风险的风险等级。

1）生活设施安全风险和校园交通与校车安全风险发生的可能性较大，经常伴随群死群伤，后果严重，影响范围广泛，属于高风险或极高风险。

2）教学设施安全风险发生的可能性一般，影响范围较为广泛，后果较为严重，属于低风险或中风险。

3）其他附属设施安全风险发生的可能性较小，造成的安全事故后果较小，属于低风险。

通过以上分析可知，在校园设施安全风险中，生活设施安全风险一般为高风险或极高风险，在四类校园设施安全风险中风险程度最高；其次是校园交通与校车安全风险，一般为高风险或中风险；再次是教学设施安全风险，一般为中风险或低风险；其他附属设施安全风险最低，一般为低风险。

7.3　2017 年校园设施安全事故典型案例分析

校园设施安全事故主要包括教学设施安全事故、生活设施安全事故、校园交通与校车安全事故以及其他附属设施安全事故。为了进一步认识不同类型校园设施安全事件及其风险，本节将 2017 年 3 月 27 日发生的上海复旦大学实验室爆炸事故、10 月 29 日发生的广东东莞理工学院学生触电身亡事故等校园设施安全事故作为典型事故案例，还原案例过程，进行案例分析，以期对学校及相关部门在校园安全风险识别与风险防控方面有所启示和借鉴。

7.3.1 教学设施安全案例

1. 上海复旦大学实验室爆炸事故

（1）案例过程[1]

2017 年 3 月 27 日 19 时许，复旦大学化学西楼一实验室发生烟雾报警，同时有学生报称在楼内听到疑似轻微爆炸声。安保队员和院系老师第一时间赶到现场，发现一学生在实验中手部受伤，立即将其送医院治疗，学生无生命危险。事故原因正在进一步调查。

（2）案例分析

1）学生实验操作不规范。此次复旦大学实验室的爆炸事故暴露出学生做实验过程中存在的一些安全问题。《教育部办公厅关于加强高校教学实验室安全工作的通知》（2017 年）强调高校应建立教学实验室的安全准入制度，对进入实验室的师生必须进行安全技能和操作规范培训，未经相关安全教育并取得合格成绩者不得进入教学实验室。事故中的学生忽略了反应釜的临界值，导致实验操作出现失误，从而导致这次爆炸事故的发生。

2）学校实验室管理不到位。高校教学实验室覆盖学科范围广，参与学生人数多，实验教学任务量大，仪器设备和材料种类多，潜在安全风险复杂。这次事故的发生既与实验室平时疏于管理，未定期对实验设备进行安全检查与维护有关，同时也与学生在完成实验的过程中未配备相关教师在旁进行安全指导有关。

2. 教学设施安全案例启示

通过对此次事故进行分析，可得到以下几点启示。

（1）加强实验室设施安全管理

对于有发生事故可能性的校园实验室，管理上要尤为注意。因实验室事故发生较为频繁，一旦发生将造成较大的人员财产损失，因此存在较高的安全风险。建议学校应加强对实验室设施的安全管理工作，尤其是设备仪器的使用和化学药品的存放，严格遵守国家相关法律法规标准，完善实验室安全管理制度。

（2）开展实验室自救演练

实验室应根据实际情况制定实验室火灾、爆炸事故应急处置预案并组织师生定期演练。定期开展实验室事故应急预案演练，有助于提高师生的安全意识，提升应急处置能力。同时，接受过应急预案演练的师生在事故发生后，有可能做出正确的选择，能够在保证自身安全的前提下，降低事故损失。

（3）定期开展实验室使用安全教育

除通过完善安全管理制度和开展应急预案演练提升实验室安全管理水平外，实验室

---

[1] 人民网. 2017-03-28. 复旦大学一化学实验室发生爆炸 一学生受伤[EB/OL]. http://edu.people.com.cn/n1/2017/0328/c367001-29174822.html。

相关人员还应增强自身的安全意识。每位首次进入实验室的人员都应该接受实验室设施及药品的安全使用教育，通过普及设施设备、药品的安全使用操作规范，减少实验室安全事故发生的可能性。

7.3.2　生活设施安全案例

1. 广东东莞理工学院学生触电身亡事件

（1）案例过程[①]

2017 年 10 月 29 日零点 47 分，广东东莞理工学院粤台产业科技学院，1 名 2016 级计算机科学与技术学生邓某在莞城校区内，学生宿舍 2 栋一房间洗澡时发生触电。宿舍同学在关闭电源后，于零点 49 分将该同学拉出洗手间并进行抢救，随即拨打 120、110。救护车到现场抢救并将伤者送到东莞市中医院分院。凌晨 4 点左右，邓某经医院抢救无效死亡。同宿舍 1 名同学拉救邓某时被余电击伤，当即送往东城人民医院，经观察无碍。

东莞理工学院表示，事故发生后，校内涉事宿舍，已停止使用，并开展全面用电安全排查。截至 2017 年 10 月 29 日晚，学生已整体搬迁至使用太阳能热水器的校外公寓。

（2）案例分析

通过对广东东莞理工大学学生触电身亡事故进行事故分析可知，造成该事故的原因主要包括以下几个方面。

1）学生安全意识薄弱。大面积积水、热水器电源没有任何保护装置、热水器没有漏电保护装置以及热水器上有小裂纹及发生了锈蚀，种种迹象表明卫生间存在很大的触电风险，然而邓某却对这些安全隐患毫不知情，在没有防护措施的情况下继续使用导致了事故的发生。"同宿舍 1 名同学拉救邓某时被余电击伤"也侧面说明了该学生没有足够的安全与应急常识，安全意识薄弱。

2）学校设施安全隐患排查不力。校园设施设备安全管理相关制度提出学校要定期检查、监督、管理、维修楼房、食堂、体育馆、宿舍和消防设施、体育器材、电气设备线路、水暖器材、通信设备等，及时消除安全隐患，保证师生安全。对校园内的重点部位和安全事故易发设施，学校要安排人员做好日常巡查工作，要在第一时间上报学校领导，以便采取措施[②]。本次因漏电而引起学生触电身亡的事故表明，该高校设施设备存在严重的安全隐患，安全管理工作存在重大疏漏。正是平时对校园设施疏于管理，未定期对校园设施进行安全检查、维修、更换，及时排除重大安全隐患，才造成事故的发生。

① 中国日报中文网. 2017-11-02. 宿舍洗澡触电身亡　校方：将使用太阳能热水器[EB/OL]. http://cnews.chinadaily.com.cn/2017-11/02/content_34013186.htm.

② 安全管理网. 2017-05-29. 学校设施设备安全制度[EB/OL]. http://www.safehoo.com/Manage/System/school/201705/485173.shtml.

2. 浙江越秀外国语学院学生高处坠落身亡事件

（1）案例过程①

2017 年 9 月 17 日上午 7 时 25 分，浙江越秀外国语学院稽山校区一名大四学生王某从寝室床上跌落后不治身亡。根据浙江越秀外国语学院对此次事件的通报，同寝室学生第一时间拨打了 120 急救，班主任、辅导员随即赶到寝室。约 7 时 35 分，120 急救赶到现场进行抢救，并紧急送往附近的绍兴文理学院附属医院。学校领导、相关部门负责人、市教育局领导等赶赴医院。经医院全力抢救无效死亡。

（2）案例分析

通过对浙江越秀外国语学院学生高处坠落身亡事件的分析，该事故发生的原因有以下两点。

1）学校安全管理存在盲点。在学校宿舍安全管理规定中，通常关注的是用电安全、财产安全等内容，并没有关注学生从上铺摔落的高坠风险，安全管理存在盲区。

2）学校设备不符合国家规定。根据国家标准《家具　床类主要尺寸》（GB/T 3328—2016）：双层床的安全栏板高度在放置床垫的情况下，应不少于 20 厘米，安全栏板缺口长度≤60 厘米。

3. 生活设施安全案例启示

（1）定期排查安全隐患

学校应成立设施安全管理小组，依照国家相关的法律和法规制定校园设施安全排查制度，明确相关标准、规范，定期对校园生活设施及其他设施进行安全情况的检查，对存在隐患或不能使用的设施进行整改或停止使用；定期对校园事故进行分析，对新发现的隐患和可能存在的风险实施排查，并制定相应的管控措施，扫除安全监管盲点。

（2）加强安全教育，提升安全意识

安全教育是预防事故的关键。学校应开展安全教育活动，组织师生进行安全知识的学习和安全意识的培养，加强学生的安全教育知识和管理人员的安全教育，定期组织在校师生进行应急演练自救和互救能力的提升。科学制定生活设施的使用规范，要求师生遵守规范，杜绝因不安全操作引起的校园设施安全事故。

7.3.3　校园交通与校车安全事故案例

1. 河北两岁半女童被遗忘校车内死亡事件

（1）案例过程②

2017 年 7 月 12 日上午 9 点，河北晋州市桃源镇周头村某幼儿园自邻村接幼儿入园，

---

① 中国青年报—中青在线. 2017-09-25. 大四女生从宿舍床上跌落身亡！悲剧让人反思[EB/OL]. http://news.cyol.com/content/2017-09/25/content_16530595.htm.

② 中国青年网. 2017-07-29. 河北两岁半女童被遗忘校车内死亡家属获赔 120 万[EB/OL]. http://news.youth.cn/sh/201707/t20170729_10401597.htm.

结果一名两岁半幼女被遗忘在车内，直至下午 4 点钟才被发现。该幼儿被送往晋州市人民医院，终因抢救无效死亡。经查，该幼儿园为未经注册审批的非法幼儿园，创办人张某为桃源镇郭家庄村人。之前桃园镇有关部门和派出所多次对该园下发停办通知书。事发后，公安部门已将该园园长控制。7 月 14 日，省教育厅发布紧急通知，要求各县（市、区）教育行政部门对幼儿园全面排查，对重大问题隐患进行督办。通知称，把办园当生意，把配备接送幼儿车辆当做招揽生意的手段和工具，违法违规购置非标准车辆、私招乱雇非合格驾驶员和随乘人员，超载运行，不按规范程序交接幼儿，是此类事故发生的主要原因。7 月 23 日，事发当地乡政府代表幼儿园，与女童家属签署谅解书。根据谅解书，女童家属将获得 120 万元（包括丧葬费和精神损失费）赔偿。

（2）案例分析

经过对河北两岁半女童被遗忘校车内死亡事件进行分析，此次校车事故的发生主要有两个原因。

1）园内的管理体制不完善。园长（主要责任人）对相关的法律法规认识不到位，没有遵守相关法律法规，未注册审批就开始办学，管理体制也不完善，对桃源镇管理部门下发的停办通知书置之不理。由于负责人未遵守法律法规，违规办学，安全意识淡薄，间接引起这次事故的发生。

2）没有严格履行《校车安全管理条例》。此次事故发生的直接原因是司机未清点学生人数，导致将两岁半幼童遗留在车内，令其窒息死亡。校车司机在上岗前应进行严格培训，校车司机面对的群体是幼儿，上岗时应更加的谨慎仔细，每次上下车时，须做好乘车记录，并上交给相关部门审查。

2. 山东威海校车起火事故

2017 年 5 月 9 日 8 时 59 分，山东威海某幼儿园一租用车辆，到威海高新区接幼儿园学生上学时，行经环翠区陶家夼隧道时，发生交通事故并导致车辆起火。事故发生时，车上有司机 1 名，幼儿园老师 1 名，3～6 岁幼儿园学龄前儿童 11 名。事故造成幼儿园老师重伤，司机和 11 名儿童（5 名韩国籍，6 名中国籍）死亡[①]。

3. 校园交通与校车安全案例启示

（1）对校园交通与校车安全事故责任人严厉追责

为了加强校园交通与校车安全管理，保障乘坐校车学生的人身安全，国务院于 2012 年 4 月 5 日发布实施《校车安全管理条例》。然而，该条例属于行政法规，并没有规定哪些行为应该承担刑事责任。要保障校车的安全就要时刻敲响警钟，加大惩处力度和范围，对校园交通与校车安全事故责任人严厉追责。

（2）完善我国校园交通与校车制度的立法体系

纵观我国对于校园交通与校车安全事故的刑法、行政法、民法的规制，均缺乏校园交

---

① 人民网. 2017-05-09. 山东威海校车起火事故：省委成立调查组[OB/OL]. http://society.people.com.cn/n1/2017/0509/c1008-29264206.html。

通与校车安全事故赔偿标准的具体和详细规定，对受害学生及其家庭的及时、有效赔偿是抚慰受害学生及其家庭的重要手段，然而仅有责任主体的赔偿并不能满足高额的赔偿费用，有必要建立校园交通与校车安全事故赔偿分担机制，进一步完善校园交通与校车安全事故赔偿责任制度，明确精神损害赔偿，扩大社会保险的保险范围，建立社会救济基金。

（3）应加强对校园交通与校车的全方位监管

为保障校园交通与校车安全，必须对车辆、驾驶员、驾驶过程、行驶路线进行全方位监管。监管部门应加强路面巡逻，及时惩处违法违规行为。学校应结合自身情况，制定有针对性、稳定性的校车安全管理制度，定期对正在使用的校车等进行安全检查，不断深入地对校车驾驶员进行安全意识、交通法规的培训。此外，学校还应组织在校师生开展校车起火逃生应急演练，通过安全培训和应急演练提升师生的安全意识和自救逃生能力。

7.4　校园设施安全风险防控对策措施

根据"安全第一、预防为主、综合治理"的安全生产方针，开展校园设施安全风险预防控制工作，是预测、预防、遏制校园设施安全事故的重要手段。本节根据对校园设施安全事故特征的分析和校园设施安全事故的风险评估，建议校园设施安全风险防控措施应包含以下六个方面。

7.4.1　明确风险责任主体

1. 明确责任主体，消除风险责任空白

2006 年 9 月，教育部等部门颁布的《中小学幼儿园安全管理办法》第六条规定，"地方各级人民政府及其教育、公安、司法行政、建设、交通、文化、卫生、工商、质检、新闻出版等部门应当按照职责分工，依法负责学校安全工作，履行学校安全管理职责。"第十六条规定，"学校应当建立校内安全工作领导机构，实行校长负责制；应当设立保卫机构，配备专职或者兼职安全保卫人员，明确其安全保卫职责。"《国务院办公厅关于加强中小学幼儿园安全风险防控体系建设的意见》（国办发〔2017〕35 号）明确指出，"教育部门、公安机关要指导、监督学校依法健全各项安全管理制度和安全应急机制。学校要明确安全是办学的底线，切实承担起校内安全管理的主体责任，对校园安全实行校长（园长）负责制，健全校内安全工作领导机构，落实学校、教师对学生的教育和管理责任，狠抓校风校纪，加强校内日常安全管理，做到职责明确、管理有方。"

在开放性风险环境下，多个风险责任主体之间可能存在职责交叉，可能有部分风险责任无人承担，出现风险责任真空区域。因此，必须科学划分风险管理主体的责任界限。不同风险管理主体承担不同责任，且需要具备相应的风险应对能力。例如，可将风险管理主体分为高层风险管理主体、中层风险管理主体和基层风险管理主体三个层次，分别承担不同的风险责任。高层风险管理主体需具备风险识别能力、研判预警能力、应急决策能力、应急处置能力、系统规划能力和统一协调能力等；中层风险管理主体需具备风险预警能力、风险防范能力、应急决策能力、应急处置能力、属地资源调配能力和信息传达能力等；基

层风险管理主体需具备风险预警能力、风险防范能力、先期处理能力、报警能力和自救互救能力等（北京市大兴区教委，2014）。

针对校园安全问题，学校和教育、公安、司法行政、建设、交通、文化、卫生、工商、质检、新闻出版等部门应明确各方风险责任，共担责任、协同配合，共同保障学生健康和安全。

2. 实行分级管理，落实安全生产责任制

安全生产责任制是根据我国的安全生产方针"安全第一、预防为主、综合治理"和安全生产法规建立的各级领导、职能部门、工程技术人员、岗位操作人员在劳动生产过程中对安全生产层层负责的制度。《中华人民共和国安全生产法》明确指出"管行业必须管安全、管业务必须管安全、管生产经营必须管安全"。

（1）实行分级负责制

根据权责一致的原则，应明确各责任主体、各岗位的责任范围，落实责任到人的负责制。根据风险等级的不同、后果严重程度的不同，形成责任分级制度，对不同的责任后果及其责任主体实行分级负责制。

（2）建立横纵向分级责任体系

系统内部建立纵向分级责任体系，明确不同责任主体的安全风险职责，各层级规范化管理，实施"定岗定责""一岗双责"制度；党政部门之间建立横向责任体系，明确风险责任的所有权；开展部门间合作与联动，定期举行跨部门的联席会议，并建立健全的部门协调机制。以北京大兴区为例，在校园安全工作中将校园安全风险责任体系划分为区教委、各镇教委办、学校三级校园安全风险责任网格，实行分级管理。

7.4.2　全面开展校园设施安全风险辨识

风险辨识是风险分析和评估以及风险响应的基础，是风险管理和保证校园安全稳定运行的重中之重。相关部门应指导推动学校按照有关制度和规范，针对校园的具体情况，制定科学的安全风险辨识程序和方法，全面开展安全风险辨识。学校要组织行业专家和全体师生，采取有效措施，全方位和全过程地辨识教学设施、生活设施、校园环境、人员行为和管理体系等方面存在的安全风险，做到系统且全面地排查风险隐患，并持续更新完善。

校园风险辨识可包含环境危险有害因素辨识和安全事件辨识两方面的内容。环境危险有害因素辨识是指通过对校园设施安全所涉及的场所，如教学楼、实验室、体育场、餐饮厨房、学生宿舍、校园道路、校车、校园建筑、校园设施等进行有害因素辨识，确定该场所存在的风险源，根据相应的标准规范及可能造成的后果，确定风险类型。安全事件辨识是指通过对风险事件历史数据的统计分析，得到不同类别风险事件的时间、空间分布规律，从而从总体上把握风险事件的基本特点。

在事故历史数据统计、重大危险源和事故隐患辨识结果的基础上，初步识别出可能引发各类风险事件的风险源，再通过与相关部门人员、相关专家座谈，对识别出的重大风险事件风险源进行确认，以及查遗补缺，最大限度地识别出校园设施安全风险源。将识别出的所有风险源汇总，列出风险源概况表，主要内容包括：序号、场所/位置、风险源、辨识标准、可能造成的后果、风险类型等。

7.4.3　制定科学的校园安全风险评估与分级标准

相关部门应制定科学的校园安全风险评估与分级标准，明确程序和方法，帮助学校全面开展安全风险评估工作。学校要对识别出的安全风险进行分类梳理，根据国家、行业及地区的相关标准，确定安全风险类别。对不同类别的安全风险，采用相应的风险评估方法确定安全风险等级。

安全风险评估方法要充分考虑风险发生的可能性和后果的严重性，重点关注可能导致财产损失和人员伤亡的高危频发风险，聚焦风险单元和受影响的人群规模。

安全风险等级从高到低划分为极高风险、高风险、中等风险和低风险，分别用红、橙、黄、蓝四种颜色标志。其中，极高风险应填写清单、汇总造册，按照职责范围报告属地负责安全生产监督管理的部门。要依据安全风险类别和等级建立学校安全风险数据库，绘制企业红、橙、黄、蓝四种颜色安全风险空间分布图。风险的等级并不是一成不变的，学校安全的风险管理需要依据风险演变的实际情况，调整和更新风险等级，并根据"分类管理、分级负责、属地管理、统一领导、综合协调"的原则，开展相应的防范和应对工作。

7.4.4　制定有效的校园设施安全风险管控措施

控制风险是防止风险转化为事故的关键环节，是实现"以人为本、预防为主"的具体体现，是减少事故发生的重要措施。制定风险控制措施要以"符合并尽可能低"为原则，要考虑当地环境和条件、投资成本和效益回报、当前科学技术水平、能力等条件，在风险控制成本与效益之间找到最佳平衡点，使风险消减措施达到最佳效果，以保障工程的顺利进行（郭鹏，2009）。

风险应对的具体措施包括但不限于以下几类：

1）法规、标准与规划措施，目的是消除（规避）风险源。

2）工程技术措施，包括消除或降低风险的各种硬件设施改造、技术手段与工程措施等。

3）管理措施，包括为降低或控制风险而制定和完善相应的管理制度、政策、宣传培训等。

4）应急准备措施，包括应急预案、队伍、装备、物资、资金、技术、演练等各个方面的准备工作。

相关部门应完善有关学校安全的国家标准体系和认证制度。不断健全学校安全的人防、物防和技术防范标准并予以推广。对学校使用关系学生安全的设施设备、教学仪器、建筑材料、体育器械等，按照国家强制性产品认证和自愿性产品认证规定，做好相关认证工作，严格控制产品质量。学校建设规划、选址要严格执行国家相关标准规范，保证学校的校舍、场地、教学及生活设施等符合安全质量和标准。校舍建设要严格执行国家建筑抗震有关技术规范和标准；完善学校安全技术防范系统，在校园主要区域要安装视频图像采集装置，有条件的要安装周界报警装置和一键报警系统，做到公共区域无死角。建立校园工程质量终身责任制，凡是在校园工程建设中出现质量问题且后果严重的建设、勘查、设计、施工、监理单位，一旦查实，承担终身责任并限定进入相关领域①。

　　学校应根据风险评估的结果，针对安全风险特点，从组织、制度、技术、应急等方面对校园设施安全风险进行有效管控。通过隔离危险源、采取技术手段、实施个体防护、设置监控设施等措施，达到回避、降低和监测风险的目的。对安全风险分级、分层、分类、分专业进行管理，逐一落实各责任主体、各岗位的管控责任，尤其要强化对高危频发风险的重点管控。学校要高度关注危险源变化后的风险状况，动态评估、调整风险等级和管控措施，确保安全风险始终处于可控范围内。

7.4.5　建立校园设施安全风险预警机制

　　学校设施安全风险预警是指对学校已有的设施安全现状进行评价，通过对学生因设施引发的安全问题的成因系统分析，对其发生及造成的伤害进行测度，预报可能发生的设施安全问题的范围和危害程度。通过对校园设施安全进行预测评估，发出预警，提醒学校及时采取有效措施排除危情，最大限度地降低风险的损害程度（高山，2017）。

　　校园风险预警主要由制度保障和触发机制两部分内容构成，前者是依据政府相关法律法规制定的校园风险管理规划，后者的关键在于触发临界值的估算，涉及单位风险出发临界值的估算和校园总体风险触发临界值的估算（苗娣，2012）。

　　校园设施安全风险预警工作主要包括两部分：一是重点排查，对学校可能存在的潜在风险进行重点排查，通过应急工作的关口前移，有针对性地开展危机防范；二是准确发布，通过恰当的方式和渠道向学生、家长、教师等群体及时有效地发布合适的、精确的预警信息，达到防止危机发生、减少危机损失的效果（北京市大兴区教委，2014）。例如，可以通过发放风险月历实现学校危机的事前预防预警，具体做法是通过对典型案例、季节特征、地域特征、法规制度等因素的梳理，形成一年中 12 个月的高危、频发风险列表，以月历的形式向学校发放，学校根据风险月历的警示进行预警；再如，充分利用学生信息网络系统，针对校内人员日常行为特点进行调查，对存在安全隐患的环节采取比较评估，制定合理、准确的预备方案，如在毕业生离校期间，重点关注校园秩序，开展针对酗酒、晚归等情况的专项整治及教育宣传活动，提前化解有可能引起不安全状况的因素，为建立健全校园风险管理控制体系打下坚实的根基（何璐等，2014）。

　　通过全面、细致地搜集校园设施安全信息，根据警兆的危险程度将校园设施安全风险进行不同程度的分级，按照警情发出相应的警示信号，从而使人们直观地了解校园设施的安全状况。预警警级是人们根据所采集的安全信息，将事态的危害程度或严重程度人为划分的级别。

　　目前，我国还没有对学校安全设立统一警戒级别。借鉴自然灾害以及突发公共事件预警分级的相关知识，将校园设施安全风险等级从高到低划分为极高风险、高风险、中等风险和低风险。同时，根据警情级别的划分，分别用红、橙、黄、蓝四种颜色对应由高到低的警情信号，标志不同，警情不同。学校根据警戒级别可以及时、有效地采取预防措施，将可能发生的安全事故消灭在萌芽状态（杜玉玉，2015）。

---

① 国务院办公厅.《国务院办公厅关于加强中小学幼儿园安全风险防控体系建设的意见》，2017 年 4 月 25 日。

7.4.6 提升师生风险意识和安全素质

影响校园安全的内因主要表现为校园内部管理、校舍安全工程及师生安全与健康素质等多方面的问题，其中最为突出的是校园内部管理，一些典型案件也反映出师生安全意识不强和校舍存在安全隐患等其他方面的突出问题。提高广大师生和管理者的安全防患意识是做好校园安全工作的根本，也是校园安全的治本之策（任国友，2010）。

增强风险意识，首先，要重视风险防范意识，确保学校内教职人员和学生都具备风险意识，能在教育教学和生活中主动规避和防范可能出现的风险。其次，营造校园安全文化，使安全的理念贯穿学生学习生活的方方面面，形成多角度、多层次自觉服务师生成长成才的合力，使其经常受到教育、关注和呵护，能很大程度上在育人的各个环节中消除校园突发公共事件发生的诱因，从而防范校园突发公共事件的发生。最后，建立应急演练常规工作机制。加强应急演练非常重要，"5·12 汶川特大地震"中的桑枣中学和"4·14 玉树地震"中的玉树民族中学无一伤亡的事实充分说明了地震应急演练的重要性。积极开展安全应急预案演练活动，是提高广大师生处置突发公共事件能力的有效手段，是提高全体师生安全意识和防范技能、最大限度地减少事故伤害的有效平台。

第8章　校园贷及其风险防控

　　"总体国家安全观"强调统筹内部安全与外部安全、传统安全与非传统安全，构建集政治安全、国土安全、军事安全、经济安全、文化安全、社会安全、科技安全、信息安全、生态安全、资源安全、核安全等于一体的国家安全体系。金融作为国民经济的命脉，其安全直接关系到国家经济安全，金融的发展深刻影响着国民经济的发展。自改革开放以来，中国金融业一直是中国经济领域全面深化改革的重要内容。综观世界大型经济体的每一次重要改革，往往都伴随着重大的金融创新。相较于西方的发展历程，我国互联网金融在近几年呈现出爆发式的蔓延与发展，随着经济的发展，我国长期采取的金融抑制策略影响了经济发展的效率，市场主体在利益的驱动下开始寻求突破管制或利用管制获取更大的套利空间方式。互联网金融之所以大行其道，实质上是比传统金融更为激进的监管（贾楠，2017）。当金融交易人数增长，规模会达到影响整个系统的地步，金融问题就可能演变为政治问题、社会问题。当前，互联网金融受众范围非常大，资金规模增长也很迅速，一旦出现问题很难通过市场出清的方式进行解决，这种高度发展的状态使其正在具备实现系统性重要影响的条件。作为互联网金融的一部分，校园贷业务凭借其审核快、门槛低、及时放款的优势迅速吸引了许多大学生客户，业务几乎覆盖了全国所有的高校，再加上大学生本身具有较高的社会关注度，并且在中国的社会环境下，尽管大部分大学生已经成年，但他们仍然与家庭保持着非常紧密的联系，如果危机发生，那么校园金融风险就可能扩散为危及整个社会的政治风险，后果将十分严重。同时，校园安全作为整体安全的组成部分，在贯彻和落实国家安全战略中扮演着重要的角色，并且校园安全直接关系到年轻一代人的切身利益，必须予以非常高的重视。相对于我们比较熟悉的中小学校园安全，高校安全又具有其特殊性：半开放或全开放的校园环境，与社会系统频繁而密切的联系与互动，发达的虚拟社区和庞大的互联网用户量，相对自由开放的氛围以及大学生自身对新兴事物的高接受度使得高校校园安全更加脆弱。除了历年来一直作为高校安全防范重点的传统安全问题，如火灾、交通事故、网络信息安全事故等之外，新型的高校风险也层出不穷，其中近年来发生的各类校园贷事件不断刺激着公众的敏感神经，成为影响高校安全的重要因素。本章通过对大学生校园贷使用情况的调查以及校园贷问题典型案例的分析，力图分析校园网络贷款中存在的问题，为防范和化解校园金融风险，提高大学生风险意识做出有益的借鉴。

8.1　校园贷内涵与特点

8.1.1　校园贷的内涵

　　广义上说，校园贷就是一种针对大学生的金融信贷服务。校园贷最早的形式是国家银行为高校家庭贫困的学生提供的政策性助学贷款，用于支付大学期间产生的学费，学生在读期间由国家补贴利息，帮助困难学生顺利完成学业。2009 年以前银行针对大学生给予的授信贷款,主要是各大银行向在校大学生发放的低额度信用卡,也可以纳入校园贷的范畴。而近年来我们所提到的校园贷主要是狭义上的内涵,即校园网络贷款。校园网络贷款是随着互联网金融兴起的一种新的金融形式。随着信息通信技术和互联网的快速发展,特别是近年来大数据、云计算的崛起,互联网对金融市场的影响已经达到了前所未有的地步。从 20 世纪 90 年代招商银行率先推出"网上银行"业务开始,传统金融行业开始了互联网化的过程。2005~2011 年前后,第三方支付得到蓬勃发展,根据艾瑞咨询《2016 年中国大学生消费金融市场报告》的数据显示,2012 年以来,我国在校大学生人数一直处于增长的趋势,2016 年达到了 3741.5 万人,同时大学生的消费能力正随着家庭条件的改善而不断增强,2016 年大学生消费金融市场规模达到 4524 亿元,预计 2019 年将突破 5000 亿元大关①。2009 年中国银监会发布了《关于进一步规范信用卡业务的通知》,规定除附属卡外,银行业金融机构不得向未满 18 周岁的学生发放信用卡,向已满 18 周岁无稳定收入来源的学生发卡时须落实具有偿还能力的第二还款来源。自此以后,大部分银行基本停止推出学生信用卡。银行的退出加上千亿元级市场规模吸引了大量的互联网金融公司进军大学生市场,形成了独特的校园贷业务。从这个角度来看,校园贷是指各种互联网借贷平台、电商平台或者民间借贷人向全日制专科以上的在校大学生提供的用于消费、培训、创业等目的的小额信用贷款或者消费信用分期贷款(霍冉冉和郑联盛,2017)。互联网金融模式下的校园贷运营模式等各个方面与国家助学贷款以及银行信用贷款存在着较大的差异,本章主要研究和探讨狭义上的校园贷业务,即校园网络贷款。

8.1.2　校园贷的类型

依据产品类型,校园贷可以分为现金贷模式和消费分期模式。现金贷模式主要包括两种类型,一种是对等网络(peer-to-peer network,P2P)借贷平台的模式,涉及的主体主要包括贷款人、出借人和网贷平台。网络借贷平台充当媒介、审核借贷双方资质、平台管理等角色,出借人与贷款人按照不超过平台最高利率的方式自行交易,平台收取相应的服务费用。另一种是类似于蚂蚁借呗,由大型互联网公司背书的小微金融服务公司推出的小额贷款服务。但是在 2018 年 1 月 9 日,蚂蚁借呗因涉杠杆过高违反中国人民银行的规定,主动关闭了部分用户的账号,来控制借贷余额。在现金贷模式中,贷款学生所贷资金将划入贷款学生的银行账户,可以支取且用途不受限制,学生按照约定的利率还本付息。消费分期模式中大学生是网络购物者,通过支付一定的首付金额获得商品,平台向供货者垫付其余款项,其后学生购物者按照设定的分期金额和期限进行偿还。在这种模式中,大学生所贷资金不会进入自己的银行账户而是直接用于商品支付。

依据校园贷平台运营模式,校园贷可以分为三种类型。第一种是淘宝、京东等基于传统电商平台所提供的消费信贷服务,如蚂蚁花呗、京东白条等。这类平台是目前校园贷业务中非常重要的一方,传统电商深度结合线上消费场景,以网上商城作为巨大的流

---

① 中国青年网. 2017-02-06.《2016 年中国大学生消费金融市场研究报告》发布[EB/OL]. http://finance.youth.cn/finance_cyxfrdjj/201702/t20170206_9088507.htm.

量入口，通过大数据、云计算等先进的互联网技术对消费记录等多维数据进行分析形成用户画像，审核借款人资质从而实现风险控制。此类型面对的是全体网购消费者，虽然用户量非常庞大，但客观上并没有单独对大学生群体做市场细分。第二种是分期购物的平台，如趣分期、爱又米（爱学贷）等，均开通了专门满足大学生消费偏好的业务，平台上的商品价格一般会比正常的市场价格高。这类平台可以与电商生态灵活配合，并且紧密结合大学生各种消费场景提供细分及专业的金融服务，有些还能支持低额度现金提现。第三种是基于 P2P 借贷平台推出的面向大学生的现金贷业务，如借贷宝、名校贷等推出的校园业务。所谓 P2P 借贷是指个体对个体通过网络进行资金借贷，是融合了互联网信息技术和民间小额借贷的新的借贷形式。P2P 借贷平台作为第三方将借款人和出借人联系起来，以中介的角色来收取服务费并进行贷后管理。

2016 年开始频繁出现的校园贷事件主要集中在第二种和第三种信贷服务中，这两种类型均存在不规范的平台通过设置名目繁多的收费，非常高的实际利率，追债方式五花八门甚至不惜采用非法、暴力的方式等问题，严重威胁到大学生的人身和财产安全。

8.1.3　校园贷的特征

1. 深耕长尾市场，大学生群体违约风险高

以银行和银行为背景的金融公司为主的传统金融行业，一直以来受到"二八定律"的影响，即 20%的人口享有 80%的财富，这虽然不是一个绝对的数值，但是表明了一种不平衡的关系，即少数主流的人会产生主要的影响，因此传统金融行业更加关注于开发与维护大客户。而作为长尾用户中新兴群体的大学生，缺乏稳定的收入来源，再加上大学生群体的征信体系尚属空白，传统的风险评估方法无法对缺乏征信记录的大学生做出有效的判断，因此传统金融行业不愿意也很难为大学生提供有效的金融服务。科技的发展，大数据、机器学习等技术的应用，使得互联网金融机构实现了数据的多渠道获取、数据的高效率流转与自动化决策，为迎接长尾用户可能带来的更大风险挑战提供了条件。相较于成人市场，大学生群体的特殊性在于每月的生活费是相对固定的，除饭费等生活必需支出外，真正可以用于自由支配的资金较少，这与大学生日益增长的消费需求不匹配。传统金融的缺失压抑了大学生的信贷需求，当校园贷这种互联网金融提供了疏导方式时，这种需求就会爆发式地释放出来。一方面庞大的大学生数量规模造就了千亿元级的市场，为校园贷机构创造了巨大的利益空间；另一方面大学生的违约风险也比较高。部分学生存在冲动消费的心理，有的甚至通过向多个平台进行借贷来满足消费欲望，贷款的数额远远超过了其实际支付的能力，信用违约的风险显著大于成熟的消费者。

2. 审核快、门槛低、放款迅速

传统金融机构在开展信贷业务时，会综合考量贷款人的收入水平、过去的信用状况等来评判其偿贷能力，从而确定合适的贷款额度。复杂的审核程序以及较高的准入门槛局限了其在大学生市场的发展。校园贷则突破了传统的贷款资格审核程序，流程简单操作容易，方便快捷，迅速吸引了大学生用户。京东白条、蚂蚁花呗等产品依托

电商平台,通过大数据、机器学习等技术获取用户消费记录进行偿贷能力的审核,综合判断用户在平台的信用积分并提供相应的分期额度,大学生在网络购物进行商品支付时,只需选择分期支付方式,平台将即时放款至供货者,无需等待,极大地刺激了大学生消费的热情。除此之外,在激烈的竞争压力或监管缺位的情况下,为了降低获客成本,尽快获取市场,多数分期购物平台和 P2P 平台采取了更为激进的审核程序,只需要学生提供身份证、银行卡、校园卡等信息,经过简单的审核程序便能获得相应的贷款。并且各类贷款机构的贷款信息没有并入中国人民银行的征信系统,信息无法共享,导致同一个大学生可以在多个平台同时借贷,直接或间接地鼓励和助长了大学生贷款的随意性,从而放大了信贷风险。

3. 过度宣传和诱导

为了抢占市场、吸引眼球,各种校园贷平台采取了多种宣传手段引导大学生使用贷款产品。具有流量优势的电商平台,通过设置首选默认使用信贷产品进行支付的方式引导大学生使用分期服务,有的学生在无意识的情况下便开启了消费分期业务。而分期购物平台和 P2P 平台并不具备如电商一般庞大的流量入口,不少放贷机构为了抢占市场、吸引眼球,投放大量校园贷广告,有的甚至雇用兼职人员通过发小广告的形式对大学生进行不定时的信息轰炸,线上则通过 QQ 群、朋友圈等社交网络扩大影响力。一方面不断强调门槛低、放款速度快、手续简单、无需抵押的特点,引起大学生的好奇心;另一方面虚假宣传贷款成本低廉,广告中名义上只需收取非常低的利率甚至是零利率,实际上掩盖了很多隐藏、变相的费用,如逾期利息、违约金、管理费、服务费等,诱导大学生进行借款。

8.2　校园贷发展现状

8.2.1　大学生关于校园贷的意向行为调查分析

本节主要从大学生对于校园贷的认知程度、使用意向、使用情况 3 个角度来展示目前校园贷业务的发展现状,从而把握大学生在使用校园贷业务时面临的风险问题,为培养大学生信贷安全意识,对防范和化解大学生信贷风险提供数据支撑。调查问卷通过网络调查平台进行发放,面向全日制专科以上的在校大学生,调查涵盖文、理、工、农、医等不同专业,男生占调查对象总人数的 46.30%,女生占调查对象总人数的 53.70%,超过 80% 的被调查者的年龄为 20～25 岁,其中本科生占调查对象总人数的 50.99%,硕士生占调查对象总人数的 29.28%,博士生和大专生分别占调查对象总人数的 14.14% 和 5.59%。大学生收入水平现状,即月生活费的数额,是决定大学生使用校园贷的内在原因,调查显示,67.53% 的大学生月生活费为 1000～2000 元,10.58% 的大学生月生活费少于 1000 元,也就是说近 80% 的大学生月生活费低于 2000 元,只有 6.20% 的大学生月生活费在 2500 元以上(图 8.1)。除生活必要开支外,大学生真正可支配的金额相对较少,而以 90 后为主体的大学生由于家庭环境的改善,通常喜欢以自己使用的产品来定义自我标签,对品牌的忠诚度较高,其消费的欲望也更加强烈。收入的限制与旺盛的消费需求之间的不匹配，使得大学生对校园贷的需求会在相当长的一段时间内具有一定的刚性。

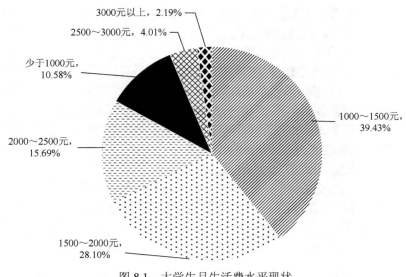

图 8.1　大学生月生活费水平现状

1. 大学生对于校园贷的认知程度

在调查中我们列举了三类平台中知名度相对较高的机构，①电商平台，包括蚂蚁花呗、京东白条；②分期购物平台，包括分期乐、趣分期、爱学贷、人人分期；③P2P 平台，包括借贷宝、名校贷、优分期、今借到等。从大学生对常见的校园贷平台了解程度的数据结果来看，78.47%的大学生对蚂蚁花呗表示比较了解，这些大学生中有超过 55%的学生选择了完全了解和基本了解；同时对京东白条也有 59.49%的大学生在认知上给出了肯定的答案，总体来说电商平台的校园贷业务在大学生群体中有比较广泛的影响力。相比之下，问卷中所列举的分期购物平台和 P2P 平台均有超过 60%的大学生表示基本不了解和完全不了解，同时问卷中这两类平台也均有超过 12%的大学生表示完全了解和基本了解。分期购物平台和 P2P 平台中最为大学生所知的是分期乐和借贷宝，分别占调查对象总人数的 38.68%和 30.65%，而从整体上来看，被访大学生中了解分期购物平台的人多于 P2P 平台。

从数据对比可以看出，大学生对于常见校园贷平台的认知水平是不平衡的，依托电商平台的校园贷产品的知名度具有非常显著的优势，分期购物平台次之，P2P 平台知晓度最低（图 8.2）。大学生使用分期贷款主要用于满足消费需求，是电商平台和分期购物平台更为人熟知的内在原因。而相较之下，电商平台的校园贷先天具有电商入口的流量优势，在校园贷产生之前，电商平台就已经通过经年积累培养了用户网上购物的习惯，大学生作为网络购物的庞大而忠实的用户，通过电商入口接触到校园贷业务也是非常容易的。也就是说，电商平台的校园贷从出生之日起就拥有庞大而忠实的潜在用户群，自然在大学生群体中的知晓度更为突出。分期购物平台和 P2P 平台多数成立于 2013 年前后，属于初创型的公司，而电商平台的校园贷背后拥有电商巨头强大的资金和技术支持，在宣传推广、品牌建设等方面具有明显的优势。

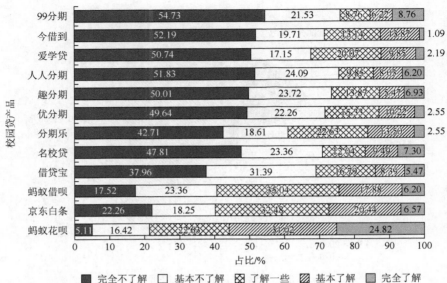

图 8.2　大学生对校园贷平台的认知水平现状

从大学生对校园贷产品类型的了解程度来看，问卷设置了相关的知识项：①蚂蚁花呗和京东白条属于消费分期产品，不能用于提现。②P2P 平台并不直接发放贷款，只是提供借贷双方交易的平台。对知识项①表示了解的大学生所占比例为 72.99%，47.81% 的大学生选择了基本了解和完全了解，说明多数大学生对于消费分期产品特别是电商平台的校园贷产品模式比较熟悉；与此相反的是，48.54% 的大学生对知识项②选择了基本不了解和完全不了解。知识项②属于 P2P 平台网贷模式中最基本的知识，可以认为近一半的大学生对 P2P 平台的业务逻辑是不了解的。从上面的数据来看，大学生更熟悉消费分期型校园贷产品，这可以用大学生使用校园贷主要是为了满足消费需求，获得心仪商品来解释，使用频率也会比更专注于现金贷业务的 P2P 平台高，因此对业务逻辑也会更为熟悉（图 8.3）。

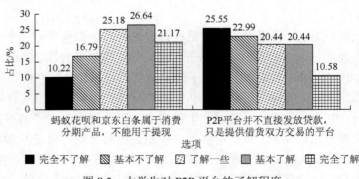

图 8.3　大学生对 P2P 平台的了解程度

从大学生对校园贷服务协议的了解程度来看，52.56%的大学生认为自己不了解网贷服务合同内容，有的大学生甚至没有看过网贷服务合同，可见大学生对校园贷可能存在的风险缺乏必要的知识储备，一旦风险发生，将会处于被动的地位。这是由于一方面校园贷服务协议具有很强的专业性，需要具备一定的金融知识和法律知识才能充分了解其内容，另一方面用户本身并无多少耐心，面对冗长而晦涩的协议内容往往会直接选择接受（图 8.4）。

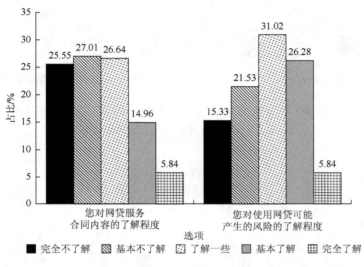

图 8.4　大学生对校园贷服务协议的了解程度

2. 大学生对校园贷的使用意向

从校园贷需求角度来看，问卷询问了大学生对校园贷需求的感知，仅有 34.24%的大学生认为需要使用校园贷，而在后面的调查中我们发现超过 75%的大学生使用校园贷业务，说明大学生对需求的感知有较强的主观性。54.05%的大学生认为使用校园贷能减轻自己的资金压力；54.06%的大学生认为与信用卡相比，申请校园贷更加便利；37.38%的大学生认为使用校园贷提升了自己的生活品质，同时也有超过四分之一的大学生不同意这一观点（图 8.5）。

从心理效用的角度来看，总体上校园贷带给大学生的心理效用不是很高。只有29.56%的大学生认为使用校园贷能使自己获得满足感，超过 45%的大学生认为使用校园贷既不是时尚的事情，也不能获得乐趣，可见校园贷更多地带给大学生的是经济层面的方便（图 8.6）。

从主观规范的角度来看，外界环境的态度会影响大学生对待校园贷的态度。37.39%的大学生认为自己的亲友、同学支持自己使用校园贷；28.37%的大学生认为媒体的信息使自己觉得应该使用校园贷；相比于媒体信息，大学生更容易受到来自亲友和同学的影响。校园贷平台的营销活动让 31.98%的大学生觉得应该使用校园贷，因此防止虚假宣传，过度引导，对校园贷机构加强监管很有必要（图 8.7）。

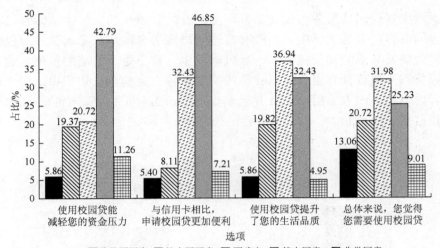

图 8.5　大学生需要校园贷的原因分布

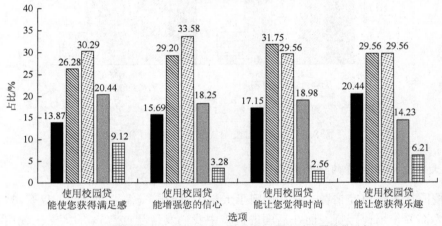

图 8.6　大学生需要校园贷的心理效用

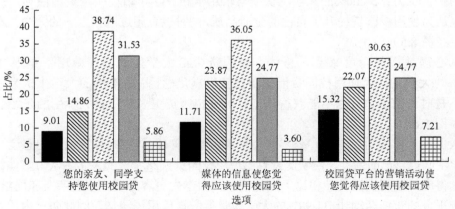

图 8.7　大学生对校园贷的主观规范

从校园贷费用的可接受程度的角度来看，**39.18%**的大学生总体上觉得校园贷的费用可以接受，而超过四分之一的人则觉得不能接受。对于校园贷的服务费用而言，**47.30%**的大学生表示可以接受当前的服务费用水平；而对于校园贷的利息费用而言，**37.38%**的大学生表示可以接受，另有超过三分之一的大学生表示不确定，这说明不少大学生对于校园贷的相关费用并不是很清楚，难以对收费水平的高低进行判断，这种模糊的态度一方面说明大学生对于校园贷相关认知比较浅显，另一方面说明大学生对这种产品的复杂态度，既需要通过使用校园贷来满足自己消费等各方面的需求，又会担心使用的成本或风险对自己不利（图 8.8）。

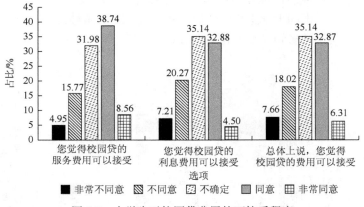

图 8.8　大学生对校园贷费用的可接受程度

从还款能力的角度来看，大学生对自身的还款能力比较有信心。**58.10%**的大学生认为自己还款能力较强，可以按时还本付息，如果出现不能按时还款的情况，**54.95%**的大学生认为自己的家庭具备相应的偿还能力；尽管大学生认为自己还款能力较强且有家庭支持，但 **58.10%** 的大学生在借款时仍不会超过自己能承受的最大可还额度（图 8.9）。

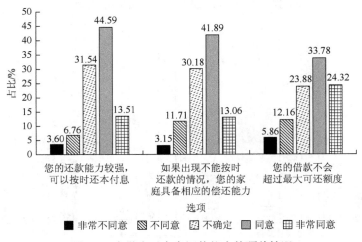

图 8.9　大学生对自身还款能力的预估情况

从信任的角度来看，首先是大学生对校园贷产品的信任度，**35.76%**的大学生认为使用校园贷产品不会有太大的风险，**33.58%**的大学生认为使用校园贷产品是一种正常现象；

30.29%的大学生认为使用校园贷产品是值得信赖的。对于校园贷产品大学生的态度是比较乐观的。其次是大学生对校园贷服务商的信任度，28.10%的大学生认为校园贷服务商有足够的经验和能力管理好校园贷业务；14.96%的大学生认为校园贷服务商不会泄露个人信息和交易信息；16.42%的大学生认为校园贷服务商会充分考虑用户的利益；总体上看大学生对校园贷服务商的认可度和信任度比较低。最后是对校园贷相关组织机构的信任度，总体上大学生对金融监管机构和科研机构比较信任。56.31%的大学生相信金融监管机构，且56.75%的大学生表示在选择校园贷产品时会受到其发布信息的影响，并且52.26%的大学生认同了金融监管机构的风险治理能力，相信其能够有效治理校园贷风险。科研机构也具有一定的权威性，超过一半的大学生相信科研机构，且43.70%的大学生表示在选择校园贷产品时会受到其发布信息的影响（图8.10～图8.13）。

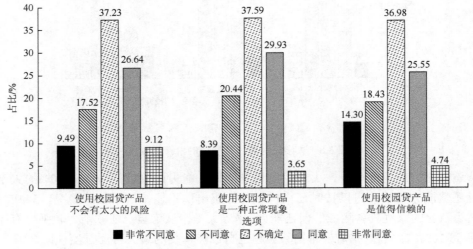

图 8.10　大学生对校园贷相关组织机构的信任度

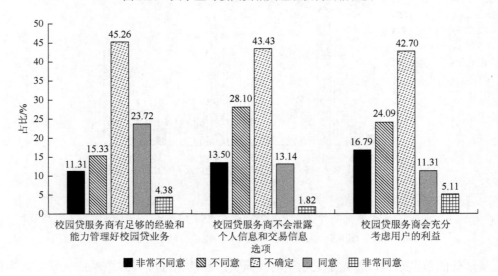

图 8.11　大学生对校园贷服务商的信任度

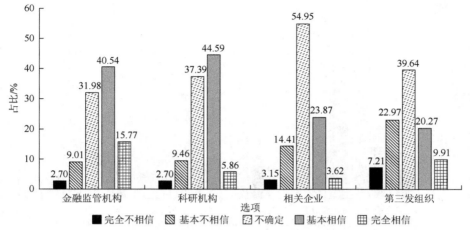

图 8.12　大学生对校园贷相关组织机构的信任度

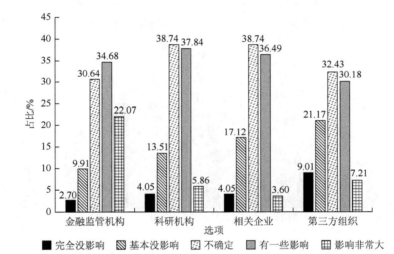

图 8.13　大学生对校园贷相关机构发布信息影响力的认知分布

从结构保证的角度来看，35.04% 的大学生认为校园贷服务商清晰地告知了校园贷服务合同的内容，让自己感到安全，而具体到校园贷服务的各项费用以及使用校园贷存在的风险时，只有约 30.00% 的大学生认为校园贷服务商给予了清晰的说明（图 8.14）。

从制度与监管的角度来看，50.90% 的大学生表示权威的认证机构或监管机构能够保证校园贷的正规性和可靠性；24.32% 的大学生表示现有的法律可以保护校园贷使用者的合法权益，55.87% 的大学生表示不确定，一方面互联网金融刚刚兴起，相关法律的制定不完善，另一方面非常有必要开展相关的普法教育和宣传工作，保护使用者的合法权益。31.53% 的大学生表示政府及相关机构会维护校园贷使用者的权益，同时有 35.59% 的大学生表示政府及相关部门会惩罚损害用户利益的行为（图 8.15）。

从使用意愿的角度来看，56.75% 的大学生表示将来继续使用校园贷，但仅有 24.32% 的大学生表示将来会更多地使用校园贷，而被问"您会推荐您的朋友、同学使用校园贷"的问题时，40.09% 的大学生给出了否定的答案（图 8.16）。

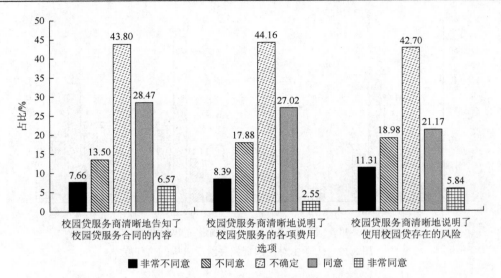

图 8-14　大学生对校园贷结构保证的清晰度

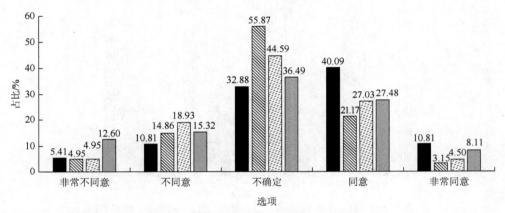

图 8.15　大学生对校园贷监管可靠性来源的认知

3. 大学生对于校园贷的使用情况

从大学生使用校园贷的数量上来看，使用过校园贷的大学生占调查对象总人数的 **73.72%**，其中使用过蚂蚁花呗的大学生最多，占调查对象总人数的 **45.26%**，其次是使用过借贷宝的大学生占调查对象总人数的 **36.13%**，使用过京东白条的大学生占调查对象总人数的 **15.33%**（此处为多选，比例和不等于 100%），分期购物平台中使用过分期乐的大学生最多，但也仅占调查对象总人数的 **1.50%**。从大学生使用校园贷的时长上来看，**75.22%** 的大学生使用时间少于一年，对于大部分大学生来说接触校园贷的时间并不长，在如此之短的时间内迅速获得大量的用户，可见校园贷审核快、操作容易、放款快的特征

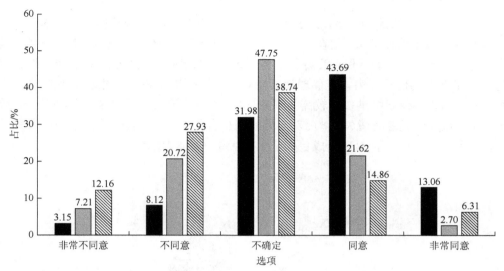

图 8.16　大学生对校园贷的使用意愿

对大学生很有吸引力，它极大地释放了较长时间以来被压抑的需求。在使用校园贷时，71.63%的大学生借贷金额不高于 1500 元，83.34%的大学生借贷金额不高于 2000 元。

从大学生在校园贷平台借贷的最高金额分布来看，55.86%的大学生借贷最高金额不超过 1000 元，借贷最高金额在 1500 元以下的大学生占总人数的 71.63%。而借贷最高金额超过 2000 元的大学生占总人数的 16.66%，其中借贷最高金额超过 5000 元的大学生占总人数的 6.31%（图 8.17）。

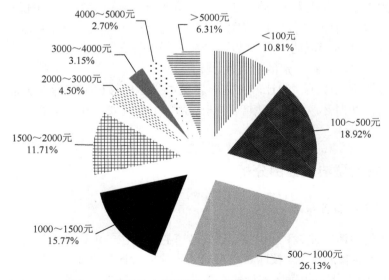

图 8.17　大学生在校园贷平台借贷的最高金额分布

从还款逾期记录来看，56.76%的大学生能够在规定的还款日内即时归还欠款，22.07%

的大学生曾有 1～3 次逾期记录，17.57%的大学生曾有 3～5 次逾期记录，而 3.60%的大学生甚至有 5 次以上逾期记录，但在被调查者中没有出现欠款无法还清的情况。从数据的总体上来看，多数大学生能够保持良好的信用记录，侧面反映出大学生在进行借贷时比较充分地考虑了自己的偿贷能力，能够理性看待和选择校园贷业务；同时近 45%的学生有过逾期记录，逾期不仅要缴纳费率较高的利息，对大学生的信用记录也存在不良影响。除此之外，如果短期内无法还清欠款，面对高额的利息有些大学生可能会走上"以贷养贷"的道路，"拆东墙补西墙"，最后造成更加严重的后果（图 8.18）。

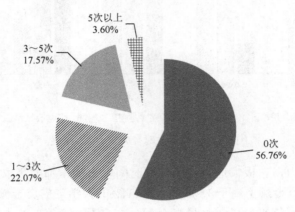

图 8.18　大学生逾期记录分布

从借贷的平台数来看，54.51%的大学生最多仅在 1 家校园贷平台借贷，同时在 2 家和 3 家校园贷平台借贷的大学生占比相近，分别为 17.11%和 16.67%，同时在 4 家校园贷平台上借贷的大学生占比为 8.56%，5 家校园贷平台及其以上的大学生仅占 3.16%。大学生大多数用于购物消费，所需的借贷资金也比较小额，1 家校园贷平台基本可以满足，有超过 28%的大学生曾经同时在 3 家以上校园贷平台借贷，说明将近三分之一的大学生对借贷风险估计不足，存在一定的盲目性。

总之，校园贷的使用情况比较普遍，多数大学生能够根据自身经济情况适当选择借贷产品，同时能按时还款，也有相当一部分大学生借贷安全和诚信意识不足，存在较大的隐患。

8.2.2　校园贷问题典型案例分析

1. 校园贷负面事件梳理

校园贷凭借申请方便、手续快捷、到款迅速的特点在一定程度上缓解了大学生的经济压力，但是由于监管的缺位、校园贷平台缺乏风险监管评估机制，再加上大学生风险意识淡薄，2016～2017 年频频爆出种种恶性事件。根据有关的网络资料，盘点近年来发生的校园贷事件，主要列举如下：

1）2016 年 5 月，湖南电子科技职业学院大一学生李代（化名）半年时间向 20 余家网络借贷平台和私人公司借款 16 万元，曾被挟持软禁[①]。

2）2016 年 6 月，"裸条"借贷惊现大学生群体，多名女大学生爆料自己曾经使用过"裸条"借贷，有的甚至已无力偿还，被放贷人公开裸体照片，造成严重影响[②]。

3）2017 年 4 月，厦门华厦学院一名大二女生因陷校园贷在泉州一宾馆烧炭自杀。其家人曾多次帮她还钱，期间曾收到过催款信息[③]。

2. 典型案例分析

案例：2016 年 4 月，吉林某大学大一学生刘某通过室友杨某认识了同级学生梁某。梁某表示正在招收兼职学生，在各大分期购物和贷款平台为内部人员进行"刷单"，贷款不用自己还，每单可获得 300 元报酬。因为此前有过一次"刷单"经历，加上熟人介绍及较高的佣金，刘某及其他三名学生欣然接受。4 月初，在趣分期的经理梁某的带领下指导刘某等完成在线申请并签署合同，刘某成功申请到 3500 元。几天后，刘某及其他学生在趣分期客户经理梁某的带领下完成其他分期平台商品的线下购买。分期手机线下售卖点的老板，即代理商，指导刘某办理了分期乐、嗨钱、人人分期的高档手机分期购买业务，并冒充家长与分期平台审核人员通过，与学生完成合影，最后签署合同，并拿出店里的手机与刘某等进行合照，证明"货已收到"，完成合照后手机被立即收回等待"套现"。刘某最终在五家分期平台有借贷业务，本息共计 4.8 万元，所借现金全都转给了自己的上线杨某。前期刘某等兼职学生还能收到杨某打来的应还款项，但最终因为贷款规模巨大，无力还款。5 月底多名学生家长向派出所报案，梁某被刑事拘留，杨某因涉案金额不足 5000 元不予拘留。据不完全统计，刷单案牵涉 20 多名学生，涉案金额已超过百万。

案例分析：校园贷中间环节漏洞让诈骗者有机可乘。案例中诈骗者以"做单""刷单"为借口，并许以较高的回报来骗取大学生的信任，操纵大学生在各个校园贷平台上进行借贷，以此来谋取巨额资金。尽管校园贷平台设置了对借款人资料的真实性审核及还款能力的评估机制，但从效果上看还存在不足。案例中代理商假扮大学生父母，使得平台对借款人的资质审核流于形式，并不能起到风险控制的效果。同时，案例中大学生存在多头贷款、"拆东墙补西墙"的情况，最终导致贷款规模过大，无力偿还。这是因为各个校园贷平台尚未接入统一的征信系统，各家平台之间信息不能共享，无法准确评估借款人的偿贷能力和违约风险，这给了诈骗者引诱大学生在多个平台借贷来获得更多不法收入的机会。

大学生存在贪图小利的心理，罔顾借贷风险，最终被骗。案例中，诈骗者实际上利用大学生占便宜的心理，描绘了一个天上掉馅饼的场景：只需要在一些平台上注册个人信息

---

① 中国新闻网（湖南）. 2016-05-17. 校园借贷风靡长沙高校　一学院学生贷款高达 16 万[EB/OL]. http://www.hn.chinanews.com/news/0517/kjww/2016/268403.html.

② 中国青年网. 2016-08-11. 大学生刷单百万　校园贷乱象频发诈骗者趁机而入[EB/OL]. http://news.youth.cn/sh/201608/t20160811_8533076.htm.

③ 中国新闻网. 2017-04-15. 厦门一大二女生深陷校园贷烧炭自杀[EB/OL]. http://www.chinanews.com/sh/2017/04-15/8200078.shtml.

并借钱，借到的钱不仅不用自己还，还能获得较高的回报。几百元不等的报酬对于没有固定收入的大学生来说具有比较高的吸引力，在金钱的驱动下部分大学生不顾违约风险，多头借贷，导致自己深陷债务危机。

8.3　校园贷存在的风险问题

8.3.1　监管缺位引致的风险

1. 法律法规不完善导致监管漏洞

在传统银行金融领域，我国建立了相对完整的法律法规体系，主要有《中华人民共和国人民银行法》和《中华人民共和国商业银行法》，但是这两部法律均没有与互联网金融有关的条文规定，即使是《中华人民共和国电子签名法》也仅适用于网上银行业务，互联网金融机构开展业务面临着法律监管的缺失，缺少强有力的法律约束，无益于互联网金融的健康发展。校园贷作为一种互联网金融发展的产物，同样也处于监管空白的地带，导致各种金融乱象频出。利用虚假、欺诈性的借贷产品宣传，依靠诸如"零利率""零首付""无抵押、无担保"等夸张广告来吸引大学生眼球，刻意隐藏收取高额服务费的信息，诱导大学生进行借贷。如果大学生无法按时还清欠款，借贷行为一旦发生，有的校园贷平台就会采用各种手段进行追偿，包括发送骚扰、恐吓短信；采用暴力手段上门追讨；公布"裸条"借贷女生的照片等，严重威胁大学生及其家庭的安全。

2. 行政监管缺位导致校园贷平台良莠不齐

校园贷发展初期，校园贷平台特别是 P2P 平台只需在工商部门登记即可营业，准入门槛非常低，没有相应的行业标准，更不存在专门的监管机构，宽松的外部监管环境以及内部合规自律意识的缺失，出现了许多不良网络贷款平台，也出现了业务违规、涉嫌诈骗等负面事件，严重干扰了正常的金融秩序，威胁大学生财产安全。

3. 监管配套制度不健全，缺乏统一的征信体系

中国人民银行的征信系统一方面不能将互联网金融交易征信纳入其中，也无法实现与互联网金融信用数据进行对接和共享；另一方面自从 2009 年信用卡退出校园市场后，大学生群体成为中国人民银行的征信体系中缺失的部分，因此也不适用于大学生信用评估。目前，大型电商互联网公司利用大数据根据用户交易行为、消费信息、付款额度等信息建立了自身的征信体系，但是这种征信体系一方面需要长时间的积累，另一方面不能进行行业内数据共享。信用记录不能共享，一方面会造成校园贷平台对大学生偿贷能力的错判，授予过高的借贷额度，导致较高的违约风险；另一方面平台之间信息不通，间接地促使大学生发生多头借贷，"以贷养贷"的行为，最终陷入债务危机之中。

8.3.2　校园贷平台风控体系不完善，审核环节存在漏洞

首先，校园贷平台为了快速获取市场，往往只需要大学生提供基本的个人信息，再经

过简单的审核手续就可以获得贷款,而这些审核几乎不会涉及大学生还款能力和风险承受能力等方面,而且大学生没有被纳入中国人民银行的征信体系,平台也无法获知过去的信用记录,存在潜在的违约风险。其次,审核程序无法保证资料的真实性。在过去发生的校园贷负面事件中,多起事件都是利用了平台审核的漏洞。例如,在"裸条"事件中,借贷宝平台致力于建立基于"熟人"社交网络的借贷关系,但出借人会与借款大学生事先绕过平台进行私下联系,约定好利率后再到平台彼此添加为"熟人",这样即使从未谋面的陌生人也能建立借贷关系,平台很难对这种"熟人"关系进行审核,这给高利贷者提供了投机的空间。

8.3.3　大学生缺乏基础金融知识,风险意识淡薄

金融是一个非常专业的领域,需要经过专门的学习才能对其有所了解。但是在互联网金融已经开始深入影响我们日常生活的情况下,了解和学习基本的金融知识是非常有必要的,能够帮助大学生提高金融素养,培养财商,提高风险防范意识。如果没有相应的知识储备作为支撑,就很容易轻信诸如"无抵押、零利息"虚假宣传广告,也很容易因为贪图小利被不法分子利用,遭受严重的后果。在 8.2 节的调查和案例分析中,我们发现大学生缺乏基本的金融知识,对借贷合同中的利息、服务费、手续费、滞纳金、违约金等名目以及计算方式缺乏足够的认识,很容易落入高利贷的圈套,造成"利滚利"的恶性循环。例如,许多深陷"裸条"借贷的女大学生,接受周息 30%的借贷条件,就是对利息水平认识不足,过高估计自己的还款能力,最终背上沉重的债务。

根据 8.2.2 节的案例,我们发现大学生存在风险意识淡薄的问题。首先是信贷风险意识方面,存在过高估计自身偿贷能力,未根据自身经济能力借款,甚至存在多头借贷、以贷还贷的现象。在曝光的校园贷负面事件中我们发现多名学生为了满足自己超前消费的欲望,不惜在多个平台连续借贷,最终酿成因无力偿还选择自杀的悲剧。其次是隐私安全意识方面,部分大学生社会阅历比较少,容易轻信他人,将自己的信息轻易泄露,有的是为了蝇头小利做"刷单",有的是被熟人冒用身份信息,最终导致债务缠身。

8.4　校园贷风险防控

8.4.1　校园贷监管情况与整治效果

1. 校园贷监管与整治措施

早在 2015 年,中国人民银行等十部门发布《关于促进互联网金融健康发展的指导意见》,明确提出互联网金融本质仍属于金融,没有改变隐蔽性、传染性、广泛性和突发性的特点。加强互联网金融监管,是促进互联网金融健康发展的内在要求。同时,互联网金融是新生事物和新兴业态,要制定适度宽松的监管政策,为互联网金融创新留有余地和空间。到了 2016 年,针对校园贷出现的各种金融乱象,金融监管机构以及各部委加强了对包括校园网贷平台在内的互联网金融服务机构的监管。2016 年 4 月,教育部办公厅联合

中国银监会办公厅印发了《关于加强校园不良网络借贷风险防范和教育引导工作的通知》，要求建立校园不良网络借贷日常监测机制，校园不良网络借贷实时预警机制和校园不良网络借贷应对处置机制，加大不良网络借贷监管力度。同时要加强大学生消费观的教育和金融、网络安全知识普及工作；加大大学生资助信贷体系建设力度，切实提高大学生资助工作水平。

2016 年 8 月，中国银监会、工业和信息化部、公安部、国家互联网信息办公室颁布了《网络借贷信息中介机构业务活动管理暂行办法》，针对网络贷款平台存在虚假宣传的问题，《网络借贷信息中介机构业务活动管理暂行办法》第十六条明确规定："网络借贷信息中介机构在互联网、固定电话、移动电话等电子渠道以外的物理场所只能进行信用信息采集、核实、贷后跟踪、抵质押管理等风险管理及网络借贷有关监管规定明确的部分必要经营环节。"这意味着网络借贷平台不能从事线下宣传，杜绝了校园贷广告进校园，避免了更多大学生陷入不良贷款的圈套。8 月 24 日，中国银监会整改校园贷提出"停、移、整、教、引"五字方针，具体来说，"停"是一个分类处置想法和思路，对于涉及类似暴利催收等违法违规行为，要暂停校园"网贷"的新业务。"移"是涉及违法违规的行为，要按照相应的管理规定移交相应部门。"整"是对于现存的校园网贷业务要进行整改，包括增加对借款人资格的认定，还包括增加第二还款来源，落实一些相对的风险防控的措施。"教、引"是加强教育引导，增加学生合理的消费观的培育和引导，来规范整个校园网贷的行为[①]。

2016 年 10 月，中国银监会、教育部等六部委联合印发了《关于进一步加强校园网贷整治工作的通知》，要求各地工商和市场监管部门积极配合相关部门规范整顿校园网贷业务。加大对校园网贷业务机构的监管力度，配合相关部门开展网贷机构的排查和处置工作，提供有关企业的登记、公示和监管信息。对未在法定期限内公示年度报告、通过登记的住所和经营场所无法联系的严重违法失信企业，工商和市场监管部门要依法将其分别列入企业经营异常名录、严重违法失信企业名单；对从事非法集资活动被相关部门责令关闭或被工商和市场监管部门依法吊销营业执照的网贷机构，要通过全国企业信用信息公示系统予以公示，并依法限制其法定代表人任职资格，纳入部门联合惩戒范围。公安机关认定涉嫌犯罪以及金融监管部门认定已经构成非法金融活动的网贷机构，工商和市场监管部门依法责令其停止发布广告，严厉打击发布违法广告行为。

2017 年 4 月 7 日，中国银监会发布的《关于银行业风险防控工作的指导意见》指出，要稳妥推进互联网金融风险治理，促进合规稳健发展。其中第二十八条规定了"四不得"，一是网络借贷信息中介机构不得将不具备还款能力的借款人纳入营销范围，二是禁止向未满 18 周岁的在校大学生提供网贷服务，三是不得进行虚假欺诈宣传和销售，四是不得通过各种方式变相发放高利贷。同时，第二十九条对现金贷业务的清理整顿做出了规定，网络借贷信息中介机构应依法合规开展业务，确保出借人资金来源合法，禁止欺诈、虚假宣传。严格执行最高人民法院关于民间借贷利率的有关规定，不得违法高利放贷及暴力催收。

---

① 人民网. 2016-09-07. 实际操作中乱象丛生 校园贷平台整治箭在弦上[EB/OL]. http://edu.people.com.cn/n1/2016/0907/
c1053-28696707.html.

2017 年 5 月 27 日，中国银监会、教育部、人社部发布的《关于进一步加强校园贷规范管理工作的通知》提出，一是疏堵结合，鼓励商业银行和政策性银行在风险可控的前提下，有针对性地向大学生提供定制化、规范化的金融服务。二是一律暂停网贷机构开展在校大学生网贷业务，逐步消化存量业务。要督促网贷机构按照分类处置工作要求，对于存量校园网贷业务，根据违法违规情节轻重、业务规模等状况，制定整改计划，确定整改完成期限，明确退出时间表。要督促网贷机构按期完成业务整改，主动下线校园网贷相关业务产品，暂停发布新的校园网贷业务标的，有序清退校园网贷业务待还余额。三是切实加强大学生教育管理，加强教育引导，建立排查整治机制、应急处置机制和建立不良校园贷责任追究机制；同时要切实做好学生资助工作。

2. 校园贷整治效果

在中央和地方多个管理部门、高校、地方金融办等共同努力下，校园贷的整治效果卓有成效，形成了新的监管局面。

一是在全面暂停校园贷业务后，校园贷平台迅速响应，选择主动下线校园贷业务或主动进行业务转型，退出校园贷市场。《关于进一步加强校园贷规范管理工作的通知》发布后一个月左右的时间，全国就有 59 家校园贷平台选择退出校园网贷市场。例如，名校贷于 2017 年 7 月 1 日暂停新增校园贷业务，并更名为名校贷公益，向公益事业转型，支持大学生的实践活动。值得注意的是，之前因"裸条"贷款被推上风口浪尖的借贷宝，为降低不理性借贷的风险空间，保护大学生群体的利益，早在 2016 年 6 月，借贷宝对 18～22 岁在校大学生群体进行额度限制；2016 年 12 月，借贷宝又对 23 岁以下用户的借贷权限实行全面封禁。分期乐平台也在 2016 年选择了业务转型，但其并没有完全放弃校园市场，而是利用自身电商平台和第三方物流配送，开启了面向全社会的网上购物模式，并且分期乐还与中国工商银行合作，开发了"工银分期乐联名卡"（校园信用卡），重返校园市场。

二是杜绝了"地推式"的校园贷推广平台进行线下推广，消除了虚假宣传进入大学校园的路径；同时，高校全面开展了排查整治活动，对可能在校园内进行宣传推介的人、组织实行了全面"禁入"的原则，加强校园秩序的管理，成功遏制了虚假广告的泛滥趋势。

三是商业银行等正规金融机构开启了大学生信贷业务，开发了适合大学生群体的校园金融产品。招商银行首先推出了"大学生闪电贷"，在校大学生只要下载招商银行 APP 即可直接在手机上申请，最多可以借 8000 元，最长可分 24 个月还款，日利息低至万分之一点七[①]。此外，中国建设银行广东省分行发布的校园贷产品"金蜜蜂校园快贷"、中国银行推出的小额信用循环贷款"中银 E 贷·校园贷"产品均旨在满足大学生消费、创业、培训等方面合理的信贷资金和金融服务需求[②]。

---

① 人民网. 2017-07-04. 招行为在校大学生推出闪电贷　最多可借 8000 元[EB/OL]. http://js.people.com.cn/n2/2017/0704/c360301-30421101.html.

② 中国新闻网. 2017-05-22. 中行建行重启校园贷　为校园金融"开正门"[EB/OL]. http://www.chinanews.com/cj/2017/05-22/8230838.shtml.

校园贷的整治取得了显著的效果,校园贷乱象得到有效遏制,但是对于校园贷风险防控还存在一定的问题。

第一,下线校园贷业务不等于大学生无法使用贷款业务。有些平台在业务转型时,由原来的校园贷转变为"年轻贷",扩大了自己面向的用户人群,虽然放弃了原有专门做在校大学生借贷的服务模式,但不代表在校大学生就无法使用这些平台,只是大学生不再是唯一的、最主要的目标用户群,存在打"擦边球"的嫌疑。而从更加广泛的用户中识别出大学生身份还是金融科技行业共同面临的一个难题,短时间内无法解决。

第二,随着监管的加力,做现金贷业务的 P2P 平台也开始向消费分期模式转变,通过与第三方支付平台合作,融合电商消费场景,过去以消费、培训、求职等为目的的现金贷,正在转变为消费分期模式,可谓是"新瓶装旧酒",没有得到实质性整治。

第三,银行等传统金融机构事实上并没有太大的动力去挖掘长尾用户,因此通过银行来推广校园金融业务可能无法满足大学生的金融需求。目前银行提供的校园信贷产品,利率较同类产品利率低,这实际上压缩了银行的利润空间,加上大学生缺乏信用记录,银行很难对其进行相应的风险评估,风控成本很大。当前,银行参与校园金融业务一方面是由于政策压力,另一方面则是看重大学生可能成为潜在的优质客户,期望获得未来收益。如何鼓励银行长期提供充分且符合大学生需求的校园金融产品,增强开展校园信贷业务的动力,仍需要不断地努力。

第四,当今随着移动互联网和智能手机的普及,人们获取信息的渠道发生了重大的改变,互联网成为主要获取信息的渠道。在监管机构与高校共同努力下,校园贷广告已经不能直接进入大学校园,平台遂将宣传营销活动转到线上,大学生作为智能手机的长期活跃用户,接触到的营销信息并不会减少。再加上校园贷平台,如电商平台,利用用户留下的消费记录,通过大数据等技术手段,推测大学生用户偏好,精准推送诸如分期免息、商品促销等信息,大学生很容易被吸引,甚至比线下的营销活动影响更为深刻。

8.4.2　构建五位一体的校园贷风险防控体系

1. 政府监管

全面暂停网贷平台、校园贷业务之后,基本遏制了校园贷乱象,但仍然存在一些尚未解决的问题。因此政府要提高监管的针对性,明确监管的方向,针对采取"迂回"策略,打"擦边球"变相开展校园贷的网贷机构要加大监管力度,对不规范的机构坚决予以整治,对于违法机构坚决予以惩治,规范校园金融秩序。

2. 企业合作

构建新的校园金融生态,需要发挥各个企业的优势。商业银行资金力量雄厚,拥有严格的风控体系,但是缺乏关于大学生的信用数据,而网贷机构具有较大的用户基础和丰富的用户数据、成熟的校园贷业务产品开发经验,二者可以开展合作。一方面网贷机构依靠银行增强自身的合规性,重返校园市场,避免退出的尴尬;另一方面银行借助网贷公司的技术,结合自身的风控体系,可以有针对性地为大学生群体开发适宜的金融产品。

3. 高校引导与管理

继续落实《关于进一步加强校园贷规范管理工作的通知》的要求，加强教育引导，积极开展常态化的消费观、金融理财知识及法律法规常识教育，培养大学生科学理性消费的观念，提高自我保护意识。尝试建立金融教育的常态化机制，将金融教育作为一项长期工作，提升大学生的金融知识水平、信用意识，防范和化解校园金融风险。

4. 家庭教育

家庭是塑造大学生人生观、价值观的起点，家庭环境会对大学生造成深刻的影响。书中发生的校园贷事件反映出一些大学生消费观念扭曲、风险意识缺乏、诚信意识淡薄的问题。首先，在孩子的成长过程中，家长应该以身作则，对物质金钱要保持理性，在日常家庭生活中身体力行，通过潜移默化来帮助和引导孩子树立正确的消费观，同时要及时掌握孩子的消费动态，纠正孩子不当的消费行为，对于不合理的消费诉求要坚决制止，提高孩子的自控力和管理能力。其次，要注重孩子风险意识的培养。无论是"裸条"借贷，还是校园贷诈骗事件，都反映出一些大学生缺乏基本的风险意识，轻易相信他人，弃自身名誉与隐私于不顾，甚至还会累及父母还款，给家庭带来巨大的困扰。风险意识包括人们的风险认识和风险预防能力，大学生缺乏人生阅历和社会经验，容易相信网贷平台的鼓动性宣传说辞，难辨校园贷背后的风险而掉入债务陷阱。因此在孩子成长的过程中，家长应该关注培养孩子的社会阅历，增强其风险认识和风险预防能力。最后，诚实守信是中华民族的传统美德，良好的家庭环境是大学生诚信养成的基础。父母的诚信意识、重诺守信的言行会塑造孩子的品质，使其在长大后珍惜自己的信用记录，发生借贷行为时能够按时还清欠款，从而不会走上"以贷养贷"的道路。

5. 个人努力

一方面，大学生要加强自身的自制力，养成良好的习惯，自觉抵制外界诱惑，树立正确的消费观念。另一方面，大学生要主动学习专业的金融知识，如聆听金融风险的专题讲座等，努力提升自己的金融素养，增强风险防范意识，提高风险预防能力。

第9章 校园食品安全教育调查

民以食为天，食以安为先。食品安全是社会公共卫生安全的重要组成部分，直接关系到公众的身体健康和生命安全，影响着国家经济发展和社会稳定。近年来，随着食品安全事件层出不穷，食品安全问题渐渐进入人们视野，成为社会持续关注的热点问题。2017年是不同寻常的一年，全国食品安全宣传周中央层面活动——全国儿童食品安全守护行动"食品安全，共同守护"主题论坛在北京召开，国务院颁布了《"十三五"国家食品安全规划》，主要任务包括"制修订食品标志管理、食品安全事件调查处理、食品安全信息公布、食品安全全程追溯、学校食堂食品安全监督管理配套规章制度"。同年，十九大的召开，使"实施食品安全战略，让人民吃得放心"成为代表、委员热议的话题。按照习近平主席关于食品安全工作"四个最严"的要求，针对当前食品安全面临的风险挑战，学校教育也需要从多个方面持续发力，以确保学生"舌尖上的安全"。因此，怎样通过食品安全教育来增强学生的食品安全意识，进而改善不良饮食习惯？这个问题成为解决校园食品安全问题需要考虑的重要方面。这不仅要求政府建立食源追溯体系，实现食品"从农田到餐桌"的全面监管，更需要通过学校教育将食品安全知识带到学生的认知体系中，提高学生的辨别和防范能力。本章将对当前校园食品安全教育现状以及存在的问题进行调查分析，结合校园实际情况提出进行食品安全教育的优化路径，以期减少并预防食品安全事件的发生。

9.1 校园食品安全教育的内涵及作用

9.1.1 校园食品安全教育的概念界定

2011年《国家食品安全事故应急预案》颁布，提出食品安全事故是指食物中毒、食源性疾病、食品污染等源于食品，对人体健康有危害或者可能有危害的事故。《国家食品安全事故应急预案》将食品安全事故分为四级，即特别重大食品安全事故、重大食品安全事故、较大食品安全事故和一般食品安全事故，并指出发生在学校、幼儿园的食品安全事故，要提高响应级别。可见，发生在校园内的食品安全事件更值得社会关注。校园是一个特定的人口聚集区域，校园食品安全是一个关于食品加工、存储、运输、销售进程中确保食品卫生及食用安全的领域，其目的在于降低不良食品对学生健康的危害。因此，对学生进行食品安全教育，传授食品安全知识，成为学校教育不可或缺的一部分。

食品安全教育是指为了防止、控制和消除食品污染给人们带来的危害，预防和减少食源性疾病，减少食品安全事件的发生，在食品生产加工、流通、销售等环节中，有目的地引导与食品安全相关者接受食品安全知识及相关法律知识的行为活动。食品安全教育涵盖从原材料的生产加工环节到餐饮环节的全过程（赵建春，2007）。因此，结合我国食品安全的实际情况，校园食品安全教育是指为了保证食品安全，保障学生群体的生命安全和身体健康，增强学生体质，通过传授学生相关的食品安全知识，有目的地引导青少年学习食品安全知识和食品安全法规，从而树立健康观念，提高青少年学生食品安全自我防护能力的系列活动。

在校园食品安全教育中，教育提供者，即教育主体一般包括教师、后勤工作人员、社会组织等；教育接受者是指各中小学生和大学生，这两个群体因年龄的差异会形成不同的知识结构和认知结构，所以，本章将分别对这两个群体进行分析。在校园食品安全教育过程中，为了达到食品安全教育的目的，通常教育提供者与教育接受者需要建立一定的联系，以期更好地维护校园安全。

9.1.2 校园食品安全教育的内容

Fly 和 Gallahue（1999）曾指出，教师通过让学生先知道什么是食品安全，并通过现实例子让学生意识到食品安全知识掌握程度的意义，再给学生提供一些具体实践活动，培养学生处理食品安全的技能方法。可见，确定食品安全的相关知识，并对学生进行传授就显得尤为重要。

面对食品安全问题，进行科学合理的食品安全教育是行之有效的解决方法。谈到食品安全教育，应该先从教育的概念入手（杜波，2013）。教育有广义和狭义两种概念：广义的教育是指一切传播和学习人类文明成果的各种知识、技能和社会生活经验，为个体和社会的社会实践活动提供理论指导。狭义的教育是指学校教育，其含义是教育者根据一定社会（或阶级）的要求，有目的、有计划、有组织地对受教育者的身心施加影响，把他们培养成为一定社会（或阶级）所需要的人的活动。因此，也可以认为校园食品安全教育的内容应该包括一般知识、法律知识和专业知识三部分的内容。一般知识包括与食品安全相关的基本概念或常识性知识，是一个生活在学校中或者踏入社会的、心智健全的成年人所应具备的基本知识，如食品质量、绿色食品、转基因食品，食品选购、保存、烹饪等相关知识；法律知识包括《中华人民共和国食品安全法》的内容以及关于消费者保护措施、维权渠道等方面的实践知识；专业知识一般是指食品专业的相关人群，经过对食品安全更加系统、科学和深入地学习而获得的知识。对于学校而言，应重点传授一般知识，了解和明确法律知识和专业知识。

9.1.3 校园食品安全教育的作用

完善全面的校园食品安全教育内容可以提高学生食品安全意识，增强社会责任感，引导学生形成良好的价值观，这对保障校园乃至全社会的食品安全具有基础性作用。

首先，推进校园食品安全教育，有助于宣传和普及现代食品安全理念和知识。通过普及食品安全科学知识和法律知识，可提高学生风险防范意识和依法维权能力，提升其风险防范意识、道德意识、专业辨识能力以及依法维权能力，引导他们选择安全、环保、节能的产品，传递食品安全的现代食品安全治理理念。

其次，推进校园食品安全教育，有助于提升学生"人人有责、人人参与"的社会责任感。加强校园食品安全治理中的学生社会责任感，可以有效弥补政府行政监管力量之不足，引导其树立关注社会公共事务的现代公民意识和责任意识，让学生积极参与食品安全维权和监管，使学生更加关注和重视食品安全。同时，引导食品生产者和经营者树立正确的食品安全伦理观，提高食品安全守法意识、责任意识和诚信意识，有效控制食品源头污染。校园食品安全教育既有利于提高学生自身防范食品安全风险的能力，又有利于促进学生对食品安全风险控制的参与，而这种积极参与又会成为政府与社会治理食品安全风险的直接动力。由此，通过充分挖掘学生食品安全方面自我保护的内在动力，充分发挥他们的社会责任感，可以对有关食品安全的不良事件起着一定的制衡作用，有效弥补政府监管的不足。

最后，推进校园食品安全教育，有助于引导学生树立科学、健康的饮食观和消费观。推动形成新型的校园食品安全文化，这是开展校园食品安全教育的基础性功能目标。食品安全教育有助于提升学生对食品质量的辨别能力。它可以在充实学生食品安全知识储备量的基础上优化学生的膳食选择，增强学生的自我保护意识。学生处于整个食品产业生产加工销售的终端，加之学校是群体聚集的地方，更容易遇到食品安全事件，其中最主要的原因之一是学生食品安全知识不足，对食品本身的安全参数了解甚微，没有掌握相关的科学性知识。校园食品安全教育活动开展的目的是使学生更加明确食品的性状及特性、营养参数、加工过程等，也可以了解某些添加剂的危害及最新的食品研发成果，通过食品安全教育，掌握更多相关的专业知识，更好地保护自身权益，构建良好的校园食品安全文化。

9.2　2017 年中小学校园食品安全教育的现状

安全意识无处不在，学校更应该通过日常教育减少或避免食品安全事件的发生。校园食品安全教育针对学生年龄段的不同有所差异，幼儿园的小朋友对知识理解较弱，中小学生主要通过教育主体接受食品安全知识，大学生对食品安全知识获得的自由性和主动性更强。因此，为了解学生对食品安全知识的基本认知情况和校园食品安全教育的开展现状，本节分别对中小学生和大学生两个群体进行调查。

考虑到毕业生的时间紧张，本章采用分层抽样方法，抽取湖南长沙的 1 所高中（高一、高二）、2 所初中（初一、初二）和 2 所小学（三年级、四年级和五年级）中的学生，每个年级抽取 2～3 个班，共 22 个班。集体发放问卷 1200 份，回收问卷 1190 份，进行整理，剔除存在漏填、缺填等问题的无效问卷，有效问卷 1089 份，有效率为 91.51%。

问卷内容包括四个方面：①基本情况，如性别、年级和专业以及饮食消费水平；②现有食品安全教育知识，主要选取了食品安全的一般知识（如概念）、法律知识（如相关法律、维权渠道和电话）、专业知识（如食品加工），综合考查学生对食品安全知识的掌握情况；③食品安全态度及行为，涉及学生是否愿意接受食品安全教育、对我国食品安全现状的关注度和看法等，了解学生在出现食品问题后的解决方式以及运用已有知识解决食品问题的能力；④食品安全教育现状，从食品安全教育的主体、课程、途径、内容等进行深度挖掘。调研基本情况如下，男生 528 人，占调查者的 48.48%；女生 561 人，占调查者的 51.52%。在所有调查者中，高中生 196 人，占调查者的 18.00%；初中生 569 人，占调查者的 52.25%；小学生 324 人，占调查者的 29.75%，调查对象总体分布合理。

9.2.1　近一半学生接受校园食品安全教育方式

在中小学校园中，学生的知识主要依赖于课堂传授，而课程内容的设置就起着不可小觑的作用。调查显示，83.14%的学生表示学校曾经开设过食品安全的课程，其中 48.23%的学生认为食品安全课程的老师上课很有趣，36.05%的学生认为食品安全课程的老师上课有趣程度一般，只有 13.56%的学生认为食品安全课程的老师上课无趣（图 9.1）。中小学生处于一个特殊的阶段，根据其身心发展的特点，对中小学生进行食品安全教育不仅应具有时效性和阶段性，还应在教育的内容和形式方面体现趣味性。中小学生的食品安全教育不同于社会上其他组织形式的食品安全教育，它主要是在校园中进行的，相关的课程设置和课程内容的完善有利于学生更好地接纳食品安全知识。

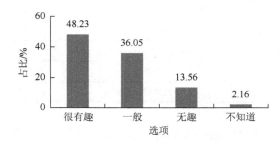

图 9.1　中小学校园食品安全课程的趣味程度

9.2.2　食品安全教育目标明确

食品安全教育在有些地区已经正式纳入中小学相关课程，普及食品安全知识，提高青少年学生食品安全自我防护能力，引导青少年学生树立营养健康的观念，已成为每一位教育工作者的重要职责。表 9.1 表明，当被问及"为什么要学习这些知识"时，93.11%的学生认为食品安全教育会让自己学习良好的饮食习惯，89.16%的学生认为食品安全教育让自己了解食品的分类；73.65%的学生认为学会分辨不安全食品。这也表明，校园食品安全教育必须要设定初始目标，并在教育过程中，通过内容的输入，让学生更好地达成该目标。

表 9.1　中小学校园食品安全教育的目的

目的	人数	占比/%
学习良好的饮食习惯	1014	93.11
了解食品的分类	971	89.16
学会分辨不安全食品	802	73.65

注：目的为多选

9.2.3　学校是食品安全教育的主要提供者

校园食品安全知识的获得一方面体现在从哪些途径习得知识，另一方面体现在知识的有效性。对于食品安全知识的授课地点，59.41%的学生认为是学校，30.21%的学生认为是家庭，10.38%的学生认为是社会。这说明，超过半数的学生认为学习食品安全知识的授课地点是学校。而关于食品安全知识获得的主要途径，85.77%的学生认为是老师讲授，67.22%的学生认为是家长告知，52.43%的学生认为是电视和互联网，45.45%的学生认为是报纸杂志和科普书籍，38.84%的学生认为是同学同伴告知（表 9.2）。

表 9.2　食品安全教育的授课地点及途径

地点及途径	选项	人数	占比/%
食品安全知识的授课地点	学校	647	59.41
	家庭	329	30.21
	社会	113	10.38
食品安全知识获得的主要途径（多选）	老师讲授	934	85.77
	电视和互联网	571	52.43
	报纸杂志和科普书籍	495	45.45
	家长告知	732	67.22
	同学同伴告知	423	38.84

在校园里学习食品安全的相关知识时，74.28%的学生认为食品安全知识很有用，正是学习了食品安全知识，学生在选择就餐地点时，更倾向于安全卫生的地点。图 9.2 表明，76.58%的学生选择在学校食堂就餐，19.83%的学生选择在校外餐馆就餐，3.59%的学生选择在其他地方就餐。这说明学校食品安全知识课程很有效，正是学校对食品安全知识的讲授，学生了解了食品选择的重要性，大多数人选择在学校食堂就餐。

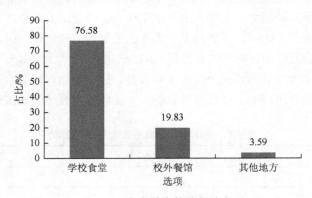

图 9.2　中小学生的就餐地点

9.3　2017 年大学校园食品安全教育的现状

虽然大学生在知识结构和对新知识的接纳能力方面都要优于中小学生，但是依然存在食品安全知识欠缺的问题。为了解大学生对食品安全知识的基本认知情况和大学校园食品安全教育的开展现状，本节从本科院校的大一、大二和大三学生中随机选取了 1200 名学生。采用分层抽样与滚雪球抽样相结合的方法,分别从不同年级的学生中随机选取了基本均等的人数,让这些同学除了自己填问卷之外,还收集五份与自己同年级同学的问卷。问卷设计的依据是美国教育学家麦克尼提出的"知识-态度-行为"模型(魏帼等,2013),旨在以一种更为科学的方式调查学生的食品安全认知及现状,从而获得对校园食品安全教育建设的针对性启示。本调查共发放问卷 1200 份,回收 1157 份,进行整理,剔除存在漏填、缺填等问题的无效问卷 79 份,最后有效问卷是 1078 份,有效率为 93.17%。用 Excel2010 软件录入和分析数据,在本次所有的调查对象中,男生所占比例为 40.17%,女生所占比例为 59.83%。在年级分布方面,大一学生所占比例为 29.41%,大二学生所占比例为 33.67%,大三学生所占比例为 36.92%,调查样本的男女比例和年级比例都较为均衡。

9.3.1　校园食品安全教育一般知识掌握较好

学生群体属于具有一定文化水平的群体,对日常事务有基本的观察和了解。当被问到"挑选食品时应选有哪种标志的食品"时,87.11%的学生正确地选择了含有"QS"企业食品生产许可标志的选项;80.43%的学生了解我国为加强食品安全法制化管理,制定了《中华人民共和国食品安全法》;91.00%的学生对无公害产品标志中的金色寓意做出了"寓意成熟和丰收"的正确判断;65.68%的学生知晓消费者在消费食品过程中其合法权益受到侵害时,可以通过拨打全国消费者申诉举报统一电话"12315"进行维权(表 9.3)。涉及食品安全的消费、法律以及食品安全概念等方面的一般知识,学生能够通过平常的积累和学习做出正确判断。当遇到一些自己没接触的食品安全知识时,也能运用逻辑推理和日常经验做出正确的选择。且大一、大二、大三学生对食品安全基础知识的掌握程度随着年级的增长而提高,大三学生在食品安全知识测试中获得的平均分最高。由此反映了受教育程度越高,食品安全知识积累越多,对食品安全知识的掌握程度也就越高,这也体现出了食品安全教育的积极性和有效性。

表 9.3　大学生对食品安全知识答题知晓情况

问题	知晓人数	知晓率/%
挑选食品时应选有哪种标志的食品	939	87.11
食品生产日期是指	286	26.53
是否知晓政府为加强食品安全法制化管理,制定了《中华人民共和国食品安全法》	867	80.43
是否知晓消费者在消费食品过程中其合法权益受到侵害时,可以通过拨打全国消费者申诉举报统一电话"12315"进行维权	708	65.68
2003 年安徽阜阳因食用劣质奶粉而出现"大头娃娃"现象,其患病主要原因	293	27.18
无公害农产品标志是由麦穗、对勾和无公害农产品字样组成,麦穗代表农产品,对勾表示合格,绿色象征环保和安全,金色寓意是指	981	91.00
食品企业直接用于食品生产加工的水必须符合的条件	798	74.03
是否知晓对于使用有机磷农药的果蔬,去除农药残留方法	477	44.25

9.3.2 校园食品安全问题重视程度较高

大学生经过中小学对食品安全的教育，对食品的选择具有了一定的辨识力。近年来，我国的新闻媒体曝光了多起食品安全事件，引起了全社会的广泛关注。到底应该购买什么样的食品安全才能有保证？市场上的食品是不是都添加了对身体有害的元素？调查发现，对注水酒、地沟油、毒馒头、校园食品中毒等食品安全事件表示偶尔关注和经常关注的学生占到了 93.50%，表示愿意和非常愿意学习接受更多的食品安全知识的学生占到了 86.43%，这些数据非常明显地体现出学生对食品安全事件的态度（表 9.4）。通过微博、微信、父母提醒等方式，面对与自己生活息息相关的问题，学生也产生了很多的疑惑和担忧，对食品安全问题十分重视，并持续关注食品安全的发展动态。这无疑是一个好的趋势，有关注就会更进一步地了解，从而能够从每次的食品安全事件中学习到一些知识，尽量避开有问题的生产厂家和出售商家。

表 9.4 大学生对食品安全的态度

问题	选项	人数	占比/%
是否关注过注水酒、地沟油、毒馒头、校园食品中毒等食品安全事件	从不关注	21	1.95
	偶尔关注	749	69.48
	经常关注	259	24.02
	非常关注	49	4.55
是否愿意接受更多的食品安全知识	不愿意	73	6.74
	无所谓	74	6.83
	愿意	465	43.20
	非常愿意	466	43.23

9.3.3 校园食品安全教育信任度较高

虽然校园食品安全信息存在着一定的不对称问题，但大学生对学校教育的知识需求及教育内容依然保持着较高的信任度。一方面，在对食品安全教育的必要性程度进行打分的调查中，平均分达到 8.9 分（范围为 0～10 分，完全没必要为 0 分，非常必要为 10 分），说明大学生结合自身的知识，认为食品安全教育有助于他们更好地学习相关知识。另一方面，他们对校园食品安全教育的可靠性足以说明大部分学生经过中小学阶段的学习和对食品安全的了解，能够信任学校的教育方式，促进自我判断能力的提高。图 9.3 显示对校园食品安全教育知识的可靠性表示满意和非常满意的大学生占到71.60%，这些数据非常明显地表现出大学生对食品安全事件的关注。综合这两个方面来看，食品安全与自己的健康息息相关，大学生也会表现出一定的学习欲望，渴望通过接受教育来弥补食品安全相关知识方面的不足，并运用掌握的专业化知识对外界的食品安全事件进行有效客观地判断。

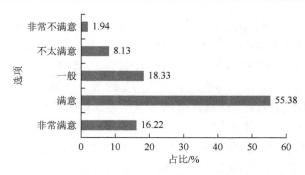

图 9.3　大学校园食品安全教育知识的可靠性

9.4　校园食品安全教育面临的困境

教育主体的行为决定着客体所接受到的知识完备程度,学校作为教育主体之一承担着一定的教育责任。我国的校园食品安全教育已经取得了一定效果,然而对中小学生和大学生进行调查时发现,虽然两个群体存在着年龄和知识结构的差异,但是校园食品安全教育却存在着相同的问题,如学校对学生所实施的教育内容不够深入、教育渠道单一、学生自身对食品安全的意识淡薄等,这些因素都会导致学生对食品安全知识的掌握不足、食品安全意识较差等问题。

9.4.1　校园食品安全教育主体责任不清晰

对于中小学生而言,校园食品安全教育的主体主要是学校。对中小学生进行调查显示,51.73%的中小学生认为食品安全课程的任课老师是其他课程老师(如语文老师、数学老师),24.18%的中小学生认为食品安全课程的任课老师是其他人员,18.88%的中小学生认为食品安全课程的任课老师是专门上食品安全课程的老师,5.21%的中小学生认为食品安全课程的任课老师是学校后勤人员(图 9.4)。这表明,虽然学校试图通过多个教学主体给中小学生提供食品安全的知识,但不同主体教授课程时会从自己的出发点来设置教学内容,不同主体间责任划分不明确,缺少专门的教学人员开展系统教育,可能导致学生接受的知识不连贯。

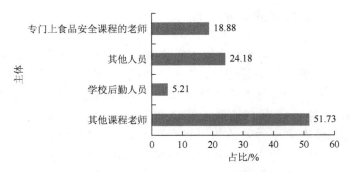

图 9.4　中小学生对食品安全教育责任主体的认知情况

　　大学生的知识习得不仅局限于课堂，所以在面向大学生进行调查时发现，44.15%的大学生认为社会是理想的食品安全教育主体，33.12%的大学生认为学校是理想的食品安全教育主体；对于愿意接受的食品安全教育方式，40.72%的大学生认为是通过微信、微博等网络上的碎片化学习，31.26%的大学生认为是通过不定期的讲座、知识竞赛等，19.67%的大学生认为是通过学校授课（表 9.5）。虽然学校讲授食品安全知识更具有专业性，但从学校来获取食品安全知识的学生较少，而从社会渠道获取的知识缺乏真实性和专业性。这也反映了学生意识到了食品安全问题的重要性，也能够重视食品安全问题，但是学校一般是以课程学习为主，忽视对食品安全知识的宣传教育，使学生通过各种渠道所了解的信息深度不完全。

表 9.5　食品安全教育的主体及方式

主体及方式	选项	人数	占比/%
理想的食品安全教育主体	学校	357	33.12
	家庭	91	8.44
	政府	154	14.29
	社会	476	44.15
愿意接受的食品安全教育方式	学校授课	212	19.67
	不定期的讲座、知识竞赛等	337	31.26
	微信、微博等网络上的碎片化学习	439	40.72
	家庭教育	90	8.35

　　2011 年，国家发布《食品安全宣传教育工作纲要（2011—2015 年）》，其中并未明确食品安全教育的责任主体，导致各地食品安全教育的责任主体不明。从现有规定来看，很多部门承担有食品安全教育工作职责，据不完全统计，与食品安全管理的有关政府部门一共是 13 个，但并未设置一个专门的部门来负责食品安全教育（郭雨和叶良均，2014）。这种多头领导的模式，导致食品安全工作，要么互相推诿责任，要么互相争夺利益，不仅浪费了大量的资源，也不能达到宣传教育的目的。

9.4.2　校园食品安全教育知识不全面

　　对中小学生调查发现，84.02%的学生知晓挑选食品时应选有食品安全标志的食品，83.29%的学生知晓牛奶变酸不是酸奶，74.29%的学生知晓有些野蘑菇食用后会引起食物中毒，这表明学生对于食品安全的常用知识和基础概念了解程度较高，然而，只有18.55%的学生知晓对于使用有机磷农药的果蔬，应该用什么方法去除农药残留，21.40%的学生知晓没有完全炒熟的新鲜四季豆不能吃，32.78%的学生知晓应该多摄入谷物类的食品，23.60%的学生知晓哪种食物中蛋白质含量较高（表 9.6），这表明中小学生对于食品安全相关的应用性和专业性稍强的知识了解程度较低，七道食品安全常识问题中只有三道题的知晓率超过半数，另外四道题的知晓率均未超过 40%。由此可以看出，中小学食品安全教育的内容更倾向于普遍性的一般知识，知识传授范围不够全面，内容不够深入。

表 9.6　中小学生对食品安全知识的知晓情况

问题	知晓人数	知晓率/%
挑选食品时应选有哪种标志的食品	915	84.02
牛奶变酸是不是酸奶	907	83.29
对于使用有机磷农药的果蔬，应该用什么方法去除农药残留	202	18.55
是否知晓有些野蘑菇食用后会引起食物中毒	809	74.29
没有完全炒熟的新鲜四季豆能不能吃	233	21.40
是否知晓应该多摄入谷物类的食品	357	32.78
哪种食物中蛋白质含量较高	257	23.60

由图 9.5 可知，大学生对食品安全一般知识了解程度较高，其中对食品安全一般知识的知晓率达到了 80%左右，而对于食品安全法律知识和专业知识，知晓率非常低，均不到 10%。大学生群体属于文化水平较高的群体，对日常事物会有基本的观察和了解，所以对食品安全一般知识掌握程度较好，但对涉及食品生产、消费、维权等专业度较高的专业知识的掌握情况并不理想。这也说明，无论是从学校还是其他途径中获得的知识，若没有接受系统化教育，便会导致知识结构的不完善，而这些一般知识面对复杂的食品安全环境是远远不够的。

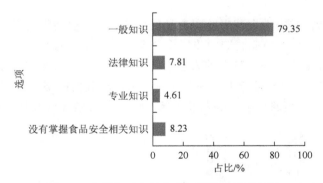

图 9.5　大学生对食品安全知识的知晓率情况

当前，我国食品安全教育尚未纳入国家教育体系，学校缺乏相关的食品安全教育学习、讲座等，对食品安全的学习仅仅是和其他的学科融合在一起，没有专门化、系统化的规划和指导。首先，我国校园食品安全教育制度化、常态化的有效机制尚未形成，属于典型的"问题式"治理思维，一旦出现食品安全问题，学校才会从问题中查原因，进而加大教育力度。其次，我国还存在着"案例式"教育模式，在某一典型食品安全案件曝光或重大食品安全事件发生之后，政府部门和学校便开展专项整治，集中地、突击性地开展食品安全教育活动。最后，"集中式"教育模式主要表现在主要节庆假日以及诸如"国际消费者权益保护日""食品安全宣传日""食品安全周"等时间节点，不定期开展食品安全宣传和教育活动，这种方式是集中于特定时期进行的片面教育，缺乏系统性和持续性。

9.4.3　校园食品安全教育渠道单一

对中小学校园的调查显示，56.27%的中小学生认为学校食品安全教育的形式是老师讲授，23.85%的中小学生认为学校食品安全教育的形式是根据教材自学，15.10%的中小学生认为学校食品安全教育的形式是张贴宣传画，4.78%的中小学生认为学校食品安全教育的形式是观看教学录像。这表明，学校食品安全教育的形式主要集中在老师讲授和根据教材自学，渠道单一（图9.6）。

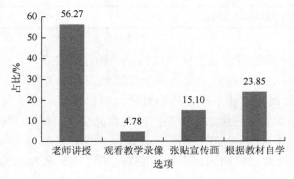

图9.6　中小学校食品安全教育的形式

从传统上来看，过去学生若想获取食品安全知识，一般会借助报纸、期刊、亲朋好友等，而随着科技的进步，当前的知识传播途径也更为广泛，电视广播、网络平台等日益成为知识传播的主要渠道，越来越多的人会借助互联网平台来获取食品安全知识。从图9.7可以看出，在所有大学生调查者中，利用微博、微信和其他网络平台获取食品安全知识的大学生达到58.37%，而通过亲朋好友及报纸、期刊和书籍等获取食品安全知识的大学生

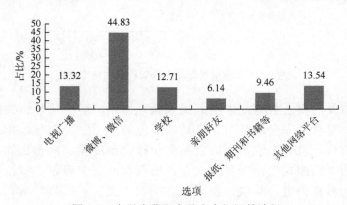

图9.7　大学生获取食品安全知识的途径

仅为 15.60%。从而可以得出以下结论：①在信息时代，大学生获取食品安全知识的途径主要是微博、微信和其他网络平台。这些食品安全知识能够潜移默化地对大学生形成影响，但在深度、广度以及真实度方面都有所欠缺。②通过学校获取食品安全知识的大学生只占到了 12.71%，反映了学校在普及食品安全知识方面所做的工作并不多。③若要最大化、最高效地普及食品安全教育，必须借助媒体、网络、学校等多方力量，以学校为主体，以其他渠道为补充。

食品安全教育渠道的单一，导致学生虽然对食品安全知识有基本的了解，但当遇到生活中的食品安全问题时，却无法与理论相结合，这主要是由于知识储备不够深入和全面。例如，当被问到"对于有机磷农药的果蔬，应该用什么方法去除农药残留"时，知晓率仅为 18.55%。人们在购买酸奶和食品的时候，都会有查看食品生产日期的习惯，针对"食品的生产日期到底指的是食品出厂的日期还是食品完成包装工艺的日期，又或是食品成为最终产品的日期"，回答正确的学生只有 26.53%。

9.4.4　学生自身食品安全意识淡薄

校园食品安全教育不仅需要专业教授者，还需要学生自身对食品安全的关注。根据调查显示，60.51%中小学生对于"在学校学习食品安全知识是非常必要的"表示不清楚和不同意，只有 40.13%的学生对于"如果目前的饮食行为习惯不利于健康和生长发育，你愿意从现在开始改变吗"表示愿意（同意和非常同意）为饮食习惯的不健康做出改变，37.56%的学生对于"如果学校开设食品安全知识竞赛，你会参加吗"表示参加（同意和非常同意）学校开设的食品安全知识竞赛（图 9.8）。这表明，可能是由于中小学生年龄的原因，其认知度还处于游戏阶段，对学习食品安全知识的意愿较低，学校应当加强对中小学生食品安全意识的培养。作为中小学生群体，对食品安全的关注度及认知程度较低是导致中小学食品安全问题常态化的重要影响因素。

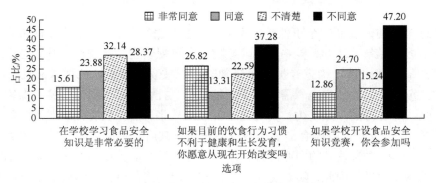

图 9.8　中小学生对食品安全的认知

同样，在进行调查时发现，对于卖熟食的工作人员没有戴口罩和手套等不卫生行为，有 69.48%的大学生表示"有些介意，但还是会买"；只有 21.43%的大学生表示"很介意，不会买"；有 2.60%的大学生表示"不会买，而且会向有关部门检举"；而当被问到"购

·158· 中国应急教育与校园安全发展报告 2018

买食品后出现食物中毒或者过期不合格等情况"的处理方式时，只有 **27.09%** 的大学生表示"向有关部门投诉揭发"（表 9.7）。

表 9.7 大学生对食品安全问题的态度与处理方式

问题	选项	人数	占比/%
卖熟食的工作人员没有戴口罩和手套等不卫生行为	习以为常，完全不介意	70	6.49
	有些介意，但还是会买	749	69.48
	很介意，不会买	231	21.43
	不会买，而且会向有关部门检举	28	2.60
购买食品后出现食物中毒或者过期不合格等情况	自己买药就医解决	225	20.87
	去找商家理论、寻求赔偿	193	17.90
	告诫其他人不要购买此产品	368	34.14
	向有关部门投诉揭发	292	27.09

显然，学生对不健康食品的危害没有足够清晰地意识，会因为价格、口味和便利等综合因素的考虑选择有可能存在安全隐患的食品。与此同时，大多数的学生在遭遇食品安全问题后倾向于自认倒霉，对于违法商家置之不理，缺乏维权的意识；有些学生吃亏了想要投诉揭发，却缺乏对投诉程序的了解，找不到解决办法。即使部分学生有了维权意识，但由于缺乏足够的维权知识和能力，问题还是得不到良好的解决。本节也论证了"知识-态度-行为"模型，只有当有了意识之后，态度进行更换，行为才会有所改变。树立食品安全意识、维权意识无疑是解决问题的第一步，而这个过程必然要借助教育的力量。

9.5 校园食品安全教育实施的优化路径

我国近年来校园食品安全事件频出不穷，反映出在校园食品安全的教育防范防控方面还存在着诸多的弊端和不足。党中央、国务院高度重视学生食品安全工作，国家食品药品监督管理总局新闻宣传司稽查专员李海锋曾表示，按食品安全法的要求和社会共治的理念，守护儿童"舌尖上的安全"需要相关职能部门、社会团体、科研机构、专家学者、食品企业、媒体等各方面一起努力，大力组织开展形式多样、扎实有效、丰富多彩的儿童食品安全宣传教育活动[①]。校园食品安全教育是一项集政府、家庭、学校等多方力量的系统工程。其中，学校作为教育的中心阵地，是食品安全教育的关键力量，有着义不容辞的责任和天然的教育优势。因此，随着食品安全社会共治格局的到来，实施更加全面有效的食品安全教育，使食品安全的安全度和透明度逐渐提高，降低食品安全事件的发生率，这是校园食品安全教育实施的最终目标。

---

① 中国儿童少年基金会. 2017-06-09. 聚焦 2017 食品安全周 关注儿童健康饮食[OB/OL]. http://www.cctf.org.cn/news/info/2017/06/09/4307.html。

9.5.1　明确校园食品安全教育责任主体

　　明确校园食品安全教育责任主体，设立从中央到地方的食品安全教育体系。中央级别的食品安全教育责任主体负责全国范围内的教育统筹工作，具体指导地方各相关部门的工作（李真和陈和芳，2014）。这意味着在食品安全教育整个大体系中，每一个环节都能找到相对应的责任主体，同时，责任的划分更加明确。校园是食品安全教育的根本之地，学校掌握着众多学生的"嘴上安全"。作为校方，一方面，应该切实担负起教育的模范带头作用，在严把审核关口的同时，做到自律自省；强化学校食堂规范化管理，用制度管好安全，通过建立和落实校园食品安全管理的规章制度，严格管控原料采购、加工制作、清洗消毒、留样管理等关键环节。避免采购和使用无食品标签，无生产日期，无生产厂家及超过保质期的米、面、油等食品原料和食品，对采购的原料按照保证食品安全的条件要求储存。采用集体用餐配送单位供餐的学校，把食品安全作为遴选供餐单位的首要标准，与供餐单位签订食品安全责任书，有条件的可在厨房、配餐间等安装监控摄像装置，实现食品制作实时监控，公开食品加工制作过程，自觉接受学生和家长监督。另一方面，针对学生食品安全知识不足的问题，应加大食品安全教育力度，配合专职老师，设置一系列食品安全教育内容，加大健康知识宣传力度，培养学生的安全意识。

9.5.2　丰富校园食品安全教育的内容

　　食品安全事件与学生的身体健康和日常生活息息相关，负面事件此起彼伏的原因之一是学生对食品安全知识知晓率太低，食品安全意识差，因此学校应当进行专题教育，普及安全知识，提高防范意识。首先，使教育内容更有特色。相对于国内而言，国外许多国家已经拥有了较为成熟的校园食品安全教育经验，有些国家的食品安全教育内容更为全面丰富，涉及从食品生产到销售和消费的全过程，全面提高了学生对食品安全的认识和了解，极大地预防和减少了食品安全问题带来的危害。例如，美国很多学校通过建立交互式的教育网站，制作了教学录像带，使学生能够获取食品生产加工环节到消费餐饮环节的相关信息，预防食源性细菌对学生身体健康的影响。日本根据不同成长阶段接受知识水平的差异性，采用循序渐进的方式渗透食品安全教育理念，不断深化，最终伴随青少年步入社会。借鉴国外经验，我国应从学生的角度出发，探索出更符合其特点的食品安全教育内容。

　　其次，使教育方式更加灵活。采用多样性、丰富性和趣味性的教育方法，递进式地传授一些实用且适用于学生接受的知识。例如，用寓教于乐的方式让学生认识食品从"田间"到"餐桌"每一个环节的流程和注意事项。可以采用具有趣味性和创意性的视频、图片、文艺表演以及食品安全知识竞赛等方式，缓解单纯学习的枯燥无聊，提高学习效率。特别是对于小学生而言，他们的年龄一般在6～12岁，在低龄阶段选取一些小学生喜闻乐见并富有趣味性的食品安全内容，可以通过开展趣味性的食品知识活动竞赛将食品知识与游戏、卡片融会贯通等来丰富小学生的食品安全教育。

再次，使教育内容更全面。尤其要在食物中毒高发的夏秋季节，针对食物中毒发生的特点，重点教育学生养成良好的个人饮食卫生习惯，不买校园周边及街头无照或无证商贩出售的各类食品，不吃生冷不洁食品，不采摘、不食用野果（菜）和来历不明的可疑食物，全面细致地引导提高学生的自我保护意识，综合提升学生在食品安全方面的素养。只有这样才能抵制不良食品的危害，使不法商贩无利可图、退出市场，进而保障学生的饮食健康、保证学生健康成长。

最后，使教育内容更切合实际。学校应当引导学生关注日常生活中发生的食品安全问题，了解政府解决措施以及出台的政策、法律、法规，并对食品安全事件的起因、过程以及结果进行讨论和分析，使学生对食品安全知识的认知和对食品安全的重视融入意识形态。人的行为是由其认知指导并决定的，树立食品安全意识是行为改变的前提。通过食品安全教育，加强学生的食品安全意识，全面提高其对食品安全的认知水平，使之成为指导践行食品安全行动的原动力，才是最基本也是最有效防治食品安全事件发生的有力措施，最终才能营造良好的食品安全社会氛围。

9.5.3 拓宽校园食品安全宣传教育途径

校园食品安全教育是食品安全治理体系的基本组成部分。通过对学生进行食品安全教育，提升食品安全意识，推动教育主体共同参与，从而实现食品安全事件防范工作的端口前移。实际上，有些发达国家早已将食品卫生和安全课程设置为国民普教的一部分[①]。美国作为世界上第一个提出消费者教育的国家，在食品安全教育方面具有较为全面和完善的培训和教育体系，从 1999 年开始，食品安全教育就正式加入小学、初中的课程。日本早在 20 世纪初就设立了"消费教育中心"，将食品安全全面纳入正规学校教育体系，根据不同的阶段，教给学生与其心理接受能力相适应的内容（彭海兰和刘伟，2006）。因此，可以借鉴国际经验，积极推进食品安全教育进入国民基础教育体系，将食品安全教育相关课程纳入中小学"必修课"环节，推动校园食品安全教育的制度化和规范化。学校可以弥补学生从微信、微博、亲朋好友获取食品安全知识的不足，传播完整、正确、实用的食品安全知识。食品安全的教育途径可以分为以下三个方面：①学校开设与食品安全相关的课程，讲授与食品相关的一般知识和法律知识，让学生对食品安全知识有基础的认识；②学校要通过健康教育课、主题班会、宣传栏、新媒体、安全讲座、知识竞赛、讨论会等多种形式广泛开展食品安全知识宣传教育，举办"食品安全周""食品安全月"等活动，引起学生的重视，起到宣传教育的作用；③通过电视、报纸、广播、图书、网络等途径进行食品安全知识的传播与讲解，便于学生在日常生活中积累与学习食品安全知识。除此之外，也应综合运用社会力量，与现代科技结合起来，起到宣传食品安全的同时，达到教育的效果。2017 年，"全国儿童食品安全守护行动"[②]在北京启动，活动邀请了专家给学生讲授关于食品的营养课程，通过进学校的形式全方位系统化地推广，涉及北京、天津、深圳、昆明

---

① 中国国门时报. 2007-12-04. 构筑全球食品安全教育防火墙——谈加大《关于食品安全的北京宣言》宣传力度[EB/OL]. http://www.cqn.com.cn/news/zggmsb/disan/182825.html。

② 中国粮油网. 2017-03-22. 食品安全教育要从娃娃抓起[EB/OL]. http://s.grainnet.cn/38106.html。

及福州等地区。活动一方面加深了学生对食品安全知识的认识；另一方面探索和创新了教育方式。总之，应通过多种形式拓宽校园食品安全途径，加强校园食品安全宣传。

9.5.4　注重校园食品安全教育实践

在日常生活中，食品是必需品，学生的基本生存离不开食品，而在生活中学生很难把理论学习涉及的食品安全知识与现实相对应。因此，除了注重理论的培训外，在教育中还应该不断探索、灵活运用理论与实践结合，积累社会经验，提升自身的判断能力。首先，学校可以带领学生借用社会以及校园发生的食品安全事件进行案例分析，模拟合法权利受到侵害时的维权场景，针对食品安全热点问题进行深入研究探索，开展食品安全的实践活动。其次，可以借助于校园活动，在校园中开展食品安全情景模拟。例如，2017 年由家乐福基金会与中国青少年发展基金会共同发起实施的“一店一校一农场”公益活动，扩展了食品安全教育的渠道。通过建立“学校+门店+农场”的合作模式，向学生普及食品安全常识，帮助其建立合理的平衡膳食及健康生活方式，促进学生健康成长。最后，还可以在校园里举办食品安全志愿服务活动，组织学生深入乡村、社区宣传食品安全教育，进行食品安全挑选、清洗、生产等的培训，学习不同食品的烹饪方法以及对食品包装的识别等。只有这样，通过创新方式促进学生对食品安全知识的了解，才能使学生将理论知识转变为实践活动，在消费食品时才会具备自己的判断力，防范不合格食物的侵害，同时也增强学生的社会责任感。

第 10 章 校园欺凌、学生应对策略与身心健康调查

　　校园欺凌在全球范围内广泛存在。联合国教育、科学及文化组织于 2017 年 1 月 17 日在韩国首尔发布了全球校园欺凌现状的最新报告，报告显示全世界每年约有 2.46 亿名儿童和青少年遭受学校暴力和欺凌。同时，报告还指出所有儿童都面临校园欺凌的风险，且弱势群体，如因贫穷或种族、语言或文化差异、移民或流离失所而处于弱势地位的学生，残疾或外貌异常的儿童，以及性取向和性别认同不符合传统规范的青少年更容易遭受校园欺凌[①]。此外，联合国儿童基金会开展的儿童欺凌调查发现，97%的受访者认为欺凌是他们生活中普遍存在的问题，并且三分之二的受访者表示他们曾遭受过欺凌[②]。

　　校园欺凌现象在我国中小学也普遍存在。2017 年中南大学中国应急管理学会校园安全专业委员会开展的《中国校园欺凌调查报告》显示，中国的校园欺凌以语言欺凌形式为主，占所有欺凌形式的 23.3%；中部地区学校发生校园欺凌的概率最高，达到 46.23%，并且我国的校园欺凌呈现出"中部地区＞西部地区＞东部地区＞东北地区"的现状（高山，2017）。

　　近年来，校园欺凌现象受到社会的关注和政府主管部门的重视。2016 年，国务院教育督导委员会办公室颁布了《关于开展校园欺凌专项治理的通知》，教育部等九部门联合发布了《关于防治中小学生欺凌和暴力的指导意见》。2017 年底，教育部、中央综治办等十一部门又联合印发了《加强中小学生欺凌综合治理方案》，旨在全面加强校园欺凌和暴力的干预，保护广大青少年和儿童的身心健康。同时，越来越多的学者开始关注校园欺凌问题，为理解和治理校园欺凌问题提供了有益借鉴。

　　2017 年底，本研究团队和甘肃张掖肃南裕固族自治县教育体育局合作，对全县中小学学生进行了普查，重点调查了校园欺凌发生率、学生的适应情况以及学生的生活质量等内容。根据肃南裕固族自治县人民政府网站信息，该自治县是全国唯一的一个裕固族自治县，当地居民主要为农牧业从业者，少数民族约有 2.18 万人，占全县总人口的 56.80%。裕固族、藏族、蒙古族等是该自治县主要的少数民族，其中裕固族人口约为 1.04 万人，占全县总人口的 27.10%。

　　因此，本章基于该调查，重点探讨展示以下三个内容：

　　1）该自治县校园欺凌发生状况如何？

---

① United Nations Educational，Scientific and Cultural Organization. 2017-01-17. Bullies target physical appearance，ethnicity，gender or sexual orientation[EB/OL]. https://news.un.org/en/story/2017/01/549612-bullies-target-physical-appearance-ethnicity-gender-or-sexual-orientation-un。

② United Nations International Children's Emergency Fund. 2016-08. Two-thirds of young people in more than 18 countries say they have been bullied[EB/OL]. https://news.un.org/en/story/2016/08/536572-two-thirds-young-people-more-18-countries-say-they-have-been-bullied-unicef。

2）广大中小学生是如何应对校园欺凌现象的？

3）校园欺凌对中小学生的生活质量存在什么影响？

10.1　校园欺凌的内涵与类型

校园欺凌，又称校园霸凌或校园欺负，是指蓄意或恶意通过肢体、语言及网络等手段对其他学生实施欺负或侮辱，使其他学生受到伤害或感到不适的攻击性行为（Olweus，1972）[①]。校园欺凌的判定有三个标准：意向性（intentionality）、重复性（repetitiveness）和力量不平衡（imbalance of power）（Smith et al.，1999；Smith et al.，2013）。其中，意向性是指有意对他人造成伤害；重复性是指多次实施欺凌行为，但该标准并不是完全必要的，因为一次性的伤害也可以造成持续性的影响；力量不平衡是指欺凌与被欺凌者力量的不平衡，包括身体力量、自信心、在群体中的地位等，其可用于区分欺凌与冲突（Smith et al.，1999；Smith et al.，2013）。

绝大部分的校园欺凌可分为直接欺凌与间接欺凌两种形式（Lagerspetz et al.，1988）。直接欺凌是在人群面前直接实施的恐吓、侮辱或贬低，包括身体攻击、威胁、起绰号、嘲笑等；间接欺凌体现的是一种关系操控，旨在破坏被欺凌者的社会声誉或减弱其社会地位，包括传播谣言、陷害、孤立等（Björkqvist et al.，1994；Brown et al.，2011）。近年来，新的校园欺凌方式"网络欺凌"也开始出现，是指通过使用信息通信技术有意地和重复地实施伤害行为（Hawker and Boulton，2000）。

校园欺凌经历会影响儿童和青少年的身心健康，并可能会产生长期效应，影响欺凌受害者和实施者的成长和社会适应。根据不同的分类方式，校园欺凌经历的后果可以分为短期后果和长期后果、内在化后果和表象化后果等。欺凌经历常见的内在化后果包括创伤后应激障碍（post-traumatic stress disorder）、自卑、抑郁、孤独、焦虑、情感问题、由情绪导致的生理病痛（如失眠、胃疼、头疼、呼吸困难、身体疲倦等）。表象化后果包括厌学、易怒行为、攻击性、物质滥用、高危性行为、自杀等。虽然很多横截面研究难以区分校园欺凌经历与各种心理和行为问题互为因果效应，但是一些跟踪研究确实有证据表明校园欺凌经历是各类心理和行为问题的原因而不是后果。长期研究甚至表明，校园欺凌的经历，无论是对于受害者还是实施者，都是预测其成年后暴力行为的一个重要指标，只是实施者的经历作用更强（Takizawa et al.，2014；Nielsen et al.，2015；韩自强和肖晖，2017；Han et al.，2017；Hawker and Boulton，2000）。

10.2　本调查样本分布及家庭、学校状况

本调查对肃南裕固族自治县全体中小学生（包含技校、中专）进行了普查，其中小学生仅包含了四年级以上的学生。共获得 2155 份有效问卷。其中，男生占调查总人数的49.93%，女生占调查总人数的 50.07%；42.88%的学生住校。受访学生的年龄分布在 8～

---

① 国务院教育督导委员会办公室.《关于开展校园欺凌专项治理的通知》，2016 年 5 月。

20 岁，其中以 10～18 岁为主，占调查总人数的 96.47%。此外，受访学生就读的年级包括小学四～六年级（38.84%），初中一～三年级（33.47%），高中一～三年级（19.02%），职高/技校一～三年级（8.67%），见表 10.1。

表 10.1 受访学生的年级分布

选项	人数	占比/%
小学四年级	319	14.80
小学五年级	259	12.02
小学六年级	259	12.02
初中一年级	271	12.58
初中二年级	235	10.91
初中三年级	215	9.98
高中一年级	138	6.40
高中二年级	147	6.82
高中三年级	125	5.80
职高/技校一年级	63	2.92
职高/技校二年级	50	2.32
职高/技校三年级	74	3.43

在受访学生父亲的受教育程度方面（表 10.2），大部分学生父亲的学历为大专以下，其中不识字或者小学学历占 21.95%，初中学历占 46.13%，高中/职高/技校/中专学历占 20.14%，学生父亲学历为大专的有 7.38%，本科学历的为 3.80%，硕士研究生及以上学历的最少（0.60%）。在受访学生母亲的受教育程度方面（表 10.3），学历为初中的最多（46.45%），其次为不识字或者小学（29.98%）、高中/职高/技校/中专（15.64%）、大专（4.41%）、本科（2.78%）、硕士研究生及以上（0.74%）。

表 10.2 受访学生父亲的受教育程度

学历	人数	占比/%
不识字或者小学	473	21.95
初中	994	46.13
高中/职高/技校/中专	434	20.14
大专	159	7.38
本科	82	3.80
硕士研究生及以上	13	0.60

表 10.3　受访学生母亲的受教育程度

学历	人数	占比/%
不识字或者小学	646	29.98
初中	1001	46.45
高中/职高/技校/中专	337	15.64
大专	95	4.41
本科	60	2.78
硕士研究生及以上	16	0.74

在受访学生的家庭经济社会地位方面，当调查到学生"你觉得你家在你们当地的经济社会地位如何"时，得到的结果是非常高和很差（垫底）的较少，分别为 3.20% 和 1.02%；中上的为 30.53%，一般的为 57.31%，中下的为 7.94%（表 10.4）。

表 10.4　受访学生的家庭经济社会地位

地位	人数	占比/%
非常高	69	3.20
中上	658	30.53
一般	1235	57.31
中下	171	7.94
很差（垫底）	22	1.02

对于学生的学习生活情况，问卷共设计了 8 个相关问题。通过询问学生"你喜欢上学吗"可以发现，大部分学生（83.52%）喜欢上学，仅有 6.64% 的学生非常不喜欢上学，9.84% 的学生不太喜欢上学（图 10.1）。

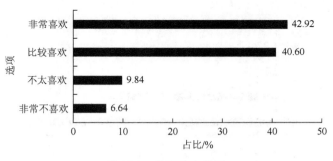

图 10.1　你喜欢上学吗

通过询问学生"你在学校感到安全吗"可以发现，54.11% 的受访学生感觉自己在学校非常安全，感觉在学校比较安全的学生占 39.91%，感觉不怎么安全的学生占 4.50%，感觉非常不安全的学生占 1.48%（图 10.2）。上述结果说明，绝大多数学生感觉自己在学校是安全的。

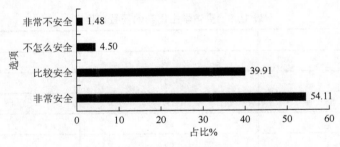

图 10.2　你在学校感到安全吗

通过询问学生"你在学校与同学相处得如何"可以发现，60.97%的学生认为自己与同学相处得很好，37.03%的学生认为自己与同学相处得较好，1.48%的学生认为自己与同学相处得较差，0.52%的学生认为自己与同学相处得非常差（图 10.3）。整体上讲，绝大部分学生认为自己与同学之间的关系不错。

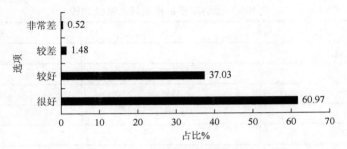

图 10.3　你在学校与同学相处得如何

通过询问学生"你在学校和老师相处得如何"可以发现，在学校和老师相处得很好、较好、较差和非常差的学生分别占 58.24%、38.28%、2.78%和 0.70%（图 10.4）。整体上讲，大部分学生和老师相处得很好或较好。

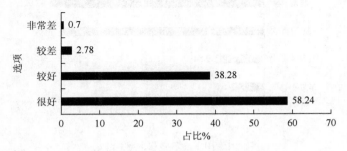

图 10.4　你在学校和老师相处得如何

通过询问学生"你与父母相处得如何"可以发现，78.56%的学生与父母相处得很好，19.49%的学生与父母相处得较好，而与父母相处得较差和非常差的学生分别有 1.44%和 0.51%（图 10.5）。

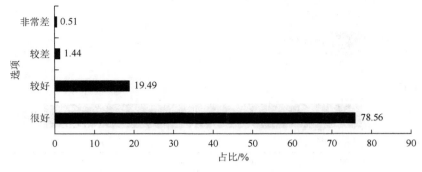

图 10.5　你与父母相处得如何

通过询问学生"你去年的学习成绩怎么样"可以发现，大多数学生认为自己学习成绩中等（37.87%）或中等偏上（36.61%），认为自己学习成绩中等偏下的学生有 12.48%，认为自己成绩拔尖的学生有 9.19%，认为自己成绩垫底的学生最少（3.85%），如图 10.6 所示。

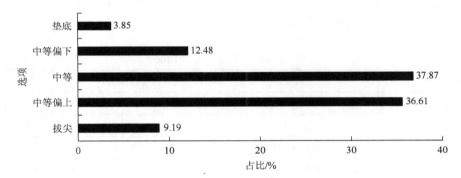

图 10.6　你去年的学习成绩怎么样

通过询问学生"你是否听说过'校园欺凌'一词"可以发现 90.86%的学生表示听说过，9.14%的学生表示没有听说过，如图 10.7 所示。

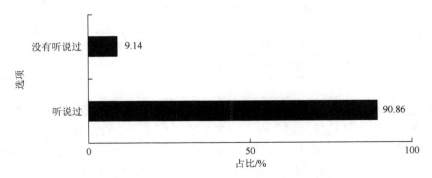

图 10.7　你是否听说过"校园欺凌"一词

对于听说过"校园欺凌"一词的学生，进一步询问了他们是否知道"校园欺凌"的意思，有 91.22%的学生回答知道，有 8.78%的学生回答不知道，如图 10.8 所示。

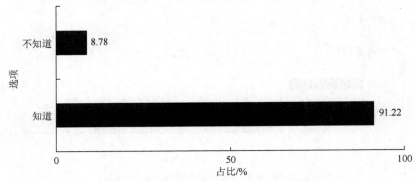

图 10.8　你是否知道"校园欺凌"的意思

10.3　校园欺凌发生率

参考中国应急管理学会校园安全专业委员会 2016 年的调查设计，本调查主要询问了校园欺凌行为的发生情况。共设计了 10 种校园欺凌行为，其中 6 种为传统校园欺凌行为，4 种为网络欺凌行为，调查结果见表 10.5。

表 10.5　学生被欺凌情况　　　　　　　　　　　　　（单位：%）

行为	选项	从来没有	极少	偶尔	经常
传统校园欺凌行为	辱骂、嘲笑、讽刺你，给你取侮辱性的绰号等	59.77	19.91	16.06	4.26
	散布关于你的谣言，鼓动其他人不喜欢你	70.02	16.89	9.84	3.25
	踢你、打你、推搡你，伸脚绊倒你或者朝你吐口水	76.15	13.36	8.49	2.00
	威胁或强迫你做你不喜欢的事情，如问你要钱或者东西	85.57	8.89	4.57	0.97
	故意不让你参加集体活动，或者不让别人和你玩	84.13	9.70	4.82	1.35
	故意破坏你的东西，如书包、文具等	81.44	11.60	5.57	1.39
网络欺凌行为	在网上、微博、微信、QQ 状态或网络直播中辱骂、嘲笑或讽刺你	87.52	8.35	3.29	0.84
	在网上、微博、微信、QQ 状态或网络直播中散播对你不好的信息、谣言等	89.47	6.96	2.73	0.84
	故意把你的个人信息、不好的照片或视频放到网上	91.14	6.22	1.86	0.78
	在网上玩游戏或者和大家交流的时候，故意排斥、孤立你	87.47	8.12	3.02	1.39

从传统校园欺凌行为发生情况来看：①当被问是否有同学或同龄人"辱骂、嘲笑、讽刺你，给你取侮辱性的绰号等"时，59.77% 的学生表示从来没有上述经历，40.23% 的学生表示或多或少有上述经历；②当被问是否有同学或同龄人"散布关于你的谣言，鼓动其他人不喜欢你"时，29.98% 的学生表示曾有过这样的经历；③当被问是否有同学或同龄人"踢你、打你、推搡你，伸脚绊倒你或者朝你吐口水"时，2.00% 的学生表示经常会遭遇上述经历，8.49% 的学生表示偶尔会遭遇上述经历，13.36% 的学生表示极少会遭遇上述经历；④当被问是否有同学或同龄人"威胁或强迫你做你不喜欢的事情，如问你要钱

或者东西"时，14.43%的学生表示曾遭到同学或同龄人威胁或强迫自己做自己不喜欢的事情，如被要钱或被要东西；⑤当被问是否有同学或同龄人"故意不让你参加集体活动，或者不让别人和你玩"时，1.35%的学生表示经常会遭遇上述经历，表示偶尔和极少遭遇上述经历的学生分别占 4.82%和 9.70%；⑥当被问是否有同学或同龄人"故意破坏你的东西，如书包、文具等"时，表示自己的东西（书包、文具等）经常、偶尔和极少被故意破坏的学生分别占 1.39%、5.57%和 11.60%。

从网络欺凌行为发生情况来看：①当被问是否有同学或同龄人"在网上、微博、微信、QQ 状态或网络直播中辱骂、嘲笑或讽刺你"时，87.52%的学生表示从来没有过上述经历，其余学生均有过上述经历；②当被问是否有同学或同龄人"在网上、微博、微信、QQ 状态或网络直播中散播对你不好的信息、谣言等"时，10.53%的学生表示在网上、微博、微信、QQ 状态或网络直播中曾被散播对自己不好的信息、谣言等；③当被问是否有同学或同龄人"故意把你的个人信息、不好的照片或视频放到网上"时，表示从来没有、极少、偶尔和经常的学生分别占 91.14%、6.22%、1.86%和 0.78%；④当被问是否有同学或同龄人"在网上玩游戏或者和大家交流的时候,故意排斥、孤立你"时，12.53%的学生表示在网上玩游戏或者和大家交流的时候，有过被故意排斥、孤立，其中 1.39%的学生表示经常遭遇上述经历。

整体上看，遭到网络欺凌行为的学生相对传统校园欺凌行为更少，其中以"故意被同学或同龄人把自己的个人信息、不好的照片或视频放到网上"的学生最少。在传统校园欺凌行为中，以"辱骂、嘲笑、讽刺，给你取侮辱性的绰号等"的学生最多，排在第 2 位和第 3 位的是"散布关于自己的谣言，鼓动其他人不喜欢你"和"踢你、打你、推搡你、伸脚绊倒你或者朝你吐口水"，遭到上述三种欺凌行为的学生均超过 20%。

从欺凌者的身份来看（图 10.9），比例由高到低依次为同班同学（57.28%）、高年级同学（38.61%）、同年级但不同班同学（33.97%）、校外同龄人（18.88%）、低年级同学（5.06%），这样的结果在一定程度上说明欺凌主要发生在同校学生之间。

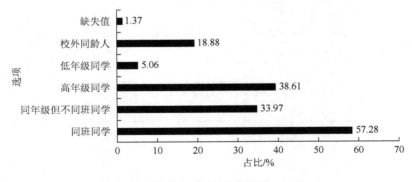

图 10.9　欺凌者的身份

从欺凌者的性别来看，34.49%的学生表示欺凌者为几个男生，其次 33.23%的学生表示欺凌者中既有男生也有女生。此外，欺凌者主要是一个男生、主要是一个女生和几个女生的比例分别为 17.19%、4.01%和 9.49%，如图 10.10 所示。

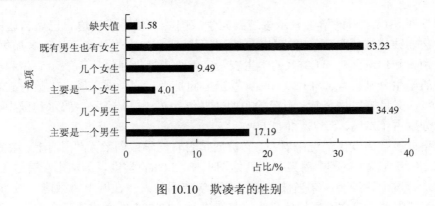

图 10.10　欺凌者的性别

10.4　被欺凌学生应对策略

10.4.1　被欺凌学生应对策略

本调查中，被欺凌学生应对策略主要分为两种。一种是青少年校园暴力应对量表，包括20个题目。另一种是询问一些学生具体的应对策略。其中，校园暴力应对量表结果见表 10.6。

表 10.6　被欺凌者的应对策略　　　　　（单位：%）

类型	选项	从来没有	极少	偶尔	经常
自我调适	当做什么事情都没发生过	41.46	44.62	8.23	5.69
	当场还击，以牙还牙	50.00	40.08	5.59	4.33
	我告诉自己，这没关系	40.82	39.14	10.97	9.07
寻求帮助	报告老师，向老师寻求帮助	38.92	40.72	12.03	8.33
	试图弄清楚他们为什么对我做这些事情（欺负我）	33.65	40.61	15.40	10.34
	告诉家长，向家长寻求帮助	41.14	36.60	12.03	10.23
	告诉朋友，向朋友寻求帮助	34.28	43.78	14.45	7.49
	告诉兄弟姐妹（包括表/堂兄弟姐妹），向他们寻求帮助	50.63	35.65	8.54	5.18
主动积极应对	我告诉他们（欺负我的人），我不在乎	56.22	32.38	7.17	4.23
	去想一些开心的事情，转移注意力	19.41	39.45	25.95	15.19
	改变一些策略和行为，让他们不再对我做这些事情	27.43	41.03	18.78	12.76
消极负面	想办法阻止这些事情发生	25.42	38.92	21.41	14.24
	非常生气，砸一些东西发泄	68.04	24.58	4.43	2.95
	事后想其他办法报复	69.09	24.05	3.90	2.96
自我否定、逃避和消极适应	想哭或者自己一个人哭	48.21	38.50	7.17	6.12
	觉得自己做得不好，他们才对自己做那些事情	50.00	37.24	8.86	3.90
	太伤心，不愿意与任何人提起这事	48.84	35.55	9.28	6.33
	尽量不去想这事，过一段时间就会好了	32.49	38.19	16.56	12.76
	默默接受，不知道怎么办	57.70	30.59	6.86	4.85
	内心诅咒对我做这些事情的人	65.19	26.27	4.32	4.22

　　第一类应对策略是自我调适。①当被问是否"当做什么事情都没发生过"时，58.54%的学生表示曾将其当做什么事情都没有发生过来处理，其中有 8.23%的学生表示偶尔这样做，5.69%的学生表示经常这样做；②当被问是否"当场还击，以牙还牙"时，50.00%的学生表示从来没有，表示极少这样做、偶尔这样做和经常这样做的学生分别为 40.08%、5.59%和4.33%；③当被问是否"我告诉自己，这没关系"时，表示经常这样做的学生占9.07%，表示偶尔这样做的学生占 10.97%，表示极少这样做的学生占 39.14%。

　　第二类应对策略是寻求帮助。①当被问是否"报告老师，向老师寻求帮助"时，表示经常这样做的学生占 8.33%，而表示从来没有这样做的学生占 38.92%；②当被问是否"试图弄清楚他们为什么对我做这些事情（欺负我）"时，10.34%的学生表示经常这样做，15.40%的学生表示偶尔这样做，40.61%的学生表示极少这样做，33.65%的学生表示从来没有这样做；③当被问是否"告诉家长，向家长寻求帮助"时，41.14%的学生表示从来没有这样做，表示极少、偶尔和经常这样做的学生分别为 36.60%、12.03%和10.23%；④当被问是否"告诉朋友，向朋友寻求帮助"时，65.72%的学生表示曾这样做过，其中 7.49%的学生表示经常这样做，14.45%的学生表示偶尔这样做；⑤当被问是否"告诉兄弟姐妹（包括表/堂兄弟姐妹），向他们寻求帮助"时，50.63%的学生表示从来没有这样做，而 35.65%的学生表示极少这样做，8.54%的学生表示偶尔这样做，5.18%的学生表示经常这样做。

　　第三类应对策略是主动积极应对。①当被问是否"我告诉他们（欺负我的人），我不在乎"时，43.78%的学生表示曾这样做过，其中 32.38%的学生表示极少这样做，7.17%的学生表示偶尔这样做，4.23%的学生表示经常这样做；②当被问是否"去想一些开心的事情，转移注意力"时，15.19%的学生表示经常这样做，25.95%的学生表示偶尔这样做，39.45%的学生表示极少这样做；③当被问是否"改变一些策略和行为，让他们不再对我做这些事情"时，12.76%的学生表示经常这样做，18.78%的学生表示偶尔这样做，41.03%的学生表示极少这样做。

　　第四类应对策略是消极负面。①当被问是否"想办法阻止这些事情发生"时，25.42%的学生表示从来没有这样做，38.92%的学生表示极少这样做，21.41%的学生表示偶尔这样做，14.24%的学生表示经常这样做；②当被问是否"非常生气，砸一些东西发泄"时，31.96%的学生表示曾这样做，其中 2.95%的学生表示经常这样做；③当被问是否"事后想其他办法报复"时，69.09%的学生表示从来没有这样做，仅有极少数的学生表示经常这样做（2.96%）。

　　第五类应对策略是自我否定、逃避和消极适应。①当被问是否"想哭或者自己一个人哭"时，表示极少这样做的学生占 38.50%，表示偶尔这样做的学生占 7.17%，表示经常这样做的学生占6.12%；②当被问是否"觉得自己做得不好，他们才对自己做那些事情"时，3.90%的学生表示经常这样做，8.86%的学生表示偶尔这样做，37.24%的学生表示极少这样做；③当被问是否"太伤心，不愿意与任何人提起这事"时，6.33%的学生表示经常这样做，表示偶尔和极少这样做的学生分别占 9.28%和 35.55%；④当被问是否"尽量不去想这事，过一段时间就会好了"时，12.76%的学生表示经常这样做，16.56%的学生表示偶尔这样做，38.19%的学生表示极少这样做；⑤当被问是否"默默接受，不知道怎么办"时，4.85%的学生表示经常这样做，6.86%的学生表示偶尔这样做，30.59%的学生表示极少这样做；⑥当被问是否"内心诅咒对我做这些事情的人"时，表示从来没有、极少、偶尔和经常这样做的学生分别为 65.19%、26.27%、4.32%和 4.22%。

整体上讲，学生采取的应对策略包括了问卷所列出的所有策略。相较而言，学生在被欺凌后，曾选择"去想一些开心的事情，转移注意力"的最多（80.59%），其次为"想办法阻止这些事情发生"（74.58%）和"改变一些策略和行为，让他们不再对我做这些事情"（72.57%）；曾选择"事后想其他办法报复"、"非常生气，砸一些东西发泄"和"内心诅咒对我做这些事情的人"三种应对策略的人相对较少，分别占 30.91%、31.96%和 34.81%。此外，在 20 种应对策略中，学生回答"经常"的前三名策略分别为"去想一些开心的事情，转移注意力"（15.19%）、"想办法阻止这些事情发生"（14.24%）以及"改变一些策略和行为，让他们不再对我做这些事情"（12.76%）和"尽量不去想这事，过一段时间就会好了"（12.76%）。

在欺凌发生地点的调查中，发现欺凌事件发生最多的地方是在教室（55.91%），然后依次为学校操场（36.92%）、学校其他地方（32.81%）、上下学路上（31.22%）、学校厕所（20.57%）、学校走廊（16.77%）、其他地方（10.34%）、学校餐厅（9.07%）、学校体育馆（3.59%）和学校音乐室（2.11%），如图 10.11 所示。

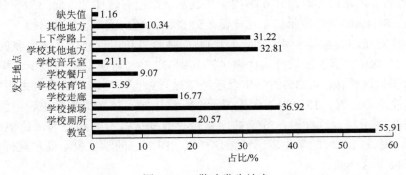

图 10.11　欺凌发生地点

通过询问"有没有将被欺凌的事情告诉他人"，得到的结果如图 10.12 所示，其中，22.26%的学生没有告诉别人。在告诉别人的回答中，将被欺凌事情有告诉朋友的学生最多，占 53.90%；其次是有告诉家长的学生占 41.98%；有告诉老师的学生占 36.81%；有告诉兄弟姐妹（包括表或者堂兄弟姐妹）的学生占 27.22%；13.08%的学生有告诉学校其他大人；4.01%的学生有告诉其他人。

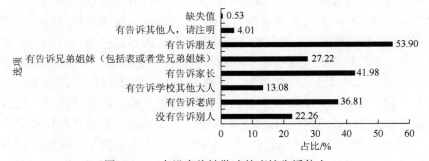

图 10.12　有没有将被欺凌的事情告诉他人

　　针对没有将被欺凌的事情告诉他人的学生，问卷继续调查了其没有告诉他人的原因，结果如图 10.13 所示。其中超过一半的学生认为被欺凌"我觉得不是什么大事"（58.29%），也有 56.87% 的学生认为"我自己能处理"。此外，25.12% 的学生没有告诉他人的原因是"我不想告发他们，免得大家觉得我爱打小报告"，24.17% 的学生认为"告诉别人也没用，还会照样被欺负"，17.54% 的学生认为"告诉别人后，会被欺负得更厉害"，10.43% 的学生是由于其他原因而没有告诉他人。

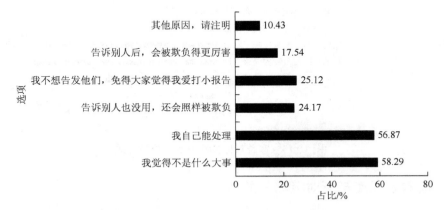

图 10.13　没有将被欺凌的事情告诉他人的原因

　　当学生将被欺凌的事情告诉老师后，老师的处理方式的调查结果如图 10.14 所示。其中，50.11% 的学生表示"欺负我的人被老师惩罚了"，36.39% 的学生表示"老师通知了欺负我的人的家长"，27.43% 的学生表示"老师告诉了我的家长"，12.55% 的学生表示"老师告诉我以后尽量躲着他们"，10.44% 的学生表示"老师告诉我以后要奋起反抗"，4.75% 的学生表示"老师没管，觉得不是什么大事"，还有 24.47% 的学生不清楚老师怎么处理自己被欺凌的事情。

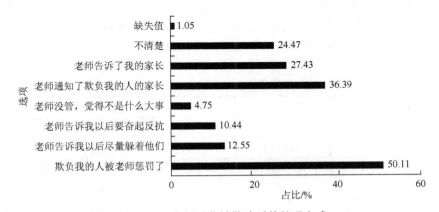

图 10.14　老师对你被欺凌后的处理方式

　　对于家长的处理方式，问卷共设计了 7 种处理方式，如图 10.15 所示。学生表示家长的处理方式主要为"我家长找欺负我的人的家长说了此事"（50.00%）、"我家长找欺负我的人谈了话"（49.75%）、"我家长告诉了老师"（38.44%）和"家长告诉我，以后要小心欺负我的人，尽量躲着"（28.64%）。此外，8.29%的学生表示"家长告诉我不是什么大事"，3.02%的学生表示"我家长什么事情也没做"，还有 7.79%的学生不清楚家长怎么处理的。

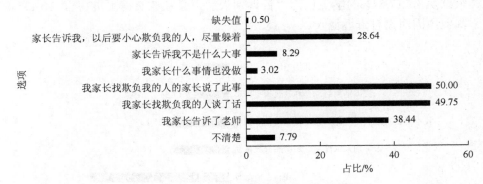

图 10.15　　家长对你被欺凌后的处理方式

10.4.2　被欺凌程度与应对策略的关系

学生被欺凌程度与应对策略和模式的关系。其中，学生被欺凌程度应用学生报告的各种欺凌行为（表 10.5）发生在其身上的频次（0 代表从来没有，1 代表极少，2 代表偶尔，3 代表经常）之和来测量；应对策略通过询问被欺凌学生采取 20 种应对策略（表 10.8）的频次来度量（0 代表从来没，1 代表极少，2 代表偶尔，3 代表经常），通过因子分析，我们将 20 种应对策略分为四个应对策略（策略一、策略二、策略三和策略四），分别命名为"逃避事实""寻求帮助""还击/报复""消极适应"（包括自我安慰、自我感伤、寻找原因、不在乎、内心诅咒、以其他方式发泄等）。然后，将四个因子作为因变量，被欺凌程度作为自变量，性别（女生为对照组）、家庭经济社会地位、父母学历、是否住校（不住校为对照组）、与谁同住（其他居住情况为对照组）以及年级（小学四年级为对照组）作为控制变量进行回归分析，结果见表 10.7。

表 10.7　　被欺凌程度与应对策略的回归分析结果

选项	逃避事实	寻求帮助	还击/报复	消极适应
被欺凌程度	0.027^{***}	0.042^{**}	0.064^{***}	0.345^{***}
	(0.005)	(0.014)	(0.008)	(0.044)
男生	−0.049	0.296^{*}	0.273^{***}	−0.373
	(0.054)	(0.139)	(0.079)	(0.451)
家庭经济社会地位	0.030	−0.097	-0.120^{*}	0.387
	(0.038)	(0.099)	(0.056)	(0.322)
父亲学历	−0.022	−0.137	0.012	−0.262
	(0.033)	(0.086)	(0.049)	(0.280)

续表

选项	逃避事实	寻求帮助	还击/报复	消极适应
母亲学历	0.012	0.227**	0.080	0.479
	(0.033 9)	(0.087 7)	(0.050)	(0.285)
住校生	0.022	0.131	−0.093	0.724
	(0.062)	(0.159)	(0.090)	(0.518)
与父母同住	0.013	0.072	−0.225	1.391
	(0.109)	(0.282)	(0.160)	(0.916)
与父亲或母亲其中之一同住	0.046	−0.127	−0.334	0.776
	(0.131)	(0.339)	(0.192)	(1.102)
与爷爷奶奶/外公外婆同住	0.184	0.117	−0.341	1.437
	(0.139)	(0.358)	(0.203)	(1.166)
小学五年级	0.088	0.158	0.070	−0.294
	(0.096)	(0.248)	(0.140)	(0.806)
小学六年级	0.132	−0.523*	0.115	−0.406
	(0.099)	(0.255)	(0.144)	(0.828)
初中一年级	0.221*	−0.437	0.107	0.628
	(0.102)	(0.264)	(0.149)	(0.858)
初中二年级	0.407***	−0.575*	−0.173	0.835
	(0.111)	(0.286)	(0.162)	(0.930)
初中三年级	0.294*	−0.509	0.418*	0.505
	(0.117)	(0.303)	(0.172)	(0.987)
高中一年级	0.098	−0.609*	0.616***	0.180
	(0.119)	(0.307)	(0.174)	(0.999)
高中二年级	0.095	−1.730***	0.156	−0.322
	(0.143)	(0.369)	(0.209)	(1.201)
高中三年级	0.266*	−1.135***	0.408*	2.295*
	(0.118)	(0.306)	(0.173)	(0.996)
职高/技校一年级	0.284	−0.612	0.699**	0.436
	(0.162)	(0.418)	(0.237)	(1.361)
职高/技校二年级	0.278	−0.710	0.368	1.112
	(0.156)	(0.404)	(0.229)	(1.316)
职高/技校三年级	0.417*	−1.051*	0.416	1.290
	(0.166)	(0.429)	(0.243)	(1.394)
N	948	948	948	948

* $p < 0.05$, ** $p < 0.01$, *** $p < 0.001$

由表 10.7 结果可知，不论是哪一种应对策略，被欺凌程度与其均存在显著相关关系。

并且，它们的回归系数大于零，因而可以说学生被欺凌的程度越强，他们采取应对策略的频率也越高。

此外，控制变量的结果为：

1）从性别角度看，相对女生来讲，男生更倾向采取应对策略二或者应对策略三，即寻求帮助或者还击/报复。

2）学生家庭经济社会地位显著负向影响学生采取应对策略三。

3）父亲学历与应对策略的关系不显著，母亲学历与应对策略一、策略三、策略四的关系不显著，但却显著影响应对策略二，当母亲学历越高时，孩子采取应对策略二的可能性越大。

4）学生是否住校对应对策略的影响没有显著差别。

5）相对于其他居住情况，学生与父母、父亲或母亲其中之一、爷爷奶奶/外公外婆同住对应对策略没有显著差别。

6）相对小学四年级的学生来讲，小学六年级的学生更不容易采取应对策略二；初中学生更容易采取应对策略一，初中二年级学生更不容易采取应对策略二，且初中三年级学生更容易采取应对策略三；高中学生更不容易采取应对策略二，且高中一年级学生更容易采取应对策略三，高中三年级学生更可能采取应对策略一、策略三和策略四；职高/技校一年级更容易采取应对策略三，职高/技校三年级更容易采取应对策略一，更不容易采取应对策略二。

10.5　校园欺凌与生活质量

本节主要分为两部分，10.5.1 节描述学生的生活质量，包括学生的健康行为和生活状况；10.5.2 节主要探讨校园欺凌经历与学生生活质量。其中生活质量采用了两个量表测量，一个是 Kidscreen 生活质量简表，一个是简易儿童生活质量量表。

10.5.1　学生的生活质量

首先，询问了学生对自己整体的健康状况和生活幸福感情况。在健康状况方面，46.54%的学生认为自己的健康状况非常好，43.76%的学生认为自己的健康状况比较好，8.49%的学生认为自己的健康情况一般。而觉得自己健康状况不好的学生占 1.21%，其中感觉健康状况较差的学生占 0.70%，感觉健康状况很差的学生占 0.51%，如图 10.16 所示。

在生活幸福感方面，大部分学生感觉自己的生活非常幸福（60.32%），相当一部分学生感觉自己的生活比较幸福（31.32%），感觉自己的生活说不上幸福不幸福的学生占 6.91%，感觉自己的生活比较不幸福和非常不幸福的学生分别占 0.93%和 0.51%，如图 10.17 所示。

其次，Kidscreen 生活质量简表包括 10 个问题，主要询问了学生在上一周的健康和心情状况，结果见表 10.8。具体为：①在"感到身体健康，状况良好"方面，有 10.67%的学生表示上周完全没有"感到身体健康，状况良好"，6.36%的学生表示上周很少"感到身体健康，状况良好"，12.11%的学生表示上周有时候"感到身体健康，状况良好"，70.63%

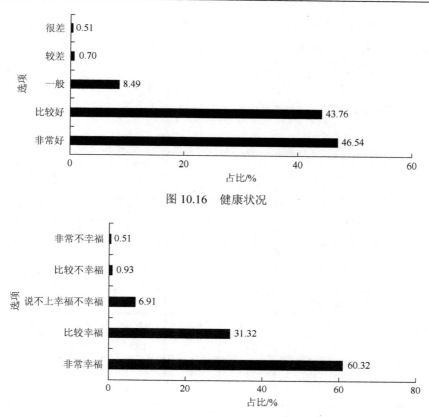

图 10.16　健康状况

图 10.17　生活幸福感

的学生表示上周经常和总是"感到身体健康，状况良好"；②在"感到精力充沛"方面，表示上周完全没有、很少、有时候、经常和总是的学生分别占 11.09%、8.72%、15.64%、29.65% 和 34.29%；③在"感到忧伤"方面，6.26% 的学生表示上周总是有这样的感觉，6.96% 的学生表示上周经常有这样的感觉，19.72% 的学生表示上周有时候有这样的感觉，表示上周很少和完全没有这样的感觉的学生分别占 33.83% 和 32.44%；④在"感到孤独"方面，有部分学生表示上周经常和总是有这样的感觉，分别占 6.77% 和 6.36%，有 15.45% 和 30.53% 的学生表示上周有时候和很少有这样的感觉，只有 40.23% 的学生表示上周完全没有这样的感觉；⑤在"有足够的时间独处"方面，16.80% 的学生表示上周完全没有足够的时间独处，23.71% 的学生表示上周很少有足够的时间独处，32.62% 的学生表示上周经常或总是有足够的时间独处；⑥在"在你空闲的时间，可以做自己想做的事情"方面，28.96% 的学生表示上周总是这样，28.49% 的学生表示上周经常这样，21.58% 的学生表示上周有时候这样，10.44% 的学生表示很少这样，9.74% 的学生表示完全没有这样；⑦在"父母对待自己公平公正，比较讲道理"方面，46.17% 的学生表示总是，26.31% 的学生表示经常，而 9.51% 的学生表示完全没有；⑧在"和朋友玩得开心"方面，大部分学生持积极态度（47.61% 的学生表示总是感觉自己"和朋友玩得开心"，31.55% 的学生表示经常感觉"和朋友玩得开心"），只有 7.42% 的学生表示完全没有感觉"和朋友玩得开心"及 4.22% 的学生表示很少感觉"和朋友玩得开心"；⑨在"学校表现好"方面，表示总是、经常、有时候、很少和完全没有的学生分别占 27.66%、32.85%、24.73%、7.66%和 6.54%；⑩在"能够集中注意力"方面，表示经常"能够集中注意力"的学生占比最大（35.22%），其次为表示总是"能够集中注意力"的学生（29.14%），表示完全没有、很少和有时候"能集中注意力"的学生分别占 7.01%、7.52%和 20.32%。

表 10.8 Kidscreen 生活质量简表 （单位：%）

选项	完全没有	很少	有时候	经常	总是	空
感到身体健康，状况良好	10.67	6.36	12.11	31.51	39.12	0.23
感到精力充沛	11.09	8.72	15.64	29.65	34.29	0.61
感到忧伤	32.44	33.83	19.72	6.96	6.26	0.79
感到孤独	40.23	30.53	15.45	6.77	6.36	0.66
有足够的时间独处	16.80	23.71	26.17	17.82	14.80	0.70
在你空闲的时间，可以做自己想做的事情	9.74	10.44	21.58	28.49	28.96	0.79
父母对待自己公平公正，比较讲道理	9.51	6.59	11.00	26.31	46.17	0.42
和朋友玩得开心	7.42	4.22	8.68	31.55	47.61	0.52
学校表现好	6.54	7.66	24.73	32.85	27.66	0.56
能够集中注意力	7.01	7.52	20.32	35.22	29.14	0.79

最后，我们还使用了简易儿童生活质量量表（表 10.9）。①在"你的家庭生活状况"方面，大部分学生对生活表示出满意的态度（比较满意为 27.98%，非常满意为 60.56%），而对自己的家庭生活状况不怎么满意和非常不满意的学生分别为 1.95%和 4.36%；②在"你的学校生活和经历"方面，感觉非常满意的学生最多（48.96%），感觉比较满意的学生其次（35.82%），说不好满意还是不满意的学生占 7.70%，较少学生对自己在学校的生活和经历不怎么满意（3.30%）和非常不满意（4.22%）；③在"朋友关系"方面，超过一半的学生非常满意自己和朋友关系（56.75%），比较满意自己和朋友关系的学生占 32.53%，不怎么满意和非常不满意自己和朋友关系的学生较少，分别为 2.04%和 4.18%；④在"自己的生活状况"方面，对"自己的生活状况"持非常满意、比较满意、说不好满意还是不满意、不怎么满意和非常不满意的学生分别占 55.13%、33.36%、4.92%、2.55%和 4.04%；⑤在"生活环境"方面，大部分学生持比较满意（33.41%）和非常满意（54.48%）的态度，仅有 2.50%的学生不怎么满意自己的生活环境，4.04%的学生非常不满意自己的生活环境；⑥在"总体上来说，你对自己的生活满意程度怎么样"方面，54.66%的学生对自己的生活非常满意，33.04%的学生对自己的生活比较满意，5.94%的学生对自己的生活说不好满意还是不满意，2.28%的学生对自己的生活不怎么满意，4.08%的学生对自己的生活非常不满意。整体上，大部分学生以积极的态度对待自己的生活。

表 10.9　简易儿童生活质量量表　　　　（单位：%）

选项	非常不满意	不怎么满意	说不好满意还是不满意	比较满意	非常满意
你的家庭生活状况	4.36	1.95	5.15	27.98	60.56
你的学校生活和经历	4.22	3.30	7.70	35.82	48.96
朋友关系	4.18	2.04	4.50	32.53	56.75
自己的生活状况	4.04	2.55	4.92	33.36	55.13
生活环境	4.04	2.50	5.57	33.41	54.48
总体上来说，你对自己的生活满意程度怎么样	4.08	2.28	5.94	33.04	54.66

其他偏差行为主要包括迟到/旷课、抽烟、打架、喝酒、沉迷网络游戏（表 10.10）。具体为：①76.43%的学生表示从来没有迟到/旷课，16.66%的学生表示极少迟到/旷课，仅有 0.74%的学生表示经常迟到/旷课；②从来没有抽烟的学生有 92.16%，极少抽烟的学生有 3.76%，偶尔抽烟的学生有 2.51%，经常抽烟的学生有 1.58%；③从来没有、极少、偶尔和经常打架的学生分别占 86.03%、9.14%、3.90%和 0.93%；④绝大部分学生从来没有喝过酒（91.32%），少部分学生曾喝过酒［极少（4.32%）、偶尔（2.97%）、经常（1.39%）］；⑤经常沉迷网络游戏的学生占 2.27%，偶尔、极少和从来没有沉迷网络游戏的学生分别占 5.57%、14.57%和 77.59%。相对来讲，迟到/旷课的学生占比最多，其次为沉迷网络游戏，然后为打架、喝酒、抽烟。

表 10.10　偏差行为　　　　（单位：%）

偏差行为	从来没有	极少	偶尔	经常
迟到/旷课	76.43	16.66	6.17	0.74
抽烟	92.16	3.76	2.51	1.58
打架	86.03	9.14	3.90	0.93
喝酒	91.32	4.32	2.97	1.39
沉迷网络游戏	77.59	14.57	5.57	2.27

10.5.2　校园欺凌经历与学生生活质量

校园欺凌给学生的身心造成各种影响。因此，本节主要探讨校园欺凌对学生生活质量的影响。

在自变量方面，同 10.5.1 节一致，被欺凌经历用是否经历过欺凌来度量。

在因变量方面，生活质量分为健康状况和生活幸福感情况，其中 Kidscreen 生活质量简表答案为完全没有、很少、有时候、经常和总是五级，分别用 1～5 分来表示；类似地，简易儿童生活质量量表答案也为五级，从非常不满意到非常满意（表 10.9），分别给 1～5 分。在此基础上，首先将健康状况包含的问项进行因子分析，得到两个主成分，其中主成分一包括身体状况、时间安排能力、与父母朋友的相处和自我表现等，主成分二包括孤独感和忧伤感；其次，将生活幸福感情况（简易儿童生活质量量表）包含的题项进行因子分析，共得到一个主成分。健康状况、主成分一、主成分二和生活幸福感情况的度量是用它们各自所包含的题项得分相加。控制变量和 10.5.1 节所用的控制变量相同。

回归分析结果见表 10.11。结果表明，学生是否被欺凌对他们的健康状况、生活满意情况均存在显著的相关关系。具体来讲，有被欺凌经历的学生表现出更差的健康状况和生活幸福感情况，且他们的孤独感和忧伤感更强，但出乎意料的是，被欺凌经历正向影响主成分一（身体状况、时间安排能力、与父母朋友的相处和自我表现等）。基于上述结果，本节认为，学生的被欺凌经历影响着他们的生活质量。

表 10.11　被欺凌经历与生活质量的回归分析结果

选项	健康状况	主成分一	主成分二	生活幸福感情况
被欺凌经历	−2.493***	0.877***	−3.343***	−2.778***
	(0.412)	(0.102)	(0.377)	(0.247)
男生	0.268	0.035	0.212	−0.001
	(0.368)	(0.092)	(0.337)	(0.221)
家庭经济社会地位	−0.633*	0.090	−0.738**	−0.621***
	(0.279)	(0.069)	(0.255)	(0.166)
父亲学历	0.388	0.015	0.389	0.227
	(0.235)	(0.059)	(0.215)	(0.141)
母亲学历	0.540*	0.078	0.417	−0.029
	(0.247)	(0.062)	(0.226)	(0.148)
住校生	0.388	0.034	0.246	−0.329
	(0.414)	(0.103)	(0.379)	(0.248)
与父母同住	0.229	−0.476*	0.922	2.033***
	(0.797)	(0.199)	(0.730)	(0.480)
与父亲或母亲其中之一同住	0.899	−0.238	1.342	1.355*
	(0.949)	(0.237)	(0.871)	(0.573)
与爷爷奶奶/外公外婆同住	0.117	−0.456	0.748	1.436*
	(0.995)	(0.248)	(0.913)	(0.599)
小学五年级	1.742*	0.013	1.898**	0.365
	(0.714)	(0.178)	(0.652)	(0.426)
小学六年级	3.448***	0.170	3.337***	0.309
	(0.716)	(0.178)	(0.654)	(0.428)
初中一年级	2.846***	0.910***	1.984**	−0.889*
	(0.722)	(0.178)	(0.660)	(0.429)

续表

选项	健康状况	主成分一	主成分二	生活幸福感情况
初中二年级	2.402**	0.875***	1.591*	−1.180**
	(0.745)	(0.185)	(0.681)	(0.445)
初中三年级	2.040**	0.656***	1.591*	−0.782
	(0.766)	(0.190)	(0.702)	(0.459)
高中一年级	2.237*	1.719***	0.667	−2.495***
	(0.884)	(0.221)	(0.811)	(0.535)
高中二年级	1.688	1.470***	0.332	−3.208***
	(0.862)	(0.216)	(0.792)	(0.522)
高中三年级	2.828**	1.817***	1.076	−2.909***
	(0.900)	(0.225)	(0.824)	(0.543)
职高/技校一年级	2.713*	1.440***	1.382	−3.116***
	(1.187)	(0.300)	(1.076)	(0.717)
职高/技校二年级	1.493	1.154***	0.471	−2.490**
	(1.306)	(0.325)	(1.201)	(0.787)
职高/技校三年级	1.589	1.109***	0.684	−2.052**
	(1.125)	(0.282)	(1.028)	(0.680)
N	2045	2127	2068	2155

$* p < 0.05$, $** p < 0.01$, $*** p < 0.001$

此外，控制变量的分析结果为：

1）性别因素对生活质量的影响不具有显著的差异性。

2）学生的家庭经济社会地位越高，他们的健康状况、孤独感和忧伤感、生活幸福感情况越差。

3）父亲学历对生活质量的影响不显著，但母亲学历显著正向影响学生的健康状况，即母亲学历越高，学生的健康状况越好。

4）是否住校对学生生活质量的影响不存在显著差异。

5）相对于其他居住情况，学生与父母、父亲或母亲其中之一、爷爷奶奶/外公外婆同住正向影响学生的生活幸福感情况，但与父母同住负向影响主成分一（身体状况、时间安排能力、与父母朋友的相处和自我表现等）。

6）相对于小学四年级，小学五年级到高中一年级以及高中三年级和职高/技校一年级的学生表现出更好的健康状况，初中一年级、初中二年级、高中一年级到职高/技校三年级的学生却表现出更差的生活满意情况。

10.6 总结与展望

本章选取了甘肃肃南裕固族自治县中小学学生作为样本，调查了我国民族地区中小学校园欺凌发生状况、学生应对策略和中小学学生的生活质量。重点分析了校园欺凌（学生被欺凌经历和被欺凌程度）的民族差异、校园应对策略的民族差异以及校园欺凌经历对学生生活质量的影响。从分析结果来看，学生被欺凌的程度显著影响他们对欺凌的应对策略，学生被欺凌经历也显著影响他们的生活质量。与 2016 年我们在全国一些城市地区开展的调查结果显示，本地区的校园欺凌发生率要相对较低，特别是网络欺凌发生率，比 2016 年调查结果低很多。

近年来，我国也越来越重视校园欺凌问题，并出台了相关的预防和治理政策。本章虽然简要展示了民族地区的校园欺凌与学生应对情况，但仍有诸多不足，有待未来继续深入研究。例如，本调查只是基于一个自治县的普查，是否能将调查扩大到所有的民族地区有待商榷。另外，如何开展校园欺凌和校园暴力干预，帮助学生采取相应的应对策略，减少校园欺凌和校园暴力对学生身心健康的影响，是未来急需开展实践和研究的内容。

参 考 文 献

北京市大兴区教委. 2014. 主动防、科学管、立体化：大兴区校园安全风险管理的实践与探索[J].中国机构改革与管理，（06）：33-35.

陈殿兵，杨新晓. 2017. 美国基础教育阶段校园安全举措的模式特点及启示[J]. 外国中小学教育（02）：42-47.

陈伟珂，赵军. 2013. 中小学校园公共安全应急知识手册[M]. 天津：天津大学出版社.

程天君，李永康. 2016. 校园安全：形势、症结与政策支持[J]. 教育研究与实验，（01）：15-20.

戴利尔，戴宜生. 2005. 美国未成年人司法制度的发展[J]. 青少年犯罪问题，（04）：82-87.

董智强，胡文穗，刘翔翊，等. 2014. 2008～2012 年广州市传染病类突发公共卫生事件流行病学特征分析[J]. 热带医学杂志，（06）：814-817.

杜波. 2013. 我国食品安全教育法律制度研究[M]. 北京：中国政法大学出版社.

杜玉玉. 2015. 平安校园视域下社区安全风险评估制度研究[D]. 温州：温州大学.

方奕，周占杰. 2016. 我国校园暴力现象态势及其治理[J]. 青少年研究与实践，（03）：87-92.

傅涛. 2006. 校园暴力的成因分析及预防策略探究[J]. 甘肃联合大学学报（社会科学版）（07）：76-80.

高山. 2016. 做好青年引路人 加强和改进高校思想政治工作[J]. 思想教育研究，（08）：17-19.

高山. 2017. 中国应急教育与校园安全发展报告 2017[M]. 北京：科学出版社.

高山，李维民. 2016.国内社会稳定风险研究的十年理论考察：进路与展望[J]. 湖南社会科学，（06）：63-69.

耿玉德，万志芳. 1995. 试论政策目标的确定[J]. 决策借鉴，（05）：32-35.

古斯塔夫·勒庞. 2012. 乌合之众[M]. 北京：中国华侨出版社.

郭鹏. 2009. 如何有效开展风险识别和控制[J]. 中国安全生产科学技术：163-164.

郭雨，叶良均. 2014. 我国食品安全教育的问题与对策分析[J]. 宿州学院学报，29（01）：46-49.

韩自强，肖晖. 2017. 校园欺凌与青少年生活质量、偏差行为和自杀的相关性研究[J]. 风险灾害危机研究，（03）：78-100.

郝淑华. 2002. 教育法律实务[M]. 哈尔滨：黑龙江人民出版社.

何璐，高珍冉，狄光智，等. 2014. 高校校园风险控制体系构建与安全预警方法研究[J]. 时代教育，（14）：23.

霍冉冉，郑联盛. 2017. 校园贷的风险与防控[J]. 银行家，（10）：100-102.

贾楠. 2017. 中国互联网金融风险度量、监管博弈与监管效率研究[D]. 长春：吉林大学.

拉米什. 2006. 公共政策研究：政策循环与政策子系统[M]. 庞诗译. 上海：上海三联书店.

劳凯声. 2010. 创建安全的学校[M]. 北京：北京师范大学出版社.

李馥宣. 2014. 香港学校卫生监管的经验与启示[J]. 临床医药文献电子杂志，（06）：1058-1059.

李明芳. 2013. 学校突发公共卫生事件的特点及应对措施[J]. 海峡预防医学杂志，（19）：23-24.

李亚子，陈荃，雷行云，等. 2015. 美国卫生信息化建设经验及启示[J]. 中国数字医学，（07）：20-24.

李真，陈和芳. 2014. 法的实效维度下中国食品安全的法律规制[J]. 食品与机械，（06）：258-260.

林小英，侯华伟. 2010. 教育政策工具的概念类型：对北京市民办高等教育政策文献的初步分析[J]. 教育理论与实践，（09）：15-19.

刘复兴. 2002. 教育政策的四重视角[J]. 清华大学教育研究，（04）：15.

刘焱，李子煊. 2010. 我国当前校园暴力的概念界定与现象研究[J]. 安徽理工大学学报（社会科学版），（21）：39-43.

孟宪云，罗生全. 2014. 改革开放以来学业负担政策文本的定量分析[J]. 上海教育科研，（05）：9-13.

苗娣. 2012. 校园风险管理研究[D]. 武汉：武汉大学.

宁骚. 2011. 公共政策学[M]. 第二版. 北京：高等教育出版社.

欧文·休斯. 2010. 公共管理导论（第二版）[M]. 张成福译. 北京：中国人民大学出版社.

彭海兰，刘伟. 2006. 食品安全教育的中外比较[J]. 世界农业，（11）：56-59.

覃红，金新利，曾艳. 2017. 当前高校安全防控体系研究述论[J]. 学校党建与思想教育，（05）：88-92.

漆莉，夏宇，肖邦忠. 2017. 重庆市 2005～2015 年学校呼吸道传染病突发公共卫生事件流行特征[J]. 热带医学杂志，17（11）：1538-1540.

任国友. 2010. 治理校园安全事件的长效对策[J]. 中国安全生产科学技术，（04）：33-38.

陶学荣. 2009. 公共政策学[M]. 大连：东北财经大学出版社.

谭婧. 2016. 论校园暴力防治——以分层处理、分化处理和分类处理制度为视角[J]. 法制博览，（11）：145-146，133.

汤丽晨. 2017. 论中小学校园欺凌的立法构想[J]. 法制博览，（22）：08.

佟丽华. 2014. 我国中小学学生学校保护问题及立法建议[J]. 青少年犯罪问题，（05）：4-11.

童星，张乐. 2015. 国内社会稳定风险评估政策文本分析[J]. 湘潭大学学报（哲学社会科学版），（05）：16-22.

涂端午. 2007. 中国高等教育政策制定的宏观图景——基于 1979～1988 年高等教育政策文本的定量分析[J]. 北京大学教育评论，（10）：53-65.

涂端午. 2009. 教育政策文本分析及其应用[J]. 复旦教育论坛，（05）：24.

王满船. 2004. 公共政策手段的类型及其比较分析[J]. 国家行政学院学报，（05）：34-37.

王学杰. 2001. 改善我国公共政策参与方式的思考[J]. 中国行政管理，（02）：57-59.

王智军. 2016. 安全治理理念下高校校园安全的协同供给[J]. 高教管理，（06）：71-74.

魏帼，顾玉英，陈斐，等. 2013. 单纯性肥胖人群营养知识-态度-行为调查表信度及效度分析[J]. 中国医药导报，10（05）：151-152.

魏姝. 2012. 政策类型理论的批判及其中国经验研究[J]. 甘肃行政学院学报，（02）：27-33，126

谢大伟，周爱萍，沙汝明，等. 2013. 昆山市小学生突发公共卫生事件防控知信行现状[J]. 中国学校卫生，（12）：1420-1423.

徐元善，周定财. 2013. 我国乡镇政府政策执行力提升研究[J]. 政治学研究，（02）：37-49.

许阳，王琪，孔德意. 2016. 我国海洋环境保护政策的历史演进与结构特征——基于政策文本的量化分析[J]. 上海行政学院学报，（04）：81-91.

许志斌，吴月娇，陈丹红. 2014. 2007～2013 年漳州市学校突发公共卫生事件流行病学分析[J]. 热带医学杂志，（10）：1358-1360.

颜湘颖. 2007. 论校园安全建设[J]. 青少年犯罪问题，（05）：41-43.

杨建文. 2014. 从法治建设内涵探讨学校卫生立法的紧迫性和重要性[J]. 中国学校卫生，（12）：1764-1766.

姚建龙. 2008. 校园暴力：一个概念的界定[J]. 中国青年政治学院学报，（04）：43.

叶金波，高立冬，刘富强. 2017. 湖南省 2004～2016 年学校突发公共卫生事件流行病学分析[J]. 实用预防医学，24（10）：1196-1199.

张海波，童星. 2017. 专栏导语：中国校园安全研究的起步与深化[J]. 风险灾害危机研究，（03）：1-3.

张松建，李印东，李玉堂，等. 2008. 学校因病缺课监测系统传染病疫情发现效果评价[J]. 首都公共卫生，（06）：255-257.

张肖肖，肖占沛，王燕，等. 2016. 2010～2014 年河南省学校传染病突发公共卫生事件流行病学特征分析[J]. 中国校医，（09）：667-669.

张优良，张顸. 2015. 近 30 年来政策话语对教育开放的关注——基于《教育部工作要点》的文本分析[J]. 现代教育管理，（11）：27-33.

赵建春. 2007. 浅析食品安全知识的国民教育问题[J]. 科技信息：科学教研，（21）：308.

珍妮·X·卡斯帕森，罗杰·E·卡斯帕森. 2010. 风险的社会视野（下）[M]. 童蕴芝译. 北京：中国劳动社会保障出版社.

郑立国，官旭华，黄淑琼，等. 2016. 湖北省 2008～2014 年突发公共卫生事件特征分析[J]. 中国公共卫生，（04）：521-523.

中国人民大学危机管理研究中心. 2017. "开学季"学校安全高危风险预警报告[M]. 北京：中国人民大学出版社.

祝秀英，史济峰，范忠飞，等. 2015. 关于学校卫生监督现场检测技术规范的探讨[J]. 中国学校卫生，（01）：154-156.

Berns R M. 1997. Child，Family，School，Community：Socialization and Support（4th edition）[M]. Florida：Harcourt Brace and Company.

Björkqvist K，Österman K，Lagerspetz K M J. 1994. Sex differences in covert aggression among adults[J]. Aggressive Behavior，20（01）：27-33.

Brown M R，Mort G S，Drennan J. 2011. Phone bullying：impact on self-esteem and well-being[J]. Young Consumers Insight and Ideas for Responsible Marketers，10（4）：295-309.

Fly A D，Gallahue D L. 1999. Integrating food safety concepts into physical education curricula[J]. Physical Educator，56（4）.

Han Z，Zhang G，Zhang H. 2017. School bullying in urban China：Prevalence and correlation with school climate[J]. International Journal of Environmental Research and Public Health，14（10）：1116.

Hannaway J，Woodruffe N. 2003. Policy instruments in education[J]. Review of Research in Education，（27）：1-24.

Hawker D S J，Boulton M J. 2000. Twenty years' research on peer victimization and psychosocial maladjustment：A meta-analytic review of cross-sectional studies[J]. Journal of Child Psychology and Psychiatry and Allied Disciplines，41（04）：441-455.

Hood C. 1983. The tools of government[J]. Brain Behavior and Evolution，42（04-05）：265-272.

Ingram A S H. 1990. Behavioral assumptions of policy tools[J]. Journals of Politics，52（02）：510-529.

Johnson S A，Fisher K. 2003. School violence：An insider view[J]. Maternal-Child Nursing，28（02）：86-92.

Juvonen J，Graham S. 2014. Bullying in schools：The power of bullies and the plight of victims[J]. Annual Review of Psychology，65（01）：159.

Lagerspetz K M J，Björkqvist K，Peltonen T. 1988. Is indirct aggression typical of females？[J]. Aggressive Behavior，14：403-414.

Longress S. 1995. Human behavior in the social environment（2nd ed.）Itasca[M]. IL：F. E. Peacock.

McDonnell L M，Elmore R F. 1987. Getting the job done：Alternative policy instruments[J]. Educational Evaluation and Policy Analysis，9（02）：133-152.

Nielsen M B，Tangen T，Idsoe T，et al. 2015. Post-traumatic stress disorder as a consequence of bullying at work and at school. A literature review and meta-analysis[J]. Aggression and Violent Behavior，21：17-24.

Olweus D. 1972. Personality and aggression[J]. Nebraska Symposium on Motivation，（20）：261-321.

Smith P K，del Barrio C，Tokunaga R S. 2013. Definitions of bullying and cyberbullying：How useful are the terms？[J]. Pharmacology，30（05）：281-288.

Smith P K，Morita Y E，Junger J E. 1999. The Nature of School Bullying：A Cross National Perspective[M]. London：Routledge.

Takizawa R，Maughan B，Arseneault L. 2014. Adult health outcomes of childhood bullying victimization：Evidence from a five-decade longitudinal British birth cohort[J]. American Journal of Psychiatry，171（07）：777-784.

Turner M L. 2008. Small Steps to Safety[D]. University Business：121-128.

后　记

经过紧锣密鼓的编审工作,《中国应急教育与校园安全发展报告 2018》一书付梓。本书是在社会各界人士大力支持下,中国应急管理学会校园安全专业委员会和全体编写人员共同努力的成果。

本书以年度报告的形式,整理、归纳和分析校园安全的发展状况,借鉴和引用了大量法规文献、研究论文、著作、新闻报道等资料,并在书中注释列出其出处。对此,我们向全部资料的所有者、起草者、署名作者致以诚挚的谢意。

本书由中国应急管理学会校园安全专业委员会主任高山担任主编,委员张桂蓉、沙勇忠、张海波担任副主编并负责全书的总体策划、框架确定和审阅定稿。本书以文责自负为原则,由来自各大高校和相关机构的研究人员共同撰写,具体如下:第 1 章为高山、李维民(中南大学);第 2 章为沙勇忠、王超(兰州大学);第 3 章为李雯(北京教育学院);第 4 章为高山、刘文蕙(中南大学);第 5 章为肖丽妮(北京城市系统工程研究中心);第 6 章为张桂蓉、刘丽媛(中南大学);第 7 章为吕慧(北京城市系统工程研究中心)、杨玲(首都经济贸易大学);第 8 章为张海波、伍思雨(南京大学);第 9 章为刘玮(湖南农业大学);第 10 章为韩自强、龚泽鹏(四川大学)、巴战龙(北京师范大学)、安维武(甘肃省张掖市肃南裕固族自治县裕固族教育研究所)。

中国应急管理学会会长洪毅先生、秘书长王宝明先生,中国应急管理学会学术委员会秘书长佘廉先生对本书的出版给予了很大的帮助,对此谨致谢忱!同时,感谢科学出版社的鼎力支持,本书才得以及早面世。由于编写者水平有限,书中难免存在不足之处,编委会恳请广大读者不吝指正,我们将在今后的工作中不断完善。

编　者

2018 年 4 月